ATOM-U-BOOTE DER WELT

ALLE EINHEITEN SEIT 1975

Stefan Ulsamer

Motor buch Verlag

Einbandgestaltung: Sven Rauert und Luis dos Santos

Titelmotive: US Navy/Petty Officer 3rd Class Jackson Adkins; US Navy/Lt. j.g. James Griffin. Rückseite: Marinha do Brasil, CC BY-SA 2.0, Indian Navy, Ясников Е.А. (gemeinfrei), US Navy/MC3 Riley McDowell.

Gewidmet Herrn Thomas Nägele, begnadeter Schiffsfotograf und sehr guter Freund, der leider viel zu früh von uns gegangen ist! Seine Leidenschaft für Schiffs- und U-Boot-Fotos haben den Verfasser bei der Arbeit zu diesem Buch inspiriert!

Eine Haftung des Autors oder des Verlages und seiner Beauftragten für Personen-, Sach- und Vermögensschäden ist ausgeschlossen.

ISBN 978-3-613-04697-9

Ein Unternehmen der Paul Pietsch-Verlage GmbH & Co. KG

1. Auflage 2025

Sie finden uns im Internet unter www.motorbuch-verlag.de

Dieses Buch wurde nach den geltenden Vorschriften der General Product Safety Regulation (GPSR) entwickelt. Bei Fragen oder Problemen wenden Sie sich bitte an den Verlag unter folgender E-Mail-Adresse: **gpsr@paul-pietsch-verlage.de**

Lektorat: Bernd Keidel
Innengestaltung: WS – WerbeService Linke, 76185 Karlsruhe
Druck und Bindung: Conzella, 85609 Aschheim-Dornach
Printed in Germany

Inhalt

Heckansicht der »Jimmy Carter« beim Verlassen der Marinebasis Kings Bay im August 2005 zu einer eintägigen Gästefahrt. An Bord befindet sich der ehemalige Präsident Jimmy Carter (Foto: US Navy/Photographer's Mate 2nd Class Elizabeth Williams).

Die Astute-Klasse ist die leistungsfähigste Jagd-U-Boot-Klasse in Westeuropa (Foto: MOD/Open Government Licence).

Vorwort

Liebe Marinebegeisterte, liebe Technikfreunde, liebe Leser,

in der Mitte des letzten Jahrhunderts legte der Mensch durch die Spaltung von Atomen mit gigantischem Material- und Personalaufwand die wohl gewaltigste Kraft im bekannten Universum frei – die Atomkraft. Diese enorme Anstrengung diente nur einem Zweck – der Schaffung einer Bombe mit solcher Sprengkraft, dass sie ganze Städte, sogar ganze Länder in nur wenigen Minuten vernichten kann. Der Einsatz einer solchen Waffe ist eigentlich undenkbar – und trotzdem wurde sie am 06. und am 09. August auf die japanischen Großstädte Hiroshima und Nagasaki abgeworfen. Dabei starben rund 100.000 Menschen sofort und innerhalb des nächsten halben Jahres 230.000 weitere Personen. In den Folgejahren erlagen zahllose weitere Menschen, die nicht von den Bomben selbst getötet wurden, ihren durch die Radioaktivität hervorgerufenen Gesundheitsschäden.

Als direkte Folge der Atombombenabwürfe über Hiroshima und Nagasaki kapitulierte das japanische Kaiserreich am 02. September 1945 auf dem amerikanischen Schlachtschiff USS »Missouri« (heute ein Museumsschiff in Pearl Harbor, Hawaii) in der Bucht von Tokio, da keine Hoffnung mehr bestand, die alliierten Streitkräfte abzuwehren. Der Zweite Weltkrieg war beendet! In den Folgejahren entwickelten die USA die Atombombe weiter, machten sie kleiner, präziser und steigerten die Sprengkraft nochmals massiv. Bald »interessierten« sich auch andere Nationen für »die Bombe" und so entstanden in Kürze eigene Atomprogramme in der Sowjetunion, Großbritannien, Frankreich und der Volksrepublik China. Bis zum Jahr 1964 waren diese vier Länder durch die erfolgreiche Testzündung von eigenentwickelten Atombomben im zuvor exklusiv von den USA betriebenen »Club der Atommächte« angekommen.

Parallel zu den militärischen Bestrebungen, die kolossale Sprengwirkung der Atomkraft für Atombomben zu verwenden, gab es Bemühungen, diese neuentdecke gewaltige Energiequelle zu »bändigen« und kontrolliert zur Gewinnung von Elektrizität zu nutzen. Ab den 1950er Jahren entstanden dadurch in Ost und West Kernkraftwerke, deren Vorteile bei der Energiegewinnung damals äußerst verlockend waren. Bei den Marineplanern in den USA und der Sowjetunion begannen Überlegungen, diese »gebändigte« Kernenergie für den Antrieb von Schiffen, insbesondere U-Booten zu nutzen. Die Vorteile lagen auf der Hand – neben einer höheren Geschwindigkeit als bei den bisherigen, von Dieselmotoren angetriebenen U-Booten, könnte ein in einem Unterseeboot eingebauter Nuklearreaktor dem U-Boot-Antrieb Energie für Jahrzehnte liefern. Ein nuklear angetriebenes U-Boot könnte also Wochen oder gar Monate Unterwasser verbringen. Die Tauchzeit wäre nur abhängig von den Lebensmittelvorräten an Bord und der Ausdauer der Besatzung! Erstmals wäre ein U-Boot auch tatsächlich ein »Unterwasserschiff« und nicht – wie bisher – ein hauptsächlich an der Oberfläche fahrendes Schiff, das bei militärischen Angriffen für wenige Stunden oder Tage »abtaucht!«

1954 wurde schließlich mit der USS »Nautilus« das erste amerikanische Unterseeboot mit Atomantrieb in Dienst gestellt. Vier Jahre später folgte in der Sowjetunion die K-3 »Leninski Komsomol«. Beide Boote waren Prototypen, die mitunter für Publicity sowie Propaganda genutzt wurden und medienwirksam eindrucksvolle Unterwasserreisen unternahmen. Beide waren als Jagd-U-Boote entwickelt, das heißt, sie wurden hauptsächlich zur Verfolgung sowie Bekämpfung von Überwasserschiffen und anderen U-Booten konzipiert – das klassische bisherige Einsatzprofil eines Unterseebootes. Sowohl in Amerika und Russland (in anderen Sowjetrepubliken wurden keine Atom-U-Boote gefertigt) folgten bald weitere, verbesserte Einheiten mit größeren Tauchtiefen, höheren Geschwindigkeiten, besserer Bewaffnung etc.

Parallel zu dieser U-Bootentwicklung erhielten die klassischen Luftstreitkräfte »an Land« verbesserte Atombomben, die – wie

Die USS »Nautilus« aus dem Jahr 1954 war das erste Atom-U-Boot überhaupt. Hier kehrt sie 1958 nach der getauchten Nordpol-Unterquerung zurück in die USA und wird in New York empfangen (Foto: US Navy).

die Bomben auf Hiroshima und Nagasaki zuvor – ebenfalls von Bombenflugzeugen in der Luft abgeworfen wurden (sogenannte Freifallbomben). Das anbrechende Raketen- und Raumfahrtzeitalter bedeutete, dass in zunehmenden Maßen auch an Land zu startende Ballistische Raketen mit Nuklearsprengköpfen auf der Spitze in die Arsenale Einzug hielten. Die Vorteile gegenüber den zuvor hauptsächlich genutzten Freifallbomben, die von einem bemannten Flugzeug in die Nähe des Ziels geflogen werden müssen, liegt bei den Ballistischen Raketen in den wesentlich höheren Reichweiten und den Geschwindigkeiten, mit denen eine Rakete mit Nuklearsprengkopf auf der Spitze ins Ziel fliegt. Dadurch reduziert sich die Vorwarnzeit für den Gegner bei einem Nuklearangriff auf in der Regel unter eine Stunde (je nach Art der Rakete, ihrer Leistung und der geflogenen Flugbahn).

Zeitgleich zu der Einführung der mit Atomsprengköpfen versehenen landgestützten Ballistischen Raketen machten sich in West und Ost Überlegungen breit, solche Ballistischen Raketen mit Atomsprengköpfen auch auf Unterseebooten zu stationieren. Da diese U-Boote über Monate getaucht in den Tiefen der Weltmeere operieren würden und äußerst leise wären, könnten sie vom Gegner praktisch nicht geortet werden. Entsprechende Überlegungen wurden in die Tat umgesetzt und so wurde bereits 1959 – nur fünf Jahre nach der USS »Nautilus« – in den USA mit der USS »George Washington« das erste strategische Raketen-U-Boot mit Abschusssilos für 16 Polaris-Raketen mit Reichweiten bis 4.600 Kilometern in Dienst gestellt. Ein Jahr später folgte mit der »K-19« ein sowjetisches Pendant, das lediglich mit drei R-13-Raketen mit bis zu 600 Kilometern Reichweite bewaffnet war.

In den folgenden Jahren wurden sowohl die atomar angetriebenen Jagd-U-Boote wie auch die strategischen Raketen-U-Boote auf beiden Seiten konstant verbessert. Die Sowjetunion konnte innerhalb weniger Jahre den technologischen Vorsprung der USA einholen und schon bald kamen (bis Mitte der 1970er Jahre) neue Nationen zum Club der Atom-U-Boot-Betreiber dazu: Großbritannien, Frankreich und China. Alle fünf Länder, die über Atomwaffen verfügten, hatten nun auch atomar angetriebene Unterseeboote – zur Jagd auf andere Schiffe und U-Boote, zum Abschuss von Ballistischen Atomraketen und – als »Sonderform« – Träger von Präzisions-Marschflugkörpern mit Unterschallgeschwindigkeit. Laut dem Atomwaffensperrvertrag von 1968 sind die fünf Nationen tatsächlich auch als einzige berechtigt, Atomwaffen zu besitzen. Im Jahr 2016 stieß Indien – eines von vier Ländern der Welt, das den Atomwaffensperrvertrag nicht unterzeichnet hat – zu den Betreibernationen von Atom-U-Booten als Abschussplattform für Ballistische Raketen mit Nuklearbewaffnung dazu.

Diese nuklear angetriebenen Unterwasserabschussplattformen für Atomraketen sicherten im Kalten Krieg als Teil des »Gleichgewichts des Schreckens« und der »Gegenseitigen zugesicherten Zerstörung« den Frieden zwischen den Großmächten in Ost und West. Das bedeutete, wer als Erster seine Atomwaffen auf den Gegner abfeuert, stirbt als Zweiter. Denn selbst wenn das gegnerische Land weitestgehend zerstört ist, sind seine U-Boote in den Tiefen der Meere immer noch da und feuern ihre todbringende Fracht auf den Angreifer. Zum Aufspüren der Raketen-U-Boote dienten die parallel zu den Rakten-U-Booten ebenfalls konstant weiterentwickelten Jagd-U-Boote, die auch immer öfter für Aufklärungsmissionen oder das Verbringen von Spezialkräften an feindliche Küsten genutzt wurden.

Heute ist die Situation dynamischer. Zwar stehen die drei westlichen Atommächte USA, Großbritannien und Frankreich offiziell noch immer eng zusammen, aber eine transatlantische Spaltung scheint sich abzuzeichnen. Russland, China und Indien auf der anderen Seite verfolgen (zumeist) voneinander unabhängige politische Ziele (auch wenn sie über den BRICS-Staatenbund wirtschaftlich kooperieren). Alle sechs Atom-U-Boot-Betreibernationen setzen nach wie vor auf die Abschreckungskraft ihrer Atom-U-Boote, verfügen nach wie vor über auf Jahrzehnte laufende Bauprogramme und werden ihre Atom-U-Boote mindestens bis Ende des 21. Jahrhunderts nutzen.

Atom-U-Boote zählen zu den kompliziertesten Maschinen, die der Mensch je konstruiert hat – Hightech-Produkte, die in Bezug auf ihre Komplexität nur mit den Raumfahrzeugen und Trägerraketen der Weltraumbehörden und -Konzerne vergleichbar sind. Deshalb hört man mitunter auf U-Boot-Werften die Aussage, dass man hier »Raumfahrzeuge für die Tiefen der Meere« baue! Atom-U-Boote sind gleichsam erschreckend und faszinierend! Dieses Nachschlagewerk zeigt die Entwicklung der Atom-U-Bootflotten der sechs bisherigen Betreiberstaaten auf, betrachtet alle seit Mitte der 1970er Jahre konzipierten Typen genauer und stellt die Bauprogramme der zukünftigen Atom-U-Boot-Betreiber (in der Jagd-Rolle) Brasilien und Australien vor. Ich wünsche Ihnen spannende und interessante Lektüre!

Ihr

Stefan Ulsamer

Wenn Sie weitergehendes Interesse an einer aktuellen Berichterstattung über die modernen Marineschiffe haben, die neben den hier vorgestellten Atom-U-Booten auch u.a. Zerstörer, Fregatten und Flugzeugträger umfassen, dann empfehle ich Ihnen die von mir herausgegebene, fünf Mal jährlich erscheinende Fachzeitschrift Navy Ops - erhältlich über www.navyops.de oder E-Mail: navyops@gmx.de.

Danksagung

Mein Dank für die Unterstützung bei der Recherche in den unterschiedlichen maritimen Themenbereichen gilt Herrn Matthias Klingspohn, Herrn Jörg Waterstraat, Herrn Dr. Martin Bach, Herrn Peter Seidel, Herrn Bruno de Groote und im besonderen Maße Herrn Leo van Ginderen sowie Herrn Michael Setzer, Präsident des Verbandes Deutscher Ubootfahrer e.V.!
Ich danke meiner Mutter, Frau Erika Ulsamer, für die Förderung meines Interesses an der Luftfahrt- und der Marinetechnik sowie die Ermutigung und Unterstützung bei der Verwirklichung meiner beruflichen Ziele!

Stefan Ulsamer, im Februar 2025

Die im Dezember 2023 in Dienst gestellte russische »Imperator Alexander III« der Borei-Klasse ist das derzeit weltweit neueste strategische Raketen-U-Boot (Foto: President of Russia).

Die im September 2024 in Dienst gestellte amerikanische USS »New Jersey« der Virginia-Klasse ist zum Entstehungszeitpunkt dieses Buches das neueste Jagd-U-Boot der Welt (Foto: US Navy photo By Bill Addison).

1. Hintergründe

1.1 Die Entwicklung der konventionellen U-Boote

Der deutsche Typ XXI der Kriegsmarine beeinflusste maßgeblich den U-Boot-Bau in Ost und West nach dem Zweiten Weltkrieg (Foto: US Navy).

Die in den 1960er-Jahren gebaute britische Oberon-Klasse ist eine Weiterentwicklung des deutschen Typs XXI (Foto: Joost J. Bakker, CC BY 2.0).

Bevor wir uns die Geschichte der atomar angetriebenen Unterseeboote und die heute in Dienst stehenden Einheiten im Detail ansehen, werfen wir zuerst einen Blick auf die Entwicklung der konventionell angetriebenen Unterseeboote nach dem Zweiten Weltkrieg.
Diese Entwicklung der im Allgemeinen als »Dieselboote« bezeichneten Unterwasserfahrzeuge lief parallel zu den Atom-U-Booten, die von nur wenigen Staaten betrieben werden.

Voraussetzungen
Konventionelle U-Boote sind in der Regel kleiner, kostengünstiger, weniger personal- sowie wartungsintensiv. Und die neuesten Vertreter der konventionellen Boote sind mitunter leiser als ihre nuklearen Pendants. Dafür sind sie zumeist langsamer und verfügen über eine wesentlich geringere Ausdauer, denn die Dauer der Tauchfahrt eines Atom-U-Bootes ist nur abhängig von der Durchhaltefähigkeit der Besatzung und der Lagerdauer der Lebensmittel an Bord, denn der Atomreaktor liefert Energie und Atemluft für Jahrzehnte. Im Gegensatz zu den wenigen Nutzerstaaten der nuklear angetriebenen Atom-U-Boote, die bisher auch allesamt Besitzerstaaten von Atomwaffen sind (in absehbarer Zeit kommen jedoch Brasilien, wahrscheinlich Australien und möglicherweise Südkorea dazu), werden konventionell angetriebene U-Boote von einer Vielzahl Nutzerstaaten rund um den Globus betrieben. Die meisten dieser Staaten entwickeln die Unterseeboote nicht selbst, sondern kaufen sie bei einigen wenigen Nationen »schlüsselfertig« ein oder – was häufig praktiziert wird – fertigen sie unter der Aufsicht der Entwicklungsnation bzw. dessen Marinekonzernen in Lizenz im eigenen Land. Zu den führenden Exportnationen von konventionellen U-Booten zählen die beiden ebenfalls Atom-U-Bootflotten unterhaltenden Nationen Russland und Frankreich sowie Schweden und der Marktführer Deutschland, der seit den 1960er Jahren Unterseeboote in alle Erdteile (mit Ausnahme von Australien) exportiert hat. Die bei den deutschen U-Booten der Klasse 212A erstmals eingesetzte Brennstoffzellentechnik und deren Übertragung auf mehrere deutsche Exportentwürfe, wird die deutsche Marktführerschaft im konventionellen U-Boot-Bau voraussichtlich auf Jahrzehnte sichern. Eine Sonderstellung nimmt Japan ein, das seit Jahrzehnten konventionell angetriebene, hochmoderne Dieselboote in Atom-U-Bootgröße fertigt, die ihre konstruktiven Ursprünge (in Bezug auf den Rumpf und große Teile der Bordelektronik) in der U-Bootentwicklung in den USA haben Jedoch hat Japan diese äußerst fortschrittliche U-Boot-Technik noch nie exportiert.

Auch die amerikanische Tang-Klasse -hier die USS »Gudgeon« (SS-567) – war stark vom Typ XXI inspiriert (Foto: US Navy).

Bei der USS »Albacore« (AGSS-569) kam erstmals der tropfenförmige Rumpf zum Einsatz (Foto: US Navy).

Deutsche Einflüsse

Nach dem Zweiten Weltkrieg war der gegen Ende des Konfliktes in Deutschland für die Kriegsmarine auf drei deutschen Werften gefertigte Typ XXI richtungsweisend. Bei diesen technisch revolutionären Booten handelte es sich aufgrund der wesentlich längeren Tauchzeiten und der auf Unterwasserfahrt hin optimierten Rumpfform um die ersten U-Boote der Welt, die diesen Namen tatsächlich verdienten. Diese sogenannten Elektroboote konnten mehrere Tage getaucht fahren und ihre Batterien im getauchten Zustand per Schnorchel aufladen. Die sowjetische Marine konnte durch die Fertigstellung mehrerer Typ XXI-Boote auf der Danziger Schichau-Werft (die ihr im Frühjahr 1945 in die Hände gefallen war) nach Kriegsende erste Erfahrungen im modernen U-Boot-Bau sammeln. Die Boote wurden aus einzelnen, bereits vorausgerüsteten Rumpfmodulen zusammengebaut. Diese als Sektionsbau bezeichnete Fertigungsmethode setzte sich international durch und ist heute die weltweit gängige Fertigungsmethode im U-Boot-Bau. Der Typ XXI bildete die technische Grundlage für mehr als dreihundert sowjetische Unterseeboote der Whiskey-(Projekt 613), Zulu- (Projekt 611), Romeo-(Projekt 633), Foxtrott-(Projekt 641) und Tango-(Projekt 641B)Klassen, die teilweise (auch für den Export) bis in die 1980er Jahre in der Sowjetunion und als Lizenzbauten in der Volksrepublik China sowie Nordkorea bis Anfang des 21. Jahrhunderts gebaut wurden (Typ 033 und Typ 035). Auch anderswo hinterließ der deutsche Typ XXI Spuren. In den 1950er Jahren fertigte Kockums in Schweden zwölf U-Boote der Hajen- und Draken-Klassen, bei denen es sich im Prinzip ebenfalls um schwedische Nachbauten des Typs XXI handelte. Die letzten dieser Boote blieben bis 1988 in schwedischen Diensten. Auch die französische U-Bootentwicklung nach 1945 wurde stark vom Typ XXI beeinflusst. Die sechs Boote der Narval-Klasse, die von 1958 bis 1992 in den Diensten der Marine Nationale standen und die daraus weiterentwickelten Aréthuse- (vier Einheiten, 1958 bis 1981) und Daphné-Klassen (elf Einheiten, 1964 bis 1996) waren im Prinzip Weiterentwicklungen des Typs XXI. In den 1950er und -60er Jahren baute Großbritannien 35 Einheiten der Porpoise- und Oberon-Klassen (davon 14 Boote für den Export), bei denen es sich ebenfalls um eine Weiterentwicklung des Typs XXI handelte. Auch die US Navy adaptierte nach Kriegsende deutsche U-Boot-Technik. Sie hatte 1945 eine große Zahl der noch aus dem Krieg stammenden Angriffs-U-Boote der Gato-, Balao- und Tench-Klassen im Bestand. Der Großteil dieser damals nur wenige Jahre alten Boote wurde in dem mehrstufigen »Guppy« (Greater Underwater Propulsion Power)-Umbauprogramm mit Eigenschaften des Typs XXI versehen. Die Boote erhielten beispielsweise einen stromlinienförmigeren Rumpf und Turm sowie das deutsche Schnorchelsystem. Die ersten größeren Neubauten für die US Navy (vor den Atom-U-Booten) nach dem Zweiten Weltkrieg waren ab 1949 die sechs Einheiten der Tang-Klasse (eine amerikanisierte Version des deutschen Typs XXI).

Albacore

Bis zur Mitte des 20. Jahrhunderts waren die Rumpfentwürfe von Unterseebooten größtenteils für die Überwasserfahrt optimiert, denn die Boote verbrachten die meiste Zeit in aufgetauchtem Zustand. Das änderte sich bei der US Navy mit der 1950 in Auftrag gegebenen USS »Albacore« (AGSS-569) radikal, der als Testschiff eine Bewaffnung und viele elektronischen Instrumente der U-Boot-Kriegsführung fehlten. Die 1953 bei der Portsmouth Naval Shipyard in Kittery, Maine vom Stapel gelassene »Albacore« war ein Experimental-U-Boot, bei dem erstmals ein tropfenförmiger Rumpf (engl. Tear Drop Hull) zum Einsatz kam. Diese neuartige, stromlinienförmige Rumpfform der »Albacore«, die bei Meerestieren wie Haien, Walen oder Robben »abgeschaut« wurde, ermöglichte auf einmal viel höhere Unterwassergeschwindigkeiten von bis zu über 30 Knoten. Schnell wurde den Marineplanern der US Navy klar, dass der Albacore-Rumpf eines der Grundelemente der zukünftigen amerikanischen Unterseebootflotte bilden würde – sowohl der nuklear als auch der konventionell angetriebenen Boote. Die 62 Meter lange und im getauchten Zustand ca. 1.800 Tonnen verdrängende »Albacore« selbst verrichtete noch bis in das Jahr 1972 zuverlässig als Versuchsschiff ihren Dienst. Sie kann heute als Museumsschiff in Portsmouth New Hampshire, nur wenige Kilometer von ihrer Bauwerft im benachbarten Bundesstaat Maine, besichtigt werden.

Die USS »Blueback« (SS-581) der Barbel-Klasse wird am 15. Oktober 1959 in Dienst gestellt. Man erkennt die vorderen Tiefenruder am Rumpf (Foto: US Navy).

Das Schwesterboot USS »Bonefish« (SS-582) aufgenommen Anfang der 1980er Jahre im Westpazifik. Die Tiefenruder sind bereits am Turm angebracht (Foto: US Navy).

Die Barbel-Klasse

Die in den 1950er Jahren konzipierte Barbel-Klasse zählte Anfang der 1960er Jahre zu den modernsten mit dieselelektrischem Antrieb ausgestatteten Unterseebooten der Welt. Viele Systeme waren identisch mit denen auf den im gleichen Zeitraum in Dienst gestellten sechs nuklearen Jagd-U-Booten der Skipjack-Klasse. Ursprünglich war der Bau von zahlreichen weiteren Booten der Barbel-Klasse geplant. Die »Atom-Lobby« um den damaligen Vizeadmiral Hyman Rickover, der als »Vater der nuklearen Navy« gilt, konnte sich jedoch durchsetzen und es wurden keine weiteren dieselelektrischen Boote für die amerikanischen Seestreitkräfte gebaut. Die Barbel-Klasse (und auch die Skipjack-Klasse) übernahm neben der tropfenförmigen Rumpfform auch die Antriebsanlage vom Versuchsboot »Albacore«, bestehend aus einer Welle, die einen Fünfblatt-Propeller antreibt. Erstmals wurden bei der Barbel-Klasse alle wichtigen Schiffsfunktionen (Kontrollzentrum, Einsatzzentrale und Periskope) in einem Raum unterhalb des Turmes zusammengefasst. Wie bei der Skipjack-Klasse auch, befindet sich im Bug der Barbel-Klasse ein Torpedoraum mit sechs Torpedorohren, die zu jederzeit geladen waren. Bei späteren amerikanischen U-Boot-Entwürfen wurden die Torpedorohre seitlich angebracht, da direkt im Bug platzintensive Sonaranlagen untergebracht wurden. Die vorderen Tiefenruder der Barbel-Klasse waren zu Beginn am Bug montiert; sie wurden aber bereits nach wenigen Jahren durch Ruder am Turm ersetzt. Dies sollte eine stabilere Unterwasserfahrt ermöglichen. Drei Fairbanks-Morse-Dieselmotoren mit 4.800 PS Leistung wirkten bei der Fahrt an der Oberfläche direkt auf die Welle. Auf Sehrohrtiefe konnte dieser Dieselantrieb durch einen Schnorchel betrieben werden, wie beim zuvor beschriebenen deutschen Typ XXI. Mit ihm wurde die für den Dieselbetrieb notwendige Luft ein- und die Abgase ausgeleitet. Die Dieselmotoren konnten insgesamt 504 Batterieblöcke aufladen, die im geladenen Zustand auf Tauchfahrt zwei General Electric-Elektromotoren mit 3.150 PS, die die Welle antrieben, mit Energie versorgten. Dieser fast vollkommen geräuschlose Elektroantrieb machte potenziellen Gegnern die Unterwasserortung der Barbel-Boote fast vollständig unmöglich und verlieh den Booten eine hohe Unterwassergeschwindigkeit von bis zu 25 Knoten. Spätere amerikanische U-Boote verfeinerten den tropfenförmigen Rumpf hin zu einer länglicheren Form, die mehr einer Zigarre entspricht (die »Zigarrenform« ist einfacher zu bauen als die »Zeppelinform« der »Albacore«).

Internationale Weiterentwicklungen

Der weltweit als sehr gelungen angesehene Barbel-Entwurf erlangte bereits am Anfang der Dienstzeit die Aufmerksamkeit verbündeter Marinen der USA, und so wurden die Pläne in den

Das Design der Barbel-Klasse wurde in den Niederlanden weiterentwickelt. Hier sieht man die »Tijgerhaai« der Zwaardvis-Klasse während des Baues in Rotterdam 1972 (Foto: Fotoafdrukken Koninklijke Marine).

1960er Jahren an die Niederlande und an Japan weitergeben. Die dort auf der Grundlage der Barbel-Klasse gebauten Boote bzw. deren eigenständige Weiterentwicklungen stehen heute noch bei der Königlich Niederländischen Marine, den Japanischen Maritimen Selbstverteidigungsstreitkräften und der Marine der Republik Taiwan im aktiven Dienst. Niederländische Werften bauten zwischen 1966 und 1988 je zwei Boote der Zwaardvis-Klasse für die Niederlande und Taiwan, zwischen 1979 und 1992 wurden vier weitere, verbesserte Boote der Walrus-Klasse gebaut, die heute noch im nordholländischen Marinestützpunkt Den Helder beheimatet sind (eines dieser Boote wird seit kurzem nur noch als Ersatzteilspender für die anderen drei Einheiten genutzt). In Japan gehen bis heute mehrere Dutzend Unterseeboote ab der Uzushio-Klasse (Baubeginn 1968) auf die Barbel-Klasse zurück. Allerdings wurde die Bugsektion der japanischen Nachbauten vollkommen umgestaltet, um Platz für moderne Sonaranlagen zu schaffen. Die Torpedorohre wurden wie bei den neueren amerikanischen Atom-U-Booten auf die vorderen Rumpfseiten verlegt. Die Entwicklung der konventionellen japanischen Boote lief in vielerlei Hinsicht parallel zu der atomaren Jagd-U-Bootentwicklung der US Navy. Auch die schwedische Marine ließ sich von der »Albacore« und der Barbel-Klasse inspirieren. Bei den Ende der 1960er Jahren bei Kockums und der Marinewerft in Karlskrona vom Stapel gelaufenen fünf Booten der Sjöormen-Klasse sind deutliche US-Einflüsse sichtbar. Der tropfenförmige Rumpf und das X-förmige Ruder der 51 Meter langen Sjöormen-Klasse gehen direkt auf beide amerikanischen Entwürfe zurück. In den 1990er Jahren wurden vier Sjöörmen-Boote nach Singapur verkauft, erhielten eine umfangreiche Modernisierung und stehen zum Teil (zwei Einheiten) noch in den Diensten des süd-

Auch die zwei Boote der taiwanesischen Hai Lung-Klasse – in den 1980er Jahren in den Niederlanden gebaut – basieren auf der Barbel-Klasse (Foto: Republic of China Navy).

Die japanische Uzushio-Klasse – hier die JS »Makishio« – nutzt ebenfalls den Barbel-Entwurf der US Navy (Foto: 海上自衛隊, CC BY 4.0).

Die sowjetische bzw. russische Kilo-Klasse entspricht in der Rumpf-Grundauslegung ebenfalls der amerikanischen Barbel-Klasse (Foto: British Defenceimagery/Photo: LA(Phot) Guy Pool/MOD).

Der deutsche Küsten-U-Boot-Typ 206 entstand in der Zusammenarbeit der Nordseewerke Emden und HDW in Kiel (Foto: Bundesarchiv, Bild 146-2008-0211 / CC-BY-SA 3.0).

ostasiatischen Stadtstaates. Auch die Sowjetunion (bzw. heute Russland) nahm sich ab 1980 im konventionellen U-Boot-Bau dem tropfenförmigen Rumpf an und baute bis heute (auch für den Export) über 80 Einheiten der Kilo-Klasse, die in Bezug auf Form, Größe und Leistungsfähigkeit der Barbel-Klasse bzw. ihren internationalen Weiterentwicklungen entspricht. Auch die französisch-spanischen konventionellen Exportboote der Scorpene-Klasse (verkauft u.a. nach Malaysia, Chile, Indien und Brasilien) basieren in ihrer Grundauslegung auf der Barbel-Klasse und ihren Weiterentwicklungen.

Deutsche Erfolge

Den größten Einfluss auf die konventionelle Nachkriegs-U-Bootentwicklung hatten die Nordseewerke in Emden und die Howaldtswerke-Deutsche Werft GmbH (HDW) im Kieler Stadtteil Gaarden. Seit 2012 firmiert das Kieler Traditionsunternehmen als thyssenkrupp Marine Systems (seit 2005 ist man Teil des ThyssenKrupp-Konzerns). Auf dem Kieler Werftstandort wurden bereits im Zweiten Weltkrieg über 30 Unterseeboote des Typs VIIC gefertigt, des meistgebauten U-Bootes in der Geschichte. In den 1960er und -70er Jahren liefen hier die Küsten-U-Boote der Klassen 201, 205 und 206 für die Bundesmarine aus den Produktionshallen (einige Einheiten wurden auch bei den Nordseewerken gebaut). Sie basierten in Bezug auf das Grunddesign auf dem deutschen Typ XXIII, einem auf Operationen in Küstengewässer zugeschnittenen kleineren Pendant zu den Hochseebooten des Typs XXI. Diese Bootsklassen bildeten die Grundlage für den vergrößerten Exporttyp 209, der in mehreren Serien und Ausführungen (teilweise als Lizenzbauten im Ausland) bis heute über 60-mal gebaut wurde. Jüngster Kunde ist Ägypten, dessen vier Boote vom Typ 209/1400 zwischen 2017 und 2021 an die ägyptische Marine ausgeliefert wurden. Circa 70 Prozent aller konventionellen U-Boote in der NATO stammen aus der Fertigung von thyssenkrupp Marine Systems, seiner Vorgängerfirmen oder sind Lizenzbauten. Heute hat man in Kiel eine Vormachtstellung beim Bau von U-Booten mit dem revolutionären Brennstoffzellenantrieb inne, einer Form des Außenluftunabhängigen Antriebes (AIP – Air-Independent Propulsion), die im getauchten Zustand zu den leisesten Unterwasserfahrzeugen überhaupt gehören. Zu den modernsten Bootsklassen mit Brennstoffzellenantrieb, die bei tkms gebaut werden, zählen heute die Klassen 212A der Deutschen Marine (56 Meter lang, seit 2005) und die daraus abgeleiteten Exportboote der Klasse 214 (65 Meter lang) sowie die Klasse 218SG für die Marine Singapurs. Mit ca. 70 Metern Länge und einer getauchten Verdrängung von mehr als 2.000 Tonnen handelt es sich bei den singapurischen Booten um die größten bisher in Deutschland gefertigten Unterwasserfahrzeuge, von denen Singapur insgesamt vier Exemplare bestellt hat. Die Auslieferung der Einheiten soll mit dem vierten Boot im Jahr 2025 abgeschlossen werden. Die Rumpfform der Typen 212A, 214 und 218 folgt erstmals im deutschen U-Boot-Bau teilweise dem »Albacore«-Muster (sogar das X-förmige Ruder wird übernommen). Momentan bereitet man sich bei tkms auf die U-Boote der Klasse 212CD (Common Design – gemeinsames Design) vor, einer stark vergrößerten Weiterentwicklung der Bootsklasse 212A, von der sechs Boote für die Deutsche Marine sowie vier Boote für Norwegen fest bestellt sind. Die Bestellung wird wahrscheinlich um zwei weitere norwegische Einheiten ergänzt werden. Die

Die deutsche U-Boot-Klasse des Typs 212A mit Brennstoffzellenantrieb revolutionierte Anfang des 21. Jahrhunderts den konventionellen U-Boot-Bau (Foto: Thomas Nägele †).

U33, das dritte Boot der Klasse 212A, passiert im Februar 2024 den Nordostseekanal (Foto: Thomas Nägele †).

Fertigung wird aufgrund des großen Volumens des Bauauftrages auch teilweise am neuen tkms-Standort in Wismar erfolgen. Die bereits seit 1952 in den ThyssenKrupp-Konzern integrierten Nordseewerke in Emden bauen hingegen seit 2012 keine Schiffe bzw. U-Boote mehr.

Fazit

Der obige Abriss der Nachkriegsentwicklung des konventionellen U-Boot-Baues umfasst die wichtigsten Entwicklungen und Bootstypen der letzten acht Jahrzehnte. Zahlreiche andere Nationen haben auch eigene U-Boot-Bauprogramme aufgelegt, sie orientierten sich aber meistens an den deutschen Typ XXI-Entwürfen oder der tropfenförmigen Rumpfform der amerikanischen Albacore- und Barbel-Entwürfe. Separat schauen wir uns im Kapitel 7.8. die hindernisreiche U-Boot-Entwicklung in Taiwan an und werfen in den Kapiteln 10.1 und 10.2 einen Blick auf die U-Boot-Programme auf der Koreanischen Halbinsel, die zwar (bisher) keine eigenen Atom-U-Boote hervorgebracht haben. Beide koreanischen Nationen arbeiten derzeit jedoch an strategischen Raketen-U-Booten mit (bisher) konventionellem Antrieb, wie sie zuvor – allerdings mit Nuklearantrieb – nur von den großen Atommächten genutzt wurden.

Die portugiesische »Tridente« gehört zur deutschen Exportklasse 214, in die Elemente der Klasse 212A eingeflossen sind (Foto: Thomas Nägele †).

1.2 Die Entwicklung der Atom-U-Boote

Die USS »Nautilus« (SSN-571) aus dem Jahr 1954 war das erste Atom-U-Boot der Welt und gleichzeitig das erste nuklear angetriebene Jagd-U-Boot (Foto: US Navy/PH2 Carl Duvall).

Die K-3 »Leninski Komsomol« – hier zu sehen auf einer Briefmarke – der November-Klasse war das erste nuklear angetriebene Jagd-U-Boot der Sowjetunion (Foto: USSR Post).

Im vorangegangenen Kapitel 1.1 haben wir die Nachkriegsentwicklung der konventionell angetriebenen U-Boote in den letzten acht Jahrzehnten betrachtet. Sie war stets eng verwoben mit der parallel stattfindenden Entwicklung der Atom-U-Boote.

Heute betreiben die sechs Nationen USA (seit 1954), Russland (ehemals Sowjetunion, seit 1958), Großbritannien (seit 1963), Frankreich (seit 1971), China (seit 1974) und Indien (seit 1988 durch geleastes sowjetisches Boot und seit 2016 durch Eigenentwicklung) nuklear angetriebene U-Boote.

Definition

Oftmals herrscht bei Personen, die sich zuvor nicht näher mit dem Thema Atom-U-Boote befasst haben, Verwirrung über die Begrifflichkeit. Der Begriff »Atom-U-Boot« definiert nämlich nicht zwangsweise, dass das entsprechende Unterwasserfahrzeug mit Atomwaffen ausgestattet ist. Er sagt viel mehr aus, dass dieses Unterwasserfahrzeug von einem (oder bei besonders großen Vertretern auch zwei) Atomreaktor(en) angetrieben wird. Diese U-Boot-Reaktoren sind deutlich kleiner als die an Land in Kernkraftwerken genutzten, da sie auf dem U-Boot in eine Reaktorabteilung mit einem Durchmesser von maximal zehn Metern hineinpassen müssen. Der Atom-Antrieb auf einem U-Boot funktioniert wie folgt: Im radioaktiven Primärkreislauf des U-Bootes wird eine Flüssigkeit von dem Atomreaktor erwärmt. Diese Flüssigkeit überträgt ihre Wärme mittels eines Wärmeübertragers an hochreines Wasser im separaten Sekundärkreislauf, der nicht radioaktiv ist. Der dadurch generier-

Die britische HMS »Astute« (S119) ist ein modernes nuklear angetriebenes Jagd-U-Boot des 21. Jahrhunderts (Foto: British Defenceimagery/LA(Phot) Paul Halliwell/MOD).

te Dampf steht unter hohem Druck und treibt eine Turbine an. An diese Turbine ist ein Generator angeschlossen, der die mechanische in elektrische Energie umwandelt. Diese elektrische Energie wird zum einen für die umfangreiche Bordelektronik genutzt sowie zum Aufladen von (in der Regel vorhandenen) Batterien, die als Notenergielieferant im Falle eines Reaktorausfalles dienen. Am häufigsten wird eine Getriebeturbine genutzt, die die Schiffswelle mit dem Schiffspropeller am Ende (oder bei manchen U-Booten auch einen Pump-Jet/Düsenringpropeller) über ein Untersetzungsgetriebe antreibt. Einige U-Boot-Entwürfe nutzen einen turbo-elektrischen Antrieb, bei dem hingegen ein Elektromotor die Schiffswelle antreibt. In den Anfangsjahren betrieben die USA und die Sowjetunion mehrere U-Bootentwürfe mit flüssigmetallgekühlten Reaktoren, bei denen das primäre Kühlmittel des Reaktors flüssiges Metall war. Technische Schwierigkeiten und auch Sicherheitsbedenken (in den USA) führten dazu, dass diese Methode nicht mehr genutzt wird. Alle heutigen in Dienst stehenden oder geplanten Atom-U-Boot-Entwürfe nutzen Druckwasserreaktoren = DWR (englisch pressurized water reactor = PWR). Bei ihnen wird Wasser sowohl als Kühlmittel und als Neutronenmoderator genutzt. Druckwasserreaktoren haben sich für den Betrieb auf Atom-U-Booten als sicherster Reaktortyp erwiesen. In der Geschichte der U-Bootentwicklung gab es in den Anfangsjahren einige konventionell angetriebene Unterseeboote, die mit Atomsprengköpfen bestückten Raketen bewaffnet waren. Strenggenommen handelte es sich bei diesen Booten wie anfangs erwähnt nicht um Atom-U-Boote (aufgrund des Diesel- statt Atomantriebes). Heute sind jedoch alle bekannten, aktiven und auf absehbare Zeit geplanten U-Boot-Typen mit nuklearer Bewaffnung auch nuklear angetrieben. Schauen wir uns nachfolgend die drei grundlegenden Verwendungszwecke von Atom-U-Booten an.

Die USS »George Washington« (SSBN-598) aus dem Jahr 1959 war das erste strategische Atom-U-Boot der US Navy mit Ballistischen Raketen (Foto: US Navy).

Unterwasserstart einer U-Boot-gestützten Ballistischen Rakete des Typs Polaris von der USS »George Washington« (Foto: Department of the Navy).

Personal des U-Boot-Tenders USS »Hunley« entlädt im Jahr 1967 im schottischen Holy Loch eine Polaris-Rakete aus einem der Silos der USS »Thomas A. Edison« (SSBN-610, Foto: US Navy).

Jagd-U-Boote

Alle oben genannten sechs Atom-U-Boot-Betreibernationen nutzen bzw. entwickeln nuklear angetriebene Jagd-U-Boote (ohne eigene nukleare Bewaffnung). Sie werden international klassifiziert als SSN (Ship Submersible Nuclear, auf Deutsch in etwa: »Tauchfähiges Schiff mit Nuklearantrieb«). Sie werden zur Bekämpfung von Überwasserschiffen, zur Aufklärung von feindlichen Küsten und gegnerischen Flottenverbänden, zum Mitführen und Absetzen von Spezialkräften und zur Jagd auf gegnerische konventionell sowie nuklear angetriebene U-Boote eingesetzt. Die Vorteile gegenüber den konventionell angetriebenen Booten liegen in einer höheren Unterwassergeschwindigkeit, einer unbegrenzten Tauchzeit (nur begrenzt durch die Lebensmittelvorräte an Bord) und die Möglichkeit zur globalen Verlegung. Als Nachteile erweisen sich eine leicht höhere Geräuschbildung als bei konventionellen U-Booten sowie eine messbare Wärmeabstrahlung. In den ersten Jahren nutzten die amerikanischen U-Bootentwürfe einen klassischen, geraden und länglichen U-Bootrumpf, dessen Form vom deutschen Typ XXI beeinflusst war (der bereits im Vergleich zu den Booten, die bis zum Zweiten Weltkrieg entwickelt wurden, für eine schnellere Unterwasserfahrt optimiert war). Bereits nach einigen Jahren schwenkte die US Navy um zu hydrodynamisch effizienteren Rumpfformen, die die tropfenförmige Rumpfform des experimentellen, konventionell angetriebenen amerikanischen Versuchs-U-Boot USS »Albacore« (siehe Kapitel 1.1) als Grundlage haben. Die atomar angetriebenen Jagd-U-Boote anderer Nationen nutzten von Anfang an tropfen- oder daraus abgeleitete zigarrenförmige Rumpfformen. Nuklear ange-

Bei sowjetischen strategischen Raketen-U-Booten – hier ein Delta I-Klasse U-Boot – war der »Raketenbuckel« deutlicher ausgeprägt als bei westlichen Pendants (Foto: US Navy).

Ein Museumsmodell des ersten französischen strategischen Raketen-U-Bootes »Le Redoutable« (S611, Foto: Tangopaso, Gemeinfrei).

triebene Jagd-U-Boote sind mit Torpedorohren im Bug oder seitlich vom Bug ausgerüstet, über die Torpedos, Seezielflugkörper (gegen Überwasserschiffe) oder Anti-U-Boot-Raketen verschossen und Minen gelegt werden können. Die Torpedorohre können auch als Ausstiegsschleuse für Taucher bzw. Spezialkräfte dienen. Manche Bootsentwürfe verfügen über separate Ausstiege für Taucher oder Taucherschleusen. Anfang/Mitte der 2030er Jahre wird Brasilien sein erstes Atom-U-Boot in Dienst stellen, (wahrscheinlich) gefolgt von Australien Ende der 2030er/Anfang der 2040er Jahre im Rahmen des amerikanisch-britisch-australischen U-Boot-Paktes AUKUS. Brasilien und Australien werden nur atomar angetriebene Jagd-U-Boote in Dienst stellen, keine U-Boote mit strategischen Nuklearwaffen. Weiterhin sind sowohl Nord- wie Südkorea in Zukunft potenzielle Betreibernationen von Atom-U-Booten. Innerhalb der NATO wurden in den letzten Jahren in der Türkei und in Italien die Vorteile von Nuklearenergie als Antrieb von U-Booten diskutiert. Konkrete Bauprogramme wurden jedoch bisher nicht angestoßen.

Strategische Raketen-U-Boote

Alle sechs derzeitigen Nutzerstaaten von Atom-U-Booten haben neben oben beschriebenen nuklear angetriebenen Jagd-U-Booten auch strategische Raketen-U-Boote im Dienst, die über Abschusssilos im Rumpf für Ballistische Langstreckenraketen mit Nuklearsprengköpfen auf der Spitze verfügen. Sie werden klassifiziert als SSBN (Ship Submersible Ballistic Nuclear, auf Deutsch in etwa »Tauchfähiges Schiff mit Nuklearantrieb und ballistischen Raketen«) und im Marinejargon oftmals auch als »Boomer« bezeichnet. Bis auf Indien sind alle diese Betreibernationen von nuklear bewaffneten strategischen Raketen-U-Booten ständige Mitglieder des UN-Sicherheitsrates und durch den Atomwaffensperrvertrag als einzige Länder berechtigt, legal über Atomwaffen zu verfügen. Im Gegensatz zur Handlung mancher Hollywood-Filme dienen diese mit Atomraketen bewaffneten U-Boote in der »realen Welt« ausschließlich als Zweitschlagwaffe. Das bedeutet, sie garantieren die vollständige Vernichtung eines militärischen Gegners, der das eigene Land mit Atomwaffen angreift. Denn die Raketen-U-Boote befinden sich »irgendwo« in den Tiefen der Meere und ihre genaue Position ist nur wenigen Individuen bekannt. Da sich ein militärischer Gegner der Existenz dieser U-Boote bewusst ist, muss er davon ausgehen, dass er im Falle seines Angriffes mit Nuklearwaffen auf das Territorium von einer der Betreibernationen von strategischen Raketen-U-Booten durch dessen U-Boot-gestützte Atomwaffen vernichtet wird. Die heutigen Typen dieser Boote tragen mitunter 12 bis 24 Raketen (kategorisiert als SLBM, Submarine-launched ballistic missile, auf Deutsch »U-Boot-gestützte ballistische Rakete«) mit fast weltweiter Reichweite und bis zu 14 Sprengköpfen, die in sogenannten MIRVs (engl. Multiple independently targetable reentry vehicles, auf Deutsch »unabhängig zielbarer Mehrfach-Wiedereintrittskörper«) auf der Raketenspitze gelagert sind. Nach dem Abschuss einer Ballistischen Rakete mit Atomsprengköpfen werden die einzelnen MIRVs nach dem Ausbrennen der obersten Raketenstufe im Weltraum auf ihre jeweilige Zielbahn gelenkt und treten in Zielnähe wieder in die Erdatmosphäre ein. Das bedeutet, dass man mit einer einzigen Interkontinentalrakete bis zu 14 individuelle Ziele (Militärbasen, Marinestützpunkte, Flottenverbände oder auch Städte) mit jeweils einem Atomsprengkopf angreifen kann. Bei bis zu 24 Raketen ergibt das maximal 336 Ziele pro U-Boot (die meisten im Dienst stehenden heutigen strategischen Raketen-U-Boote tragen jedoch etwas weniger Raketen und Sprengköpfe). Zur Verwirrung der gegnerischen Abwehr können die Raketen neben den eigentlichen Gefechtskörpern auch Täuschkörper tragen und absetzen. Da ein einziger heutiger Sprengkopf in der Regel über ein Vielfaches der Sprengkraft wie beispielsweise der Hiroshima-Bombe verfügt, ist ein einzelnes Raketen-U-Boot in der Lage, ganze Erdteile zu zerstören. Deshalb ist die Anwendung von strategischen, U-Boot-gestützten Atom-Waffen eigentlich nur ein Abschreckungsmittel. Sie stehen in Abgrenzung zu tak-

Die USS »Louisiana« (SSBN-743) der Ohio-Klasse aus dem Jahr 1997 ist das bisher letztgebaute und in Dienst stehende strategische Raketen-U-Boot der US Navy (Foto: US Navy/Mr. Brian Nokell).

tischen Atom-Waffen (auch als nukleare Gefechtsfeldwaffen bezeichnet), die beispielsweise als Artilleriegeschosse oder Freifallbomben über einen deutlich reduzierten (im Vergleich zu den strategischen Atomwaffen) Wirkungsradius und kleinere Sprengkraft verfügen. Solche taktischen Atomwaffen sind zumindest für Gefechtsfeldplaner in Ost und West eine theoretische Option. Der Einsatz von strategischen Atomwaffen, deren Einsatz mit gewisser Wahrscheinlichkeit das Ende der Menschheit einläuten würde, ist in der heutigen Zeit eigentlich undenkbar. Noch am 03. Januar 2022 veröffentlichten die fünf legalen Atommächte (USA, Russland, China, Frankreich und Großbritannien) die folgende offizielle Erklärung: »Wir glauben zutiefst, dass eine weitere Ausbreitung solcher Waffen verhindert werden muss. Ein Atomkrieg kann nicht gewonnen werden und darf nie geführt werden«. Gerade in den letzten Jahren– hauptsächlich bedingt durch den Ukrainekrieg – nahmen jedoch

Die russische »Wladimir Monomach« (K551) der Borei-Klasse ist eines der neuesten strategischen Raketen-U-Boote der Welt (Foto: Mil.ru).

Atom-Drohungen aus Russland gegen den Westen deutlich zu. Beobachter konnten feststellen, dass insbesondere Frankreich und Großbritannien etwas besonnener auf diese russischen Nukleardrohungen reagierten als andere Länder, in dem Bewusstsein, dass man durch die eigenen strategischen U-Boote in der Lage ist, einen vernichtenden Zweitschlag auf Russland durchzuführen. Die ersten strategischen U-Boote in den USA – die George Washington-Klasse von 1959 – entstanden aus den während des Baues um ein Raketenabteil erweiterten Jagd-U-Booten der Skipjack-Klasse. Alle späteren strategischen U-Boote der USA und auch der Verbündeten Nationen Großbritannien und Frankreich bis heute wurden von Beginn an als SSBN geplant und nutzten die hydrodynamisch optimierte Albacore-Rumpfform. Die Sowjetunion experimentierte zuerst mit Umbauten konventionell angetriebener U-Boote als Träger von Ballistischen Raketen, ehe man mit der Hotel-Klasse ab 1960 die ersten nuklear angetriebenen Raketen-U-Boote in Dienst stellte. Die Hotel-Klasse verfügte noch über einen klassischen Typ XXI-Rumpf (allerdings stark vergrößert). Erst mit der Yankee-Klasse ging man 1964 auch im Bereich der SSBN zu U-Booten mit tropfenförmigem Rumpf über. Bis in die heutige Zeit kann bei sowjetischen bzw. russischen Raketen-U-Booten ein deutlich ausgeprägterer »Raketen-Buckel« mit den Abschusssilos der Ballistischen Raketen beobachtet werden als bei den westlichen Pendants. Chinesische und indische Boote folgen im Erscheinungsbild dem russischen Muster und weisen eine dementsprechend auf der Oberseite des Rumpfes herausstehende Raketensektion auf. Zum Selbstschutz sind alle bisherigen und geplanten SSBN-Klassen mit Torpedorohren und Torpedobewaffnung ausgestattet.

Marschflugkörperträger

Die dritte Einsatzvariante von nuklear angetriebenen Unterseebooten ist das Trägerboot von mit luftatmenden Triebwerken und Tragflächen ausgestatteten (in der Regel) mit Unterschall fliegenden Marschflugkörpern. Diese operieren meist in geringen Flughöhen (im Gegensatz zu den Ballistischen Raketen), verfügen über eine Reichweite von mehreren Hundert Kilometern und lenken sich selbst autonom in das Ziel, bei dem es sich um ein Landziel oder ein gegnerisches Schiff handeln kann. Der bekannteste Marschflugkörpervertreter, der auch von U-Booten gestartet werden kann, ist die UGM-109 Tomahawk aus amerikanischer Produktion. Träger-U-Boote von Marschflugkörpern werden als SSGN klassifiziert (Ship Submersible Guided Missile Nuclear, auf Deutsch in etwa »Tauchfähiges Schiff mit Nuklearantrieb und Marschflugkörpern«). Dieser U-Boot-Typ vereint in der Regel konstruktive Elemente von Jagd-U-Booten sowie strategischen Raketen-U-Booten. In der Sowjetunion und im heutigen Russland entstanden zuerst konventionell angetriebene und ab den frühen 1960er Jahren auch nuklear angetriebene Marschflugkörperboote. Der erste nuklear angetriebene Schiffsentwurf, die Echo-Klasse, war in Bezug auf den Rumpf noch angelehnt an den deutschen Typ XXI, während ab 1963 zahlreiche sowjetische SSGN-Klassen mit tropfenförmigem Rumpf entstanden. Die Marschflugkörper sind – ähnlich wie bei den SSBN – in der Regel auch in Abschusszellen auf dem Rumpfrücken gelagert, bei einigen Entwürfen auch an den Rumpfseiten. Die USA bauten bisher keine eigenen, von Beginn an als Marschflugkörperboote vorgesehenen U-Boote. Ab den 1970er Jahren waren zwar alle Jagd-U-Bootklassen mit Tomahawk-Marschflugkörpern bewaffnet, die Trägerboote waren aber immer als Jagd-U-Boote klassifiziert. Das änderte sich erst Anfang des 21. Jahrhunderts, als die US Navy vier strategische Raketen-U-Boote der Ohio-Klasse zu SSGN-Marschflugkörperbooten umrüsten ließ. Dabei wurden die Abschusssilos der Ballistischen Raketen so umfunktioniert, dass ein Silo bei den umgebauten Booten insgesamt sieben Marschflugkörper beherbergt. Andere Nationen außer der Sowjetunion bzw. Russland und den USA haben bisher keine Marschflugkörper-U-Boote gebaut.

Status Quo

Heute (Stand Februar 2025) betreiben die USA 65 Atom-U-Boote (47 Jagd-U-Boote, 14 strategische Raketen-U-Boote und vier Marschflugkörper-U-Boote), Russland 38 Atom-U-Boote (14 Jagd-U-Boote, zwölf strategische Raketen-U-Boote und zwölf Marschflugkörper-U-Boote), Großbritannien 10 Atom-U-Boote (sechs Jagd-U-Boote und 4 strategische Raketen-U-Boote), Frankreich neun Atom-U-Boote (fünf Jagd-U-Boote und vier strategische Raketen-U-Boote), China 16 Atom-U-Boote (zehn Jagd-U-Boote und sechs strategische Raketen-U-Boote) sowie Indien derzeit zwei strategische Ra-

Modell eines Marschflugkörper-U-Bootes der Jasen-Klasse, die im Augenblick für die russische Marine gebaut wird (Foto: LeAZ-1977, CC BY-SA 4.0).

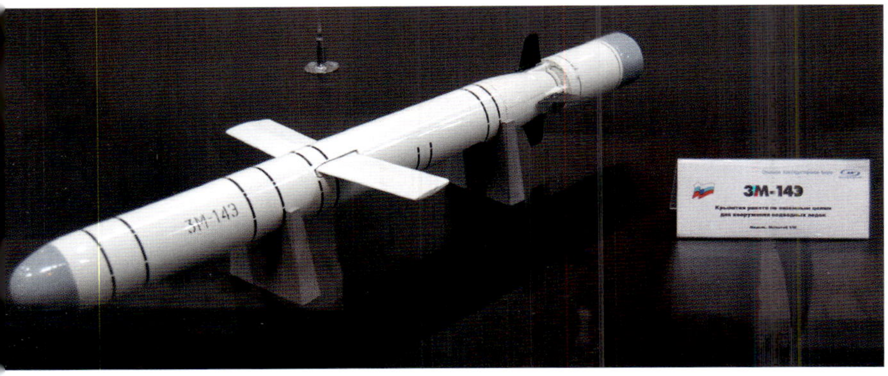

Modellattrappe eines Kalibr-Marschflugkörpers, wie er von russischen U-Booten aus eingesetzt wird (Foto: Allocer, CC BY-SA 3.0).

Überwasserstart eines Kalibr-Marschflugkörpers von der »Sewerodwinsk« (K560) der russischen Jasen-Klasse (Foto: Ru MOD).

keten-U-Boote (nuklear angetriebene Jagd-U-Boote sind in der Planung). Großbritannien, Frankreich und die USA betreiben ausschließlich Atom-U-Boote während Russland, China und Indien jeweils auch über eine große Zahl konventionell angetriebener U-Boote verfügen. Die Atom-U-Boote von vier Nationen – USA, Russland, Großbritannien und Frankreich – gelten als auf ähnlich hohem technischem Niveau. Russland hat im Gegensatz zu seinen sonstigen Streitkräften die U-Boot-Flotte nie vernachlässigt. Nach wie vor sind russische Atom-U-Boote der »Hauptgegner« der Jagd-U-Boote der französischen, britischen und amerikanischen Marinen. Alle vier zuvor genannten Nationen haben aktuell auf Jahrzehnte laufende Bauprogramme für Jagd- sowie strategische Atom-U-Boote (die Bauzeit eines einzelnen Bootes beträgt in der Regel fünf bis zehn Jahre). Indien steht derzeit noch relativ am Anfang seiner Atom-U-Boot-Entwicklung und hat nach dem Leasing von zwei sowjetisch/russischen nuklear angetriebenen Jagd-U-Booten erst seit wenigen Jahren zwei eigene, im eigenen Land konstruierte strategische Raketen-U-Boote in Dienst. Weitere Einheiten sollen folgen und in rund einem Jahrzehnt sollen erstmals indische Atom-Jagd-U-Boote in Dienst gestellt werden, die im Land entwickelt wurden. Sowohl Indien als auch China setzen neben den eigenen Atom-U-Boot-Bauprogrammen auch in Zukunft nach wie vor auf langfristige Bauprogramme für konventionell angetriebene U-Boote. In China wurde im Vergleich zu den anderen Nationen die Entwicklung der Atom-U-Boote nur sehr langsam vollzogen. Die meisten chinesischen U-Boote galten bisher als technisch veraltet, Unterwasser sehr laut (was die Ortung erleichtert) und mitunter als »radioaktive Falle« für ihre Besatzungen. Die Volksrepublik China veröffentlicht keine offiziellen Daten in Bezug auf die Größe und die Leistungsdaten ihrer U-Boot-Flotte. Durch Fotomanipulationen, wechselnden Kennungen und sich widersprechenden Informationen ist es schwierig, ein akkurates Bild der chinesischen Atom-U-Boot-Flotte zu zeichnen. In Marinekreisen machen seit vielen Jahren Gerüchte von Havarien chinesischer Atom-U-Boote die Runde, die jedoch nie bestätigt wurden. Gerade in den letzten fünf Jahren scheint China technisch im Vergleich zum Westen deutlich aufgeholt zu haben. Die anderen fünf Betreibernationen von Atom-U-Booten lassen sich etwas mehr in die Karten schauen, geben offizielle Informationen über die U-Boote heraus und veranstalten pressewirksame Stapellauf-, Tauf- und Indienststellungszeremonien. Über den operationellen Einsatzalltag halten sie sich jedoch oftmals bedeckt. Das geht so weit, dass Atom-U-Boote zumeist keine Kennnummern oder Namen sichtbar tragen – außer bei offiziellen Indienststellungszeremonien o.ä. Das bedeutet, dass wenn einem mit viel Glück an irgendeinem Hafen der Welt ein aufgetauchtes Atom-U-Boot begegnet, der informierte Beobachter zwar den Typ bzw. die Bootsklasse erkennen, jedoch nicht das einzelne Boot identifizieren kann (im Gegensatz zu den meisten Marine-Überwasserschiffen, die Kennnummern und Namen am Rumpf oder an den Aufbauten tragen).

Die Zukunft

Die nachfolgenden Kapitel geben einen Einblick in die Atom-U-Boot-Entwicklung, die aktuellen Flotten und die geplanten U-Boot-Projekte der derzeitigen sowie zukünftigen Betreibernationen von Atom-U-Booten. Die nächsten Jahrzehnte werden wahrscheinlich starke Veränderungen in der U-Boot-Entwicklung bringen. Ein möglicher Trend, der sich am Horizont abzeichnet, sind neue Rumpfformen, die hydrodynamisch weiter optimiert sind und sich teilweise an der Formgebung von Meerestieren orientieren (beispielsweise Delfinen oder Haien). Neben bemannten Systemen werden in den nächsten Dekaden

In der Zukunft werden große Unterwasserdrohnen – hier ein 26 Meter langer Vertreter des von der Firma Boeing hergestellten Typs Orca – Einzug in die Marinen halten (Foto: US Navy/Chief Mass Communication Specialist William Spears).

auch immer mehr unbemannte Unterwasserfahrzeuge in die Marinen Einzug halten (ferngesteuert und/oder teilweise auch durch Künstliche Intelligenz gelenkt). Man denke hier an die konventionell angetriebene, 26 Meter lange Unterwasserdrohne »Orca« von Boeing, die gerade bei der US Navy eingeführt wird. Auch gänzlich neue Waffensysteme wie Hyperschallwaffen, die in einigen Jahren von Unterseebooten aus abgeschossen werden können, werden in die Flotten Einzug halten. Man denke hier an den elf Meter langen, nuklear bewaffneten russischen SS-N-33 Hyperschall-Seezielflugkörper mit Fluggeschwindigkeiten von bis zu achtfacher Schallgeschwindigkeit. Revolutionär ist auch– wenn sie tatsächlich einmal funktionieren sollte – die 20 bis 24 Meter lange nuklear angetriebene Unterwasserdrohne Poseidon (NATO-Codename Kanyon). Sie soll je nach russischen Quellen Unterwassergeschwindigkeiten von 130 km/h oder sogar von mehr als 200 km/h erreichen können und durch die Zündung des bordeigenen Nuklearsprengkopfes vor feindlicher Küste Tsunamis auslösen, die wiederum die küstennahen Städte des Gegners zerstören. Bis diese neuartige, von großen Träger-U-Booten mitgeführte Waffe einsatzbereit ist, dürften aber noch einige Jahre vergehen.

Typ 041?

Der Verfasser möchte diesen Einleitungstext über Atom-U-Boote schließen mit der Betrachtung einer Kuriosität, die momentan die U-Boot-Fachwelt beschäftigt. Derzeit herrscht Unklarheit über eine mögliche chinesische U-Boot-Havarie, die sich im Frühjahr 2024 zugetragen haben soll. Laut Medienberichten vom 27. September 2024, die sich auf nicht namentlich genannte Quellen aus dem amerikanischen Verteidigungsministerium stützen, soll zwischen April und Juni 2024 ein neuartiges Atom-U-Boot des vorher unbekannten Typs 041 am Ausrüstungspier in Wuhan gesunken sein. Beobachtern der chinesischen Marinerüstung schien die veröffentlichte Information nicht stimmig zu sein. Bisher waren in der Marinewerft Wuchang in Wuhan lediglich konventionell angetriebene U-Boote gebaut worden. Sämtliche chinesischen Atom-U-Boote waren bisher bei der Bohai-Werft in Huludao gefertigt worden. Laut den Medienberichten soll es sich um ein U-Boot mit x-förmigem Ruder handeln, welches erstmals im April auf Satellitenbildern zu sehen gewesen sein soll. Im Juni war am Ausrüstungspier auf den Satellitenaufnahmen hektisches Treiben, mit Kranschiffen und Bergeausrüstung zu sehen. Keine Spur mehr von dem neuen U-Boot – ist es noch vor der Indienststellung gesunken? Und über was für einen Antrieb sollte dieses mysteriöse U-Boot verfügen? Mittlerweile verdichten sich die Hinweise, dass es mit einem Mischantrieb aus konventionellem Antrieb und Mini-Atom-Reaktor ausgestattet sein könnte. Es ist bekannt, dass China Probleme hatte, einen Außenluftunabhängigen Antrieb auf Brennstoffzellenbasis (wie bei modernen deutschen U-Booten) zu entwickeln und deshalb die Entwicklung von Minireaktoren, die auch als nukleare Batterien bezeichnet werden, angestoßen hat. Wenn es China gelänge, ein solches Antriebskonzept zur Serienreife zu bringen, könnte das revolutionäre Auswirkungen auf den internationalen U-Boot-Bau haben. Möglicherweise könnten dadurch ganz neue Betreibernationen, die sich des Konzeptes annehmen, zum Kreis der Atom-U-Boot-Betreibernationen dazustoßen!

Panoramabild einer nuklear angetriebenen russischen Unterwasserdrohne des Typs Poseidon aus einer Präsentation des russischen Verteidigungsministeriums (Foto: Russian DoD, CC BY 4.0).

2. Vereinigte Staaten

2.1 Die Entwicklung der amerikanischen Atom-U-Boote

Die 1954 in Dienst gestellte USS »Nautilus« (SSN-571) war das erste Atom-U-Boot überhaupt. Seine Rumpfform folgte noch dem deutschen Typ XXI aus dem Zweiten Weltkrieg (Foto: US Navy).

Das zweite amerikanische Atom-U-Boot, die USS »Seawolf« (SSN-575) beim Unterqueren der Golden Gate Bridge in San Francisco. Das Boot erhielt einen Natrium-gekühlten Reaktor (Foto: US Navy).

Die US Navy und die sowjetische Marine setzten beim Aufbau ihrer jeweiligen Seestreitkräfte während des Kalten Krieges unterschiedliche Schwerpunkte. Während die Sowjetunion dem Bau von Unterseebooten den Vorrang gewährte, fokussierten sich die USA mehr auf ihre Flugzeugträgerkampfgruppen.

Ein Vergleich

In der Sowjetunion wurden neben nuklear angetriebenen U-Booten auch bis zum Ende ihres Bestehens – und darüber hinaus bis zum heutigen Tag im Nachfolgestaat Russland – größere Stückzahlen konventioneller Unterseeboote für die eigenen Seestreitkräfte sowie den Export gefertigt. Die USA verabschiedeten sich mit der Indienststellung der USS »Blueback« (SS-581) im Oktober 1960 endgültig aus der Fertigung von konventionellen U-Booten (einen einzelnen Nachzügler gab es mit dem kleinen, 1968 in Dienst gestellten, 46 Meter langen unbewaffneten Forschungs-U-Boot USS »Dolphin«). Seitdem und bis in die heutige Zeit gab es des Öfteren Rufe von Politikern, Admirälen und Denkfabriken, konventionell angetriebene, kleine Jagd-U-Boote für die US Navy zu beschaffen. Diese Rufe blieben aber seit Jahrzehnten ungehört, denn offenbar ist die sogenannte »Atom-Lobby« in Industrie und Marine zu mächtig, um sich »Konkurrenz« durch kleine »Dieselboote« machen zu lassen, die in amerikanischen Marinezirkeln mitunter als »minderwertig« betrachtet werden. Diese ungleiche Schwerpunktsetzung in den U-Boot-Flotten des Kalten Krieges wird deutlich, wenn man die Aufteilung internationaler U-Boot-Flotten vom Januar 1987 betrachtet (veröffentlicht in dem Fachbuch »Modern Submarine Warfare« von David Miller, erschienen als Lizenzausgabe im Motorbuch Verlag unter dem Titel »Moderne Unterseeboote – Technik, Taktik und Bewaffnung«). Zu diesem Zeitpunkt hatte die Sowjetunion insgesamt 372 Unterseeboote in Dienst, wovon 162 Einheiten konventionell angetrieben waren und 210 Einheiten nuklear. Zum gleichen Zeitpunkt befanden sich »nur« 134 Unterseebooten in den Diensten der US Navy, wovon lediglich vier noch aus den 1950er und -60er Jahren stammenden Einheiten konventionell angetrieben waren. Während die Sowjetmarine neben Jagd-U-Booten und strategischen Raketen-U-Booten auch U-Boote als Marschflugkörperträger, nukleare Tieftauchunterseeboote, Zieldarstellungs- und Rettungs-U-Boote (für die Bergung von havarierten, anderen Booten) in Dienst hatte, fanden sich zum Stand Januar 1987 nur Jagd-U-Boote und strategische Raketen-U-Boote im Bestand der US Navy. Erst Anfang des 21. Jahrhunderts weichte die US Navy diesen Trend auf, als sie vier strategische Boote der Ohio-Klasse zu Marschflugkörperträgern umrüsten ließ. Im Jahr 2024 hatte Russland 65 aktive U-Boote in Dienst, die sich aus einer Vielzahl unterschiedlicher Typen zusammensetzen, während in den USA 64 Boote im Dienst stehen, die aus lediglich vier Typen bestehen. Im Gegensatz dazu hat heute Russland elf nuklear angetriebene und drei konventionell angetriebene U-Boot-Klassen im aktiven Dienst, von denen die meisten noch vor dem Fall der Berliner Mauer entwickelt worden waren. Bereits im Kalten Krieg wurden in der Sowjetunion von drei miteinander konkurrierenden Designbüros eine große Zahl unterschiedlicher U-Boot-Typen entwickelt, während in den USA im Prinzip – nach einigen Experimenten in den 1950er Jahren – ab Anfang der 1960er Jahre (und bis heute) lediglich nuklear angetriebene Jagd-U-Boote und Raketen-U-Boote gebaut wurden, die weitestgehend auf die gleichen Grundentwürfe zurückgehen, die im Lauf der Jahrzehnte stark modifiziert und verbessert wurden.

Nach dem Krieg

Wie in Russland, Frankreich, Großbritannien und Schweden auch, wurde die U-Bootentwicklung nach dem Zweiten Weltkrieg in den USA maßgeblich vom deutschen U-Boot-Typ XXI beeinflusst. Mehrere Einheiten dieser revolutionären Bootsklasse, die als erste überhaupt durch Modulbauweise entstanden ist und über die Möglichkeit verfügte, Unterwasser per Schnorchel die Batterien wieder aufzuladen, waren in die Hände der

Die Skipjack-Klasse war die erste Atom-U-Boot-Klasse mit tropfenförmigem Rumpf, ausgelegt für hohe Geschwindigkeiten. Hier sieht man die USS »Snook« (SSN-592) 1984 vor Rio de Janeiro (Foto: US Navy/PHC Terry Mitchell).

Die USS »Skate« (SSN-578) – hier aufgenommen beim Durchbrechen des arktischen Packeises 1959 – war das Typschiff der ersten serienmäßig gefertigten Atom-U-Bootklasse (Foto: US Navy photo courtesy of US Navy Arctic Submarine Laboratory).

Die mit zwei Reaktoren ausgestattete USS »Triton« (SSN-586) war ursprünglich als Radar-Frühwarn-U-Boot konzipiert worden. Mitte der 1960er Jahre erfolgte der Umbau zum Jagd-U-Boot (Foto: National Museum of the U.S. Navy).

Die USS »Thresher« (SSN-593) ging 1963 als erstes amerikanisches U-Boot unter bis heute nicht vollständig geklärten Umständen verloren (Foto: US Navy).

Die USS »Tullibee« (SSN-597) diente als Versuch, ein kostengünstiges Atom-U-Boot mit turboelektrischem Antrieb zu etablieren (Foto: US Navy).

Die USS »Halibut« (SSN-587) wurde als Marschflugkörperträgerboot konzipiert, Mitte der 1960er Jahre aber zum regulären Jagd-U-Boot umgebaut (Foto: US Navy).

US Navy gefallen. Diese verfügte 1945 über eine große Flotte an Angriffs-U-Booten der Gato-, Balao- und Tench-Klasse, die in den ersten Jahrzehnten nach dem Zweiten Weltkrieg den »Grundstock« der amerikanischen U-Boot-Flotte bildeten. Der Großteil dieser damals nur wenige Jahre alten Boote wurde in einem mehrstufigen als »Guppy« (Greater Underwater Propulsion Power) bezeichneten Umbauprogramm mit Eigenschaften des Typs XXI versehen, u.a. erhielten sie einen stromlinienförmigeren Rumpf und Turm sowie das Schnorchelsystem zum Batterienachladen. Die ersten konventionellen Neubauten für die US Navy – die sechs Einheiten zählende Tang-Klasse aus dem Jahr 1949 – waren im Prinzip eine amerikanisierte Version des deutschen XXI-Typs. Das erste Atom-U-Boot der US Navy, die 97,5 Meter lange USS »Nautilus« (SSN-571) aus dem Jahr 1954, basierte auf dem Rumpf der Tang-Klasse und war statt des konventionellen Dieselantriebes erstmals mit einem S2W-Druckwasserreaktor (S steht für Submarine, 2 steht für die zweite Reaktorgeneration und W steht für den Hersteller Westinghouse) ausgestattet, auf dem die heutigen amerikanischen U-Boot-Reaktoren immer noch in den Grundzügen basieren. Die »Nautilus« war nicht nur wegweisend für den U-Boot-Bau der USA, sondern auch für die anderen großen Marinenationen, bei denen durch die von der US Navy präsentierten Erfolge der »Nautilus« in Bezug auf Ausdauer, Geschwindigkeit und Taucheigenschaften ebenfalls der Wunsch nach eigenen Atom-U-Booten entstand. Der Schiffsentwurf der »Nautilus« war so erfolgreich, dass das Boot dem Schicksal vieler Prototypen entging, die oftmals kurz nach der Erprobungsphase wieder ausgemustert und durch Serieneinheiten ersetzt werden. Die »Nautilus« tat als aktives Jagd-U-Boot bis 1980 Dienst in der US Navy, unternahm dabei einige für die internationalen Medien wirksame Publicitytouren und kann heute unweit ihrer Bauwerft in Groton, Connecticut als Museumsschiff besichtigt werden. Die Werft Electric Boat in Groton hatte sich bereits zu Anfang des 20. Jahrhunderts als die führende amerikanische U-Boot-Werft hervorgetan. Eine Position, die sie bis heute innehat. Der Nautilus-Entwurf diente nicht als Vorlage für einen Serienbau, weshalb die »Nautilus« ein Einzelboot blieb. Das zweite in den USA gefertigte Atom-U-Boot, die 102 Meter lange USS »Seawolf« (SSN-575) aus dem Jahr 1955, verfügte über einen ähnlichen Rumpf wie die »Nautilus«, sie nutzte jedoch einen Natrium-gekühlten Atomreaktor, der sich als störanfällig erwies. Dies führte dazu, dass dieser Reaktor wieder entfernt und ab 1958 ebenfalls ein Druckwasserreaktor in die »Seawolf« eingebaut wurde. Die Reaktortechnik der »Nautilus« wurde in dem S3W-Druckwasserreaktor der Skate-Klasse vereinfacht und verbessert. Die geringfügig auf 81 Meter Länge verkleinerte Skate-Klasse, von der 1957/58 vier Einheiten zu Wasser gelassen wurden, war das erste Serien-Atom-U-Boot überhaupt. Es folgte in Bezug auf die Rumpfform noch dem deutschen Typ XXI.

Die heutige Form

Ab dem Jahr 1953 erprobte die US Navy mit dem kleinen konventionell angetriebenen und unbewaffneten Versuchsboot USS »Albacore« einen Entwurf mit tropfenförmigem Rumpf (der formtechnisch einem Zeppelin/Luftschiff ähnelt). Die Versuche mit der »Albacore« waren so erfolgreich, dass deren Rumpfform als Muster für die sechs Einheiten umfassende nuklear angetriebene Skipjack-Klasse diente. Sie entstand parallel mit der konventionell angetriebenen, drei Einheiten umfassenden Barbel-Klasse – die die gleiche Rumpfform nutzte und die letzte Dieselklasse der US Navy war – zwischen 1958 und 1960. Die 76,7 Meter lange USS »Skipjack« (SSN-585) und ihre Schwestern, bei denen erstmals die vorderen Tiefenruder am Turm des Bootes platziert wurden, entsprechen in Bezug auf ihr Erscheinungsbild erstmals dem, was man sich aufgrund des Tropfen-Rumpfes heute landläufig als amerikanisches Atom-U-Boot vorstellt. Fünf Boote der Klasse, die mit einer Höchstgeschwindigkeit von über 30 Knoten zu den schnellsten U-Booten überhaupt zählen, standen bis Ende der 1980er Jahre in den Diensten der US Navy. Eine sechste Einheit namens USS »Scorpion« (SSN-589) ging im Mai 1968 im Atlantik aufgrund eines technischen Defektes unter bis heute nicht vollständig geklärten Umständen 740 Kilometer südwestlich der Azoren verloren. Das Boot ruht in rund 3.300 Metern Tiefe; zwei mitgeführte Mark 45 ASTOR-Torpedos mit Nuklearsprengkopf an Bord sind bis heute ungeborgen. Auf die Skipjack-Klasse folgte im Jahr 1958 mit der USS »Triton« (SSN-586) nochmals ein Einzelboot, bei dem es sich um eine deutlich vergrößerte Version der Skate-Klasse handelte. Das 1958 vom Stapel gelaufene Boot mit der beachtlichen Länge von 136,3 Metern verfügte als einziges amerikanisches U-Boot bisher über zwei (S4G)-Atomreaktoren. Ursprünglich sollte es nach der Indienststellung 1959 als Radar-Frühwarn-U-Boot dienen. Die Navy verabschiedete sich jedoch ca. 1960 von dem Einsatzkonzept, woraufhin die »Triton« zum regulären Angriffs-U-Boot umklassifiziert und bereits nach wenigen Dienstjahren 1968 ausgemustert wurde. Nach der »Triton« liefen zwischen 1960 und 1966 vierzehn Einheiten der ursprünglich als Thresher-Klasse bezeichneten nächsten Jagd-U-Bootklasse vom Stapel, bei der es sich um eine vergrößerte »Skipjack« mit mehr länglich gestreckter Rumpfform handelte. Die Thresher-Klasse nutzte den gleichen S5W-Druckwasserreaktor wie die Skipjack-Klasse. Aufgrund der größeren Abmessungen war die Thresher-Klasse ein paar Knoten langsamer als die Skipjack-Klasse (die genauen Werte sind geheim). Das Typschiff USS »Thresher« (SSN-593) ging 1963 bei einem bis heute nicht vollständig aufgeklärten Unfall vor der US-Ostküste unter. Bei den Folgebooten wurden darauf massiv erhöhte Sicherheitsstandards (bekannt als SUBSAFE) umgesetzt und drei der späteren Boote um fünf Meter verlängert. Die bis 1996 in Dienst stehende Klasse wurde später in Permit-Klasse (nach der zweiten Einheit USS »Permit« (SSN-594)) umbenannt. Die nächsten beiden Jagd-U-Boote der US Navy waren wieder Einzelentwürfe ohne Serienfertigung. Die USS »Tullibee« (SSN-597) war mit 83,2 Metern Länge an den Entwurf der Skipjack-Klasse angelehnt. Als bisher erstes amerikanisches U-Boot erhielt sie einen S2C-Reaktor und einen turboelektrischen Antrieb, der besonders leise sein sollte, sowie ein großes kugelförmiges Sonar im Bug. Die »Tullibee« war ein Versuch der Navy, ein besonders preiswertes Atom-U-Boot zu fertigen, der sich am Ende nicht durchsetzen konnte. Trotzdem behielt die US Navy die »Tullibee« bis 1988 in Dienst, da sie im Kalten Krieg jedes einzelne U-Boot in der Flotte benötigte. Die USS »Halibut« (SSN-587) lief ursprünglich im Jahr 1959 als nuklear angetriebene Version der konventionell angetriebenen Marschflugkörper-U-Boote der Grayback-Klasse

Die USS »Pogy« (SSN-647) war eine von 37 Einheiten der Sturgeon-Jagd-U-Bootklasse, die das Rückgrat der amerikanischen U-Boot-Flotte gegen Ende des Kalten Krieges bildete (Foto: Expert Infantry/CC BY 2.0).

Stapellauf der USS »Narwhal« (SSN-671) bei Electric Boat im September 1967. Das Einzelboot diente als Versuchsträger für ein leiseres Antriebssystem (Foto: US Navy).

Die USS »Glenard P. Lipscomb« (SSN-685) wurde als Versuchsboot für einen turboelektrischen Antrieb genutzt (Foto: US Navy).

vom Stapel. Das 106,9 Meter lange Boot mit konventionellem, an den deutschen Typ XXI angelehnten Rumpf, war für wenige Jahre das einzige nuklear angetriebene Marschflugkörperboot mit SSGN-Klassifizierung der US Navy. Das Einsatzkonzept konnte sich jedoch nicht durchsetzen und das Boot wurde 1965 zum regulären Jagd-U-Boot umgebaut und mit zusätzli-

Bei der George Washington-Klasse – hier zu sehen die USS »Patrick Henry« (SSBN-599) – handelte es sich um die ersten strategischen Raketen-U-Boote der US Navy (Foto: US Navy).

Die USS »James Monroe« (SSBN-622) war ein Boot der 19 Einheiten umfassenden, vergrößerten Lafayette-Raketenträgerklasse (Foto: Navy Command Camera Operator: L. S. EVER).

cher Ausrüstung für Spezialeinsätze versehen. 1976 wurde die »Halibut« frühzeitig außer Dienst gestellt. Ab dem Jahr 1966 schließlich lief mit der 37 Einheiten zählenden Sturgeon-Klasse die bisher umfangreichste Klasse amerikanischer Atom-U-Boote vom Stapel. Bei ihr handelte es sich um eine Weiterentwicklung der Permit-Klasse mit gleichem S5W-Druckwasserreaktor, bei der sämtliche aus dem Unglück der »Thresher« gewonnen Erkenntnisse mit in den Bootsentwurf eingearbeitet wurden. Die meisten der Boote waren 89 Meter lang, die letzten neun Einheiten erhielten eine drei Meter lange Rumpfverlängerung, die die beengten Verhältnisse an Bord durch zusätzlichen Wohnraum erleichtern sollten. Eine Einheit, die USS »Parche« (SSN-583) wurde 1987 um eine 30 Meter lange-Rumpfsektion verlängert, die Ausrüstung für Spezialoperationen und Schleusen für Taucher sowie kleine Unterwasserfahrzeuge enthielt. Die Sturgeon-Klasse galt gegen Ende des Kalten Krieges als das Rückgrat der amerikanischen Jagd-U-Bootflotte. Sie legte den Grundstein für die heute noch im Dienst stehende, deutlich vergrößerte Los Angeles-Klasse, die wir im folgenden Kapitel 2.2 genauer betrachten. Nach deren Einführung auf den Booten der Los Angeles-Klasse wurden auch einige Einheiten der Sturgeon-Klasse zum Mitführen und Verschießen von UGM-109 Tomahawk-Marschflugkörpern über die Torpedorohre befähigt. Einige Boote der Sturgeon-Klasse standen noch bis Anfang des 21. Jahrhundert im Dienst. Die USS »Parche« wurde im Jahr 2004 als letztes Boot der Sturgeon-Klasse außer Dienst gestellt. Aus der Sturgeon-Klasse gingen auch zwei Einzelboote hervor, die konstruktiv zwar auf dieser beruhten, jedoch mit alternativer Antriebstechnik ausgestattet waren. Das erste Boot, die 95,9 Meter lange, 1966 vom Stapel gelaufene USS »Narwhal« (SSN-671) diente als Erprobungsträger für einen neuen verbesserten Reaktor des Typs S5G und sollte durch das Einsparen von Umlaufpumpen deutlich leiser als ein reguläres Sturgeon-Boot sein. Die genutzte Antriebstechnik entsprach jedoch nicht ganz den nach dem Untergang der Thresher implementierten SUB-SAFE-Sicherheitsbedingungen, weshalb sie bei keinem anderen späteren Boot zum Einsatz kam. Die »Narwhal« wurde 1999 außer Dienst gestellt. Das zweite »Sonderboot« war die USS »Glenard P. Lipscomb« (SSN-685), die als Nachfolger der USS »Tullibee« zwar den regulären S5W-Reaktor erhielt, jedoch mit besonders leiser turboelektrischer Energieübertragung ausgestattet wurde. Die »Glenard P. Lipscomb« war mit 111,3 Metern Länge deutlich größer als ein Standard-Sturgeon-Boot. Sie wurde 1974 in Dienst gestellt und bereits 1990 wieder ausgemustert. Zu diesem Zeitpunkt verfügte die US Navy bereits über eine große Zahl an Booten der Los Angeles-Klasse und weitere Einheiten waren bis 1996 im Zulauf.

SSBN

Im Gegensatz zur sowjetischen Marine, die in den 1950er Jahren bereits konventionell angetriebene Träger-U-Boote für Interkontinentalraketen einführte, überging die US Navy diesen

Das strategische Raketen-U-Boot USS »Sam Houston« (SSBN-609) war ein Vertreter der verbesserten und stromlinienförmigen Ethan Allen-Klasse (Foto: US Navy).

Schritt und konzipierte bereits Ende der 1950er Jahre die George Washington-Klasse, die ersten strategischen Trägerboote von Ballistischen Raketen mit Nuklearantrieb der USA. Bei der George Washington-Klasse handelte es sich prinzipiell um Boote der Skipjack-Jagd-U-Boot-Klasse, die um ein 40 Meter langes Rumpfmittelstück ergänzt wurden, in dem sich Abschussrohre für 16 Polaris-Raketen mit je nach Version ein bis drei Nuklearsprengköpfen an der Spitze und Reichweiten bis 4.600 Kilometer befanden. Fünf je 116 Meter lange Einheiten wurden in den frühen 1960er Jahren in Dienst gestellt. Zwei Einheiten wurden Anfang der 1980er Jahre außer Dienst gestellt, drei Einheiten dienten noch für einige wenige Jahre als konventionelle Jagd-U-Boote. Der Rüstungsbegrenzungsvertrag SALT mit der Sowjetunion hatte das vorzeitige Ende der George-Washington-Klasse besiegelt. Auf die George Washington-Klasse folgte die ebenfalls fünf Einheiten umfassende Ethan Allen-Klasse, die von Beginn an als strategische Raketen-U-Boote geplant und mit 125 Meter Länge etwas größer als die George Washington-Klasse waren. Die ebenfalls Platz für 16 Polaris-Raketen bietende Rumpfmittelsektion war hydrodynamisch besser (stromlinienförmiger) an den Rumpf des Bootes angepasst. Das Typschiff USS »Ethan Allen« (SSBN-608) schoss als einziges amerikanisches SSBN überhaupt im Jahr 1962 im Südpazifik einen »scharfen«, zu Testzwecken zur Detonation gebrachten, Nuklearsprengkopf auf ein abgelegenes Seegebiet ab. Die SALT-Verträge bereiteten auch der Ethan Allen-Klasse teilweise ein frühes Ende in den 1980er Jahren. Zwei Einheiten dienten noch bis 1992 als Jagd-U-Boote. Auf die Ethan Allen-Klasse folgte die 19 Einheiten umfassende Lafayette-Klasse, die 1963/64 in Dienst gestellt wurde, 129 Meter lang war und für schwerere Versionen der Polaris-Rakete ausgelegt war. Einige Einheiten der Lafayette-Klasse standen bis 1995 in Dienst der US Navy. Die Lafayette-Klasse wurde zur zwölf Einheiten umfassenden Benjamin Franklin-Klasse weiterentwickelt, die über einen leiseren Antrieb bei identischen Abmessungen wie die »Lafayette« verfügte. Die letzte Einheit, die nach dem der US Navy nahestehenden Komiker Will Rogers benannte USS »Will Rogers« (SSBN-659) wurde 1967 in Dienst gestellt. Die letzten Einheiten der Benjamin Franklin-Klasse blieben bis 1995 im Dienst der US Navy. Die 41 Boote der George Washington-, Ethan Allen-, Lafayette- und Benjamin Franklin-Klassen werden in der Marineliteratur als eine Generation von strategischen Raketen-U-Booten angesehen. Sie werden in den USA auch als »41 for freedom« (41 für die Freiheit) kategorisiert. Alle 41 Boote verfügen über denselben S5W-Atomreaktor und waren für den Transport und den Abschuss von 16 Polaris-Raketen ausgelegt. Zur zweiten Generation amerikanischer SSBN zählt die ab 1981 zulaufende Ohio-Klasse, die mit 170 Metern Länge und Abschusssilos für 24 weitreichendere Trident-Raketen deutlich größer und leistungsfähiger als die »41 for freedom«-Boote ist. Die 18 Einheiten zählende Ohio-Klasse ist seit 1995 die alleinige mit der seegestützten nuklearen Abschreckung betraute U-Bootklasse der US Navy, die wir im Kapitel 2.6. ausführlich betrachten.

Schlussbemerkung

Die zuvor beschriebenen U-Boot-Klassen wurden alle in einem Zeitraum von 20 Jahren in Dienst gestellt. Die große Zahl vom Stapel gelassener U-Boote wurde durch die Nutzung zahlreicher Bauwerften möglich: Mare Island N.Y. in Kalifornien, Portsmouth N.Y. in Maine, Ingalls Shipbuilding in Mississippi, New York Shipbuilding in New Jersey, General Dynamics Quincy in Massachusetts sowie Newport News Shipbuilding in Virginia und Electric Boat in Connecticut. Heute sind lediglich Newport News und Electric Boat im Bereich des U-Boot-Baus tätig. Alle anderen U-Bootwerften sind mittlerweile stillgelegt, mit Ausnahme von Ingalls, die heute als Teil des Huntington Ingalls-Konzerns zu den führenden Werften für Marine-Überwasserschiffbau zählt und Hubschrauberträger, amphibische Landungsschiffe, Zerstörer und Schiffe für die US Coast Guard fertigt. Im Kalten Krieg waren zahlreiche Atom-U-Boote der US Navy außerhalb der USA stationiert (etwa im spanischen Rota oder im schottischen Holy Loch). Im 21. Jahrhundert sind sämtliche amerikanischen U-Boote – aufgeteilt in Pazifik- und Atlantikflotte – auf dem amerikanischen Festland an Ost- und Westküste sowie auf Hawaii und der Pazifikinsel Guam (US-Territorium) stationiert. Zuletzt möchte der Verfasser noch das 1969 bei Electric Boat vom Stapel gelaufene, nicht bewaffnete, atomar angetriebene Versuchs-U-Boot »Nr-1« (Naval Reactor-1) erwähnen. Das kleine 44 Meter lange Boot wurde nie offiziell in den Dienst der US Navy gestellt und konnte bis 900 Meter Tiefe tauchen. Es wurde bis zu seiner Außerdienststellung 2008 bei zahlreichen Spezial- und Sucheinsätzen verwendet. Teile des Bootes sind in Groton, Connecticut und in Keyport, Washington als Museumsexponate vorhanden.

Das 44 Meter lange, nuklear angetriebene Versuch-U-Boot »NR-1« wurde nie offiziell in den Dienst der US Navy gestellt, wurde jedoch bis 2008 für verschiedenste Zwecke genutzt (Foto: US Navy/JOC Peter D. Sundberg).

2.2 Jagd-U-Boote der Los Angeles-Klasse

Die neunte Einheit USS »New York City« (SSN-696) läuft am 18. Juni 1977 bei Electric Boat in Groton vom Stapel (Foto: Electric Boat).

Präsident Jimmy Carter (Mitte) und seine Gattin besichtigen mit Admiral Rickover (ganz rechts), dem »Vater der Atomflotte«, die USS »Los Angeles« (SSN-688) kurz nach der Indienststellung im Mai 1977 (Foto: US Navy).

Gegen Ende der 1960er Jahre wuchs in der US Navy die Sorge über die Fähigkeiten der sowjetischen Atom-U-Bootflotte. Deren Jagd- und Marschflugkörper tragende U-Boote wurden konstant schneller und auch die Bewaffnung wurde immer umfangreicher.

Ein ausschlaggebender Faktor war ein Vorfall, bei dem im Jahr 1969 der Flugzeugträger USS »Enterprise« (CVN-65) während des Transits in das Einsatzgebiet vor Vietnam von einem sowjetischen Jagd-U-Boot der November-Klasse verfolgt wurde. Die Marineführung, die von der Anwesenheit des sowjetischen Bootes wusste, hatte der »Enterprise« die Marschfahrt in Hochgeschwindigkeit von mehr als 30 Knoten befohlen. Allerdings konnte das November-Boot der »Enterprise« über einen längeren Zeitraum problemlos folgen, woraufhin der Flugzeugträger die »Verfolgungsjagd« abbrach. Das war der Zeitpunkt, als den Verantwortlichen bei der US Navy klar wurde, dass die sowjetische U-Boot-Technik weiter vorangeschritten war, als gedacht.

Die Hintergründe

Besondere Sorge machte der US Navy auch die über eine starke SS-N-7-Marschflugkörperbewaffnung verfügende Charlie-Klasse, die von der Sowjetmarine als »Carrier Killer« entwickelt worden war. Um diesen sowjetischen SSGN entgegenzuwirken, sollte eine neue Klasse von großen amerikanischen Jagd-U-Booten in die Trägerkampfgruppen integriert werden und diese Unterwasser vor gegnerischen U-Booten schützen. Diese Jagd-U-Boote sollten der Kampfgruppe getaucht vorausfahren und sowjetische Boote aufspüren und versenken, bevor diese ihre Abschussposition einnehmen konnten. Die Navy bezeichnete dieses Einsatzkonzept der zukünftigen Boote als »Nahunterstützungs-Auftrag«. Diese Taktik erforderte einen großen U-Boot-Entwurf mit der doppelten Reaktorleistung der vorangegangenen Permit- und Sturgeon-Klassen, der nicht lauter als die schon sehr leise Sturgeon-Klasse sein durfte (bei den vorangegangenen Permit- und Sturgeon-Klassen wurde Geschwindigkeit zugunsten einer geräuscharmen Fahrt geopfert) und gleichzeitig bei Geschwindigkeiten von 35 Knoten (und eventuell mehr) mit den Flugzeugträgerkampfgruppen mithalten musste. Die Navy hatte ursprünglich einen anderen Entwurf verfolgt, der als »Conform« bezeichnet wurde und über eine im Vergleich zur Sturgeon-Klasse nochmals gesteigerte Geräuscharmut bei gleichzeitiger Erhöhung des Komforts der Besatzung verfügen sollte. Der Vater der nuklearen Navy – Admiral

Blick auf den Fahrstand in der Kommandozentrale der »Baton Rouge«. Die Aufnahme entstand am 01. Juli 1981 (Foto: US Navy/ Fred Maroon).

Hyman G. Rickover – stand jedoch mit der Marineführung im Clinch, da er bereits seit Jahren ein großes, schnelles und stark bewaffnetes Nachfolge-U-Boot favorisierte. Der Crewkomfort war für den als sehr streitbar geltenden Rickover dabei eher zweitrangig. Der »Enterprise«-Vorfall hatte ihm jedoch recht gegeben, selbst seine schärfsten Kritiker lenkten ein und favorisierten das als »Rickover-Entwurf« bezeichnete U-Boot-Design. Um die Finanzierung der ersten zwölf Einheiten zu unterstützen, stoppte Rickover die Jahrzehnte lange Tradition, Unterseeboote nach Meerestieren zu benennen. Stattdessen wurden die Boote, die – nach der ersten Einheit als Los Angeles-Klasse bezeichnet wurden – nach amerikanischen Großstädten benannt, bevorzugt solchen, aus denen die einflussreichsten Kongressabgeordneten stammten, die in den Finanzierungsausschüssen saßen. Geradezu legendär war Rickovers kurzer, trockener Kommentar zu der neuen Namensfindung: »Fish don´t vote!« (zu Deutsch »Fische wählen nicht!«). Alle Boote der im gesamten 62 Einheiten zählenden Los Angeles-Klasse wurden letztendlich nach Städten benannt. Lediglich ein Boot, die USS »Hyman G. Rickover« (SSN-709) wurde nach dem für das Bauprogramm zuständigen Admiral selbst benannt.

Der Auftrag

Die ersten drei Einheiten der 110 Meter langen, 10 Meter breiten und getaucht 6.927 Tonnen verdrängenden Los Angeles-Klasse wurden am 08. Januar 1971 bei Electric Boat in Groton, Connecticut geordert. Auch die nächsten neun Boote wurden bei Electric Boat bestellt. Allerdings verlor die traditionsreiche U-Boot-Werft aus Neu-England den Exklusivauftrag nach der Fertigstellung der ersten Einheiten, da die US Navy technische Mängel und fehlerhaft ausgeführte Schweißnähte

Die USS »Baton Rouge« (SSN-689) während der Probefahrten im Mai 1977 (Foto: National Archives).

Die USS »Cincinatti« (SSN-693) aufgenommen während der Erprobungen 1978. Das Boot wurde frühzeitig im Juli 1996 außer Dienst gestellt (Foto: US Navy).

Die USS »Baton Rouge« (SSN-689), die USS »Atlanta« (SSN-712), die USS »Birmingham« (SSN-695) und die USS »Norfolk« (SS-714) im Flottenstützpunkt Norfolk am 12. Mai 1984 (Foto: US Navy/PH2 Wujcik).

Die USS »Providence« (SSN-719) war die erste Einheit des Bauloses Flight II. Das im Juli 1985 in Dienst gestellte Boot wurde im Jahr 2021 in die Reserveflotte überführt (Foto: US Navy/Petty Officer 2nd Class Peter D. Blair).

an den Booten entdeckte. In dem folgenden politischen Skandal, der in den USA tatsächlich ganze Bücher füllte, entzog die Navy Electric Boat den Auftrag über fünf dieser ersten zwölf Boote der Klasse und vergab ihn an die konkurrierende Werft Newport News Shipbuilding, die neben dem U-Boot-Bau für die Fertigung der meisten amerikanischen Flugzeugträger seit dem Zweiten Weltkrieg verantwortlich zeichnete. Die beiden Werften sollten von nun an die Boote der Los Angeles-Klasse in Konkurrenz zueinander fertigen und um zukünftige Auftragsvergaben im Wettstreit miteinander liegen. Zwischen der Navy und Electric Boat entstand ein hausgemachter Streit um Zuständigkeiten und Zahlungen. Am Ende musste die Navy selbst für die meisten Kosten der Auftrags-Zweitvergabe an Newport News Shipbuilding aufkommen. 1979 kam ein weiterer Disput zwischen Electric Boat und der Navy hinzu, als diese die Verwendung von minderwertigem Stahl bei einigen der Boote entdeckte, was zu aufwendigen Nacharbeiten und weiteren Kosten führte. Letztendlich konnte die Navy aber nicht auf die Werftkapazitäten von Electric Boat verzichten, weshalb das zum General Dynamics-Konzern gehörende Unternehmen auch in den Folgejahren mehrere weitere Aufträge zum Bau von Booten der Los Angeles-Klasse erhielt. Heute – in den 2020er Jahren – ist der Ruf von Electric Boat vollständig wiederhergestellt und die Werft dient als Generalunternehmer für die aktuell im Bau befindlichen U-Boote der Virginia- und Columbia-Klassen.

Das Boot

Wie schon erwähnt, wurde dem Crewkomfort der Los Angeles-Klasse keine Bedeutung zugemessen. Aufgrund von umfangreicher technischer Ausstattung und dadurch entstandenem Platzmangel müssen sich zahlreiche Besatzungsmitglieder der ca. 130 Personen starken Crew eine Koje teilen. Dieses als »Hot Bunking« bezeichnete Prinzip bedeutet, dass ein Besatzungsmitglied nach seinem Schichtdienst an Bord sein Schlafabteil an Bord bezieht, das zuvor von einem anderen Besatzungsmitglied zum Schlafen genutzt wurde, der nun seine Arbeitsschicht beginnt und umgekehrt. Aufgrund der Schwere des S6G-Druckwasserreaktors von General Electric musste die Rumpfstärke im Vergleich zu den Vorgängerklassen verkleinert werden, woraus eine reduzierte Maximaltauchtiefe von rund 300 Metern resultierte. Beim Entwurf der Los Angeles-Klasse wurde nicht mehr ein sich nach hinten verjüngender, tropfenförmiger »Zeppelin-Rumpf« verwendet, wie er bei den vorangegangenen Skipjack-, Permit- und Sturgeon-Klassen genutzt wurde, sondern ein zylindrischer (zigar-

Die USS »Louisville« (SSN-724) war eines von vier Booten der Los Angeles-Klasse, welches während der Operation Iraqi Freedom im Jahr 2003 Tomahawk-Marschflugkörper auf irakische Ziele schoss (Foto: US Navy/Photographer's Mate Airman Danielle M. Sosa).

Die USS »San Juan« (SSN-751) war die erste Einheit des rundum erneuerten Bauloses Flight III, bei dem das vordere Tiefenruder vom Turm zum Bug verlegt wurde (Foto: US Navy/Mr. Paul Farley). Eingeklinkt: Der streitbare Admiral Hyman G. Rickover gilt als Vater der amerikanischen Nuklearflotte. Er war maßgeblich an der Entwicklung der Los Angeles-Klasse beteiligt (Foto: U.S. Naval Historical Center).

renförmiger) Rumpf. Der zwischen Bug- und Heckbereichen vollkommen zylinderförmige Rumpfmittelteil kann mit deutlich weniger Aufwand gefertigt werden und ist beinahe so robust wie ein fortlaufend gekrümmter Rumpf, dessen Fertigung als schwierig gilt. Zu Beginn der Dienstzeit der Los Angeles-Klasse ab 1976 galten die Boote als die leisesten Atom-U-Boote der Welt. Der relativ kleine Turm verringert den Unterwasser-Fahrtwiderstand relativ stark. Der Druckkörper wurde aus hochelastischen HY-80 Stahl gefertigt, der als belastbar gilt und ideal für Schweißarbeiten geeignet ist.

Der Antrieb

Der S6G-Druckwasserreaktor (S steht für Submarine, 6 steht für die sechste Reaktorgeneration und G steht für die Herstellerfirma General Electric) basiert technisch auf dem Reaktor des Typs D2G, von dem ab den frühen 1960er Jahren je zwei Exemplare auf den nuklear angetriebenen Lenkwaffenkreuzern der Bainbridge-, Truxtun-, California- und Virginia-Klassen verbaut waren. Der 148-Megawatt-Reaktor treibt mit seinem generierten Hochdruckdampf zwei Getriebe-Dampfturbinen an, die über ein Untersetzungsgetriebe auf eine einzelne Welle mit klassischem Sieben-Blatt Schiffspropeller aus Bronze wirken. Die Maschinenleistung beträgt 30.000 PS. Einzelne spätere Boote der Los Angeles-Klasse (Flight III) verfügen statt des klassischen Propellers über einen Pump Jet-Antrieb/Düsenringpropeller. Bei niedrigen Leistungsstufen nutzt der Reaktor den natürlichen Kreislauf zur Reduzierung des Pumpengeräusches auf ein Minimum. Bei größeren Geschwindigkeiten müssen die Umlaufpumpen angeworfen werden. Der »Nahunterstützungs-Auftrag« zum Schutz der Trägerkampfgruppen beinhaltet diese beiden Betriebsmodi »Schnell« und »Langsam«. Die im Vergleich zu den Vorgängern gewaltigen Abmessungen haben die Schallisolierung der Maschinenanlage vom eigentlichen Bootsrumpf vereinfacht. Alle Elemente des Schiffsantriebes befinden sich auf Flößen zur Abfederung von Schwingungen, die sich dadurch nicht über den Rumpf in das umgebende Wasser übertragen können. Ein Notdiesel des Typs 38D8Q von Fairbanks, Morse and Company kann bei einem Reaktorausfall einen ausfahrbaren Außenbordmotor antreiben. Er kann weiterhin die Batterien unter dem Torpedoraum aufladen, die den Reaktor im Havariefall neu starten können.

Bewaffnung

Die ersten 31 Boote der Los Angeles-Klasse verschossen sämtliche an Bord gelagerten Waffensysteme über vier Mittschiffs angebrachte 533-mm-Torpedorohre. Diese im Vergleich zu den Vorgängerklassen reduzierte Anzahl Torpedorohre war notwendig, damit die Boote der Los Angeles-Klasse Geschwindigkeiten von über 30 Knoten erreichen konnten. Ende der 1970er Jahre ersetzte der Mk 48-Torpedo den Großteil der von der US Navy genutzten Torpedos. Er ist bis heute die Hauptbewaffnung der Los Angeles-Klasse für die Jagd auf

Am Bug der Boote des Flight II und III – hier bei der USS »Santa Fe« (SSN-763) – befinden sich zwölf VLS-Abschusszellen für Tomahawk-Marschflugkörper (Foto: US Navy/OS2 John Bouvia).

Unterwasserstart eines Tomahawk-Marschflugkörpers von der USS »Annapolis« (SSN-760) vor Südkalifornien im Juli 2018 (Foto: US Navy/MC1 Ronald Gutridge).

U-Boote und Schiffe. Neben Torpedos können auch verschiedene Minentypen von den Einheiten der Los Angeles-Klasse gelegt werden. Die ersten 12 Einheiten konnten den Anti-U-Boot-Flugkörper des Typs UUM-44 Subroc mit taktischem Nuklearsprengkopf verschießen, da sie mit dem Mk 113-Feuerleitsystem ausgestattet waren. Subroc wurde bei der US Navy nur bis zum Jahr 1989 genutzt. Spätere Boote erhielten das voll-digitale Mk 117-Feuerleitsystem, welches nicht mehr für die Steuerung von Subroc ausgelegt war. Das erste Boot mit dem Mk 117 an Bord war die USS »Dallas« (SSN-700). Ab 1978 konnten die ersten Boote der Los Angeles-Klasse Seezielflugkörper des Typs UGM-84F Sub-Harpoon mit 125 Kilometern Reichweite zur Bekämpfung von Überwasserschiffen mitführen. Ab 1983 wurden Marschflugkörper des Typs UGM-109 Tomahawk mit 2.600 Kilometern Reichweite zur Verwendung gegen Landziele eingerüstet. Eine spezielle Version zur Bekämpfung von Überwasserschiffen hat eine Reichweite von 460 Kilometern (diese wird aber nicht mehr genutzt). Das Mk 117-Feuerleitsystem wurde für die Steuerung der Tomahawks zum Mark 1 Combat Control System/All Digital Attack Center

Heckansicht der USS »Cheyenne« (SSN-773), der letztgebauten Einheit der Los Angeles-Klasse, aufgenommen 2011 in Pearl Harbor (Foto: US Navy/MC2 Ronald Gutridge).

weiterentwickelt. Später wurde dieses durch das nochmals verbesserte Mark 2 Combat Control System ersetzt. Neben einer umfangreichen Kommunikations- und Radarausstattung ist die Los Angeles-Klasse mit zwei Periskopen ausgestattet sowie einem aktiven kugelförmigen Bugsonar, einem passiven 780 Meter langen Schleppsonar und einem Hochfrequenzsonar am Bug zur Detektion von Minen und anderen Hindernissen.

Stapellauf der drittletzten Einheit der Los Angeles-Klasse – der USS »Columbia« (SSN-771) – bei Electric Boat am 24. September 1994 (Foto: US Navy/Jerry Sims).

Flights

Die Boote 32 bis 39 der Los Angeles-Klasse, beginnend mit der USS »Providence« (SSN-719), wurden mit einem Vertical Launching System (VLS) ausgerüstet, einem vertikalen Startsystem außerhalb des Druckkörpers. Hier wurden 12 Marschflugkörper senkrecht gelagert und verschossen. Dafür musste das Mark 2 Combat Control System an Bord vorhanden sein. Diese acht verbesserten Boote werden als Flight II (Baulos II) der Los Angeles-Klasse bezeichnet. Die finalen 23 Einheiten der Los Angeles-Klasse erhielten umfangreiche technische Verbesserungen in den Bereichen Sensoren, Elektronik sowie Geräuschreduzierung (u.a. durch schallabsorbierende Kacheln) und werden als Flight III (Baulos III)-Boote sowie manchmal auch als 688i (improved, verbessert) bezeichnet. Die optisch größte Veränderung war die Verlegung der vorderen Tiefenruder vom Turm an den Bug. Sie sind bei den Booten des Flight III einziehbar. Durch den Wegfall der Ruder am Turm werden bei den Flight III-Booten Operationen unter Packeis sowie das Auftauchen und Durchbrechen des Eises erleichtert. Das erste Boot des Flight III war die USS »San Juan« (SSN-751, die U-Boot-Kennnummern 726 bis 749 waren für strategische Boote der Ohio-Klasse reserviert und SSN-750 war das letzte Boot des Flight II der Los Angeles-Klasse, die USS »Newport News«). Die 23 Einheiten des Flight III sind mit dem voll integrierten U-Boot-Gefechtsführungssystem BSY-1 ausgerüstet, über das sämtliche Sensoren und Waffensysteme des Bootes vernetzt sind. Dadurch können diese Waffensysteme wesentlich schneller auf ein Ziel angesetzt und auf dieses abgefeuert werden. Die letzte Einheit, die USS »Cheyenne« wurde als 62. Einheit der Los Angeles-Klasse am 13. September 1996 in Dienst gestellt. Die Navy wollte weitere vier Boote ordern, erhielt hierfür vom US-Kongress jedoch keine Gelder bewilligt. Als die »Cheyenne« Teil der aktiven Flotte wurde, waren bereits zwei Einheiten des Flight I seit kurzem außer Dienst gestellt worden. Eine geänderte Bedrohungslage führte schließlich zur Ausmusterung zahlreicher früher Ein-

Detailaufnahme des Turmes der USS »Boston« (SSN-703) des Flight I (Foto: US Navy).

Zum Vergleich der Turm ohne Tiefenruder der USS »Albany« (SSN-753) des Flight III (Foto: US Navy).

heiten (nach teilweise gerade 15 Dienstjahren) bis Ende der 1990er Jahre, da man sich die Kosten für die Instandsetzung und das Nachfüllen des Reaktors mit nuklearem Brennstoff sparen wollte. Die Los Angeles-Klasse ist dadurch eine der wenigen Schiffsklassen der US Navy, bei der die ersten Einheiten außer Dienst gestellt wurden, während die letzten Einheiten noch nicht ausgeliefert waren. Nach der »Cheyenne« ruhte der U-Boot-Bau für mehrere Jahre und wurde erst nach einigen Jahren mit der Seawolf-Klasse (sieh Kapitel 2.3.) wieder aufgenommen.

Ausblick

Anfang 2025 stehen noch 21 Boote der Los Angeles-Klasse im aktiven Dienst der US Navy. Die Bootsklasse war bei allen amerikanischen Militäreinsätzen mit Navy-Beteiligung während der letzten fünf Jahrzehnte im Einsatz und wurden zumeist zum Abschuss von Tomahawk-Marschflugkörpern sowie zum Verbringen von Spezialkräften genutzt. Die letzten Einheiten werden voraussichtlich noch bis Anfang/Mitte der 2030er Jahre in Dienst stehen und dann vollständig durch die Virginia-Klasse (siehe Kapitel 2.4) ersetzt werden.

Der Bug der USS »San Francisco« (SSN-711) wurde bei einer Unterwasserkollision im Januar 2005 schwer beschädigt. Zur Reparatur erhielt sie den Bugbereich der ausgemusterten USS »Honolulu« (SSN-718, Foto: US Navy/Photographer's Mate 2nd Class Mark Allen Leonesio).

Auf dieser Aufnahme der USS »La Jolla« (SSN-701) erkennt man die über die Steuerbordseite verlaufende wulstartige Abdeckung des Schleppsonars und hinter dem Turm ein zigarrenförmiges Dry Deck Shelter (DDS) zum Ausschleusen von Tauchern (Foto: US Navy/Journalist 3rd Class Corwin Colbert).

Technische Daten Los Angeles-Klasse	
Bauwerft	General Dynamics Electric Boat, Groton, Connecticut und Newport News Shipbuilding, Virginia
Verdrängung	6.082 Tonnen aufgetaucht, 6.927 Tonnen getaucht
Abmessungen	110 Meter Länge, 10 Meter Breite, 9,4 Meter Tiefgang
Antrieb	1× S6G Druckwasserreaktor mit 148 MW Leistung, 2× Dampfturbinen, 1× Hilfsdisemotor 38D8Q von Fairbanks, Morse and Company mit 325 PS, 1× Welle mit Sieben-Blatt Propeller, einige späte Einheiten mit Pump-Jet/Düsenringpropeller, Maschinenleistung 30.000 PS
Geschwindigkeit	20 Knoten aufgetaucht, mehr als 25 Knoten getaucht (offiziell), mehr als 33 Knoten getaucht (laut Medienberichten)
Reichweite	Nur abhängig von den Lebensmittelvorräten an Bord und der Einsatzfähigkeit der Besatzung, ansonsten unbegrenzt
Tauchtiefe	max. 300 Meter
Besatzung	129 Personen (seit 2011 auch Frauen)
Bewaffnung	4× 533-mm-Torpedorohre für Mark 48 Torpedos, Anti-U-Boot-Flugkörper des Typs UUM-44 Subroc (bis 1989), Seezielflugkörper UGM-84F Sub-Harpoon mit 125 km Reichweite, UGM-109 Tomahawk-Marschflugkörper mit 2.600 km Reichweite, Minen (maximal 25 über die Torpedorohre verschossene Waffen) sowie 12× VLS-Zellen für 12× Tomahawk (Flight II- und III-Boote)
Sensoren	BQQ-5 Sonar Suite, 1× kugelförmiges Bugsonar (aktiv), 1× seitliche Sonarflächen am Rumpf (passiv), 1× TB-16 oder TB-23 oder TB-29 Schleppsonar (passiv), 1× Hochfrequenzsonar, 2× Periskope

2.3 Jagd-U-Boote der Seawolf-Klasse

Die USS »Seawolf« (SSN-21) kurz vor Ende der Bauphase im Juni 1995 bei Electric Boat in Groton, Connecticut (Foto: US Navy).

Die USS »Seawolf« führt einen Flugzeugträgerverband an. Die für die Unterwasserjagd optimierte Seawolf-Klasse gilt als leistungsfähiger als die Los Angeles- und Virginia-Klassen (Foto: US Navy/ MC3 Walter M. Wayman).

In der Endphase des Kalten Krieges konzipierte die US Navy mit der Seawolf-Klasse ein nuklear angetriebenes Jagd-U-Boot, das in großen Stückzahlen gefertigt, der ultimative »Apex-Predator« (Navy Jargon, z. dt. in etwa der Spitzenprädator am Ende der Nahrungskette) werden sollte, dem die sowjetische Marine nichts entgegenzusetzen hätte.

Die ab 1983 geplante Klasse sollte als Nachfolger der Los Angeles-Klasse (siehe Kapitel 2.2) fungieren und aus insgesamt 29 Einheiten bestehen, die über einen Zeitraum von zehn Jahren gebaut werden sollten. Am Ende des Kalten Krieges wurde diese Zahl aus Budgetgründen auf zwölf Einheiten gesenkt. Im Jahr 1995 wurde die Zahl auf lediglich drei Boote reduziert und die Entwicklung einer preisgünstigeren und etwas weniger leistungsfähigen Ersatzklasse angestoßen (daraus resultierte schließlich die Virginia-Klasse, siehe Kapitel 2.4).

Details

Die 108 Meter lange, 12 Meter breite und getaucht 9.138 Tonnen verdrängende neue Jagd-U-Boot-Klasse wurde entsprechend der ersten Einheit ab Anfang der 1990er Jahre als Seawolf-Klasse bekannt. Sie war von schweren Bauverzögerungen betroffen und erlebte nicht zuletzt aufgrund der reduzierten Stückzahl eine gigantische Kostenüberschreitung. Letztendlich kostete eine Einheit der Seawolf-Klasse in den 1990er Jahren circa drei Milliarden US-Dollar (das entspricht dem Wert von ca. 5 Milliarden Dollar im Jahr 2018), was sie zu den bis dahin teuersten Jagd-U-Boote der Marinegeschichte machte. Mit ihrem neuartigen Pump-Jet-Antrieb (der von der britischen Royal Navy für die Trafalgar-Klasse entwickelt worden war und auch bei einigen Booten der Los Angeles-Klasse getestet wurde), dem leistungsfähigen S6W-Druckwasserreaktor (S steht für Submarine, 6 steht für die 6. Generation von Atomreaktoren der US Navy und W steht für den Hersteller Westinghouse), einer daraus resultierenden hohen Geschwindigkeit, der besonders großen Breite sowie acht Torpedorohren markierte die »Seawolf« den Endpunkt der U-Boot-Entwicklung des Kalten Krieges. Sie und ihre ursprünglich geplanten 28 Schwesterschiffe sollten die ultimative Waffe im Kampf gegen die riesige sowjetische Unterseebootflotte sein und wurden gezielt für Angriffe auf die neuesten sowjetischen Raketen-U-Boote der Typhoon-Klasse und der Jagd-U-Boote der Akula-Klasse konzipiert. Der S6W-Reaktor verfügt über eine Leistung von 220 Megawatt und wirkt auf zwei Dampftur-

Die USS »Seawolf« – hier zu sehen bei den Werfterprobungen im Jahr 1996 – gilt als bisheriger Höhepunkt der amerikanischen Jagd-U-Boot-Entwicklung (Fotos: National Museum of the US Navy/US Navy).

binen mit 57.000 PS Leistung, die eine einzelne Welle mit dem Pump-Jet am Heck antreiben.

Bewaffnungsoptionen

Einen Kritikpunkt der vorangegangenen Los Angeles-Klasse konnte die Seawolf-Klasse restlos ausmerzen. Von Beginn wurden die Los Angeles-Boote als »minderwertig« bewaffnet betrachtet, da sie nur über vier 533-Millimeter-Torpedorohre verfügen. Die »Seawolf« dagegen ist mit acht Rohren mit vergrößertem Durchmesser von 660-Millimetern ausgestattet und der Lagermöglichkeit von insgesamt 50 Torpedos oder Flugkörpern in Form von UGM-109 Tomahawk-Marschflugkörpern, UGM-84 Harpoon-Seezielflugkörpern, Mk 48-Schwergewichtstorpedos oder Minen. Die vergrößerten Torpedorohre deuten darauf hin, dass möglicherweise größere Waffensysteme genutzt werden können, als die von der Los Angeles-Klasse mitgeführten (die jedoch auch zur Standardbewaffnung der Seawolf-Klasse zählen). Allerdings können bei der Seawolf-Klasse die Tomahawks nicht in der gleichen Schnelligkeit wie bei den Flight II- und III-Boote der Los Angeles-Klasse verschossen werden, denn bei der »Seawolf« müssen die Marschflugkörper über die Torpedorohre gestartet werden anstatt über das

Eine Delegation der japanischen Marine nimmt bei einem Hafenbesuch im Mai 2009 in Yokosuka den Steuerstand der »Seawolf« in Augenschein (Foto: US Navy/Lt. Cmdr. Greg Kuntz).

Die Boote der Seawolf-Klasse				
Name	**Kennung**	**Kiellegung**	**Indienststellung**	**Bemerkung**
USS »Seawolf«	SSN-21	25. Oktober 1989	19. Juli 1997	-
USS »Connecticut«	SSN-22	14. September 1992	11. Dezember 1998	Bei Kollision mit Unterwasserberg schwer beschädigt
USS »Jimmy Carter«	SSN-23	05. Dezember 1998	19. Februar 2005	Zum Spezial-U-Boot umfunktioniert

Der Fahrstand der »Seawolf« aufgenommen im Juli 1997 (Foto: US Navy NewsStand).

Auf dieser Aufnahme aus dem Jahr 2009 ist der besonders breite Rumpf der Seawolf-Klasse – hier bei der USS »Connecticut« (SSN-22) – gut erkennbar (Foto: US Navy/MC Seaman Adam K. Thomas).

VLS-Senkrechtstartsystem der späteren Boote der Los Angeles-Klasse (die Seawolf-Klasse wurde nicht mit einem VLS ausgestattet). Die Seawolf-Klasse ist in Bezug auf das interne Volumen deutlich größer, verfügt über eine höhere Höchstgeschwindigkeit von laut Medienberichten bis zu 39 Knoten und kann tiefer tauchen als die Los Angeles-Klasse. Statt HY-80 wie bei der Los Angeles-Klasse wurde bei der Seawolf-Klasse HY-100-Stahl verwendet, was laut Medienberichten Tauchtiefen bis zu 600 Metern ermöglichen soll. Die Seawolf-Klasse verfügt über ein fortschrittlicheres Führungs- und Waffeneinsatzsystem des Typs AN/BSY-2, ein größeres kugelförmiges Bugsonar, seitliche Sonarflächen und ein verbessertes Schleppsonar.

Bauprogramm

Alle drei Einheiten der Seawolf-Klasse wurden bei Electric Boat in Groton gebaut. Die Werft Newport News Shipbuilding, die bei der Los Angeles-Klasse in Konkurrenz zu Electric Boat stand, aber bei den aktuellen Virginia- und Columbia-Klassen als Partnerwerft fungiert, ging bei der Seawolf-Klasse leer aus. Beim Zusammenbau der drei Boote in Groton wurden Rumpf-Module verwendet, die bei der benachbarten Electric Boat-Produktionsstätte in Quonset Point, Rhode Island gefertigt wurden und bereits mit Innenausrüstung per Ponton nach Groton geliefert wurden. Als die erste Einheit der Seawolf-Klasse am 25. Oktober 1989 auf Kiel gelegt wurde, war der Kalte Krieg noch im Gange. Als das Boot am 24. Juni 1995 nach einer durch Fertigungsprobleme massiv verzögerten Bauzeit vom Stapel lief, hatte sich die politische Weltlage geändert. Die Indienststellung erfolgte am 19. Juli 1997, als das Programm bereits auf drei Einheiten zusammengestrichen worden war. Die zweite Einheit wurde am 14. September 1992 auf Kiel gelegt, lief am 01. September 1997 vom Stapel und wurde am 11. Dezember 1998 in Dienst gestellt. Die dritte Einheit wurde erst am 05. Dezember 1998 auf Kiel gelegt, der Stapellauf am 13. Mai 2004 vollzogen und das Boot am 19. Februar 2005 in Dienst gestellt.

Namen und Kennungen

Nachdem die vorangegangene Los Angeles-Klasse fast ausnahmslos nach Städten benannt wurde, schien mit der Seawolf-Klasse wieder eine Rückkehr zu den Meereslebewesen anzustehen. Nach der ersten Einheit USS »Seawolf« durchbrach die Navy jedoch schon wieder das Namensschema und taufte die zweite Einheit auf den Namen USS »Connecticut« – also einem amerikanischen Bundesstaat (Staatsnamen waren bis dahin Schlachtschiffen und strategischen Raketen-U-Booten vorbehalten). Die dritte Einheit wurde dann auf den Namen USS »Jimmy Carter« getauft, zu Ehren des im Dezember 2024 verstorbenen US-Präsidenten (der einzige Präsident, der U-Bootfahrer war). Die Verwirrung bezüglich der Namensgebung der Boote war gravierend, hinzu kam eine Klassifizierung der Boote als SSN-21, SSN-22 und SSN-23. Nach der Los Angeles-Klasse hätten eigentlich die fortlaufenden Nummern SSN-774 bis 776 verwendet werden müssen. SSN-21 war ursprünglich eine der Projektbezeichnungen der Seawolf-Klasse und sie sollte die Bedeutung des Projektes als das »Jagd-U-Boot für das 21. Jahrhundert« unterstreichen. Irgendwie hat sich dann diese Bootsbezeichnung in die Kennnummer der »Seawolf« eingeschlichen, entgegen jedweder Logik. Umso gravierender war es, dass die beiden nächsten Boote »Connecticut« als SSN-22 und »Jimmy Carter« als SSN-23 klassifiziert wurden (was nun gar keinen Sinn mehr ergibt, denn die beiden letzteren Einheiten wurden ja nicht für das 22. oder 23. Jahrhundert konzipiert).

Jimmy Carter

Kurz nach Baustart der »Jimmy Carter« wurde entschieden, diese zu einem Spezial-U-Boot für verdeckte Operationen umzurüsten. Hierfür wurde eine neue 30 Meter lange Rumpfsektion (bezeichnet als Multi-Mission Platform) konstruiert und zwischen dem Turm und der Antriebssektion eingefügt. Die Kosten dieser Umrüstung beliefen sich auf 887 Millionen US-Dollar. Die Bootslänge stieg dabei auf 138 Meter und die getauchte Verdrängung auf 12.139 Tonnen. Die Multi-Mission Platform verfügt laut Medienberichten über direkten Zugang zum umgebenden Wasser durch eine Taucherschleuse und Absetzvorrichtungen für ferngesteuerte Unterwasserfahrzeuge sowie Ausrüstung für Spezialoperationen. Die »Jimmy Carter« ist mit zusätzlichen Manövrierdüsen an Bug und Heck ausgerüstet und dadurch in der Lage, auch im Falle von vorherrschenden Unterwasserströmungen ihre Position über einer bestimmten Stelle auf dem Meeresboden zu halten. Die »Jimmy Carter« ersetzt die 2004 ausgemusterte USS »Parche« (SSN-683) der Sturgeon-Klasse, die mehr als zwei Jahrzehnte als »Special Operations«-Plattform in der US-Pazifikflotte gedient hatte.

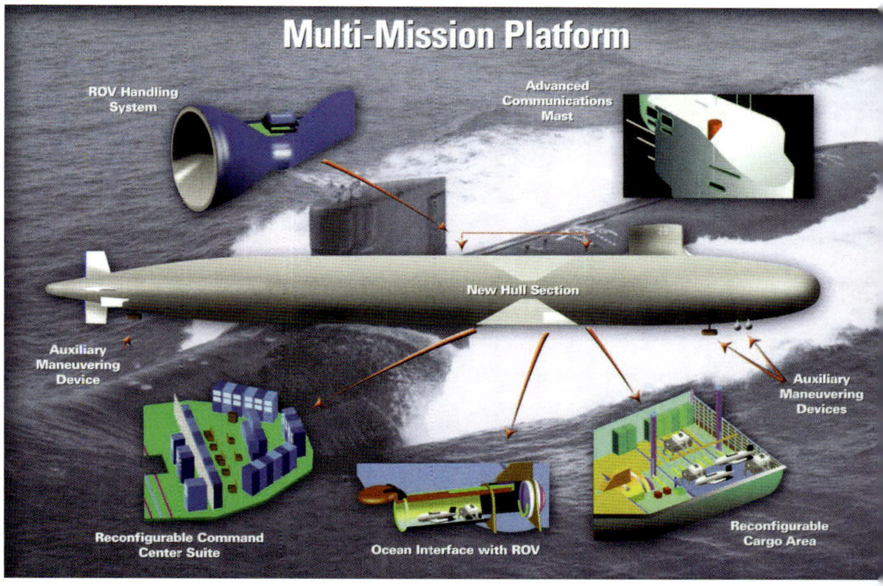

Die Grafik aus dem Jahr 2005 zeigt die Verwendungszwecke der in den Rumpf eingefügten Multi-Mission Platform der USS »Jimmy Carter« (SSN-23, Grafik: Electric Boat).

Ausblick

Alle drei Einheiten der Seawolf-Klasse sind auf der Naval Station Kitsap im US-Bundesstaat Washington stationiert. Die »Connecticut« sorgte am 02. Oktober 2021 für Schlagzeilen, als sie im Südchinesischen Meer mit einem Unterwasserberg kollidierte. Dabei wurden der Bug des Bootes schwer beschädigt und elf Mannschaftsmitglieder verletzt. In der Folge wurden der Kommandant, der erste Offizier und der Bootsmann ihres Postens enthoben. Im Jahr 2023 begann eine auf 31 Monate angesetzte umfangreiche Reparatur des Bootes, die voraussichtlich im September 2025 abgeschlossen sein wird. Die drei Boote der Seawolf-Klasse werden voraussichtlich noch bis Anfang der 2030er Jahre in Dienst stehen und dann nach und nach durch Einheiten der Virginia-Klasse ersetzt werden.

Technische Daten Seawolf-Klasse	
Bauwerft	General Dynamics Electric Boat, Groton, Connecticut
Verdrängung	8.600 Tonnen (aufgetaucht), 9.138 Tonnen (getaucht), 12.139 Tonnen (getaucht, »Jimmy Carter«)
Abmessungen	108 Meter / 138 Meter (»Jimmy Carter«) Länge, 12 Meter Breite, ca. 12 Meter Tiefgang
Antrieb	1× S6W-Druckwassereaktor mit 220 Megawatt Leistung, 2× zwei Dampfturbinen mit 57.000 PS Leistung, 1× Schiffswelle mit Pump-Jet / Düsenringpropeller
Geschwindigkeit	20 Knoten im Lautlos-Modus, 35 Knoten getaucht (offiziell), 39 Knoten getaucht (laut Medienberichten)
Reichweite	Nur abhängig von den Lebensmittelvorräten an Bord und der Einsatzfähigkeit der Besatzung, ansonsten unbegrenzt
Tauchtiefe	lt. Medienberichten bis ca. 600 Meter
Besatzung	14 Offiziere, 126 Mannschaften (seit 2011 auch Frauen)
Sensoren	Führungs- und Waffeneinsatzsystem AN/BSY-2, BQQ-5 Sonar Suite, 1× kugelförmiges Bugsonar (aktiv), 1× seitliche Sonarflächen am Rumpf (passiv), 1× TB-16 oder TB-29 Schleppsonar (passiv)
Bewaffnung	8× 660-mm-Torpedorohre für Mark 48 Torpedos, Seezielflugkörper UGM-84F Sub-Harpoon mit 125 km Reichweite, UGM-109 Tomahawk-Marschflugkörper mit 2.600 km Reichweite, Minen (maximal 50 über die Torpedorohre verschossene Waffen)

2.4 Jagd-U-Boote der Virginia-Klasse

Das Typschiff USS »Virginia« (SSN-774) im Bau bei General Dynamics Electric Boat in Groton, Connecticut. Die Aufnahme entstand am 15. April 2003 (Foto: US Navy).

Die »Virginia« aufgenommen während der Erprobungsfahrten im Juli 2004 (Foto: US Navy photo by General Dynamics Electric Boat).

Seit Oktober 2004 befinden sich mit der Virginia-Klasse einige der modernsten Atom-U-Boote der Welt im Zulauf in die Atlantik- und Pazifikflotten der US Navy. Mit einer Länge von 115 Metern, einer Breite von 10,4 Metern und einer Verdrängung von 7.900 Tonnen zählt die Virginia-Klasse zu den größten jemals gebauten Jagd-U-Booten.
Die vorherigen Los Angeles- und Seawolf-Bootsklassen waren traditionell für den Einsatz in der Hochsee konzipiert, die von einem S9G-Atomreaktor von General Electrics angetriebene Virginia-Klasse hingegen ist sowohl für Operationen fernab der Küsten als auch für solche in flachen Küstengewässern optimiert. Während in den ersten Jahren des Produktionslaufes der Virginia-Klasse ein Boot pro Jahr zur Ablieferung kam, wurde in den 2010er Jahren die Produktionsrate auf zwei Boote pro Jahr erhöht, die in modularer Bauweise abwechselnd bei Huntington Ingalls Industries in Newport News, Virginia und bei General Dynamics Electric Boat in Groton, Connecticut endmontiert werden.

Das Programm

Nach dem Fall der Berliner Mauer und dem Ende des Kalten Krieges Anfang der 1990er Jahre stand die US Navy in Bezug auf ihre U-Boot-Flotte vor einem Dilemma. Das Bauende der seit den 1970er Jahren in großen Stückzahlen gefertigten Boote der Los Angeles-Klasse stand kurz bevor (siehe Kapitel 2.2) und die Kosten der nachfolgenden Seawolf-Klasse waren – unter dem Gesichtspunkt der geänderten weltpolitischen Lage – schlichtweg viel zu hoch. Eine Einheit der Seawolf-Klasse (Baubeginn des Typschiffes war 1989, siehe Kapitel 2.3) hatte in den 90ern einen Stückpreis von rund drei Milliarden US-Dollar (das entspricht dem Wert von ca. fünf Milliarden Dollar im Jahr 2018). Mit ihrem Pump-Jet-Antrieb, dem leistungsfähigen S6W-PWR-Reaktor, einer daraus resultierenden hohen Geschwindigkeit, einem besonders breiten Rumpfdurchmesser sowie acht Torpedorohren und der Lagermöglichkeit von insgesamt 50 Tomahawk-Marschflugkörpern markierte die »Seawolf« den Endpunkt der U-Boot-Entwicklung des Kalten Krieges. Sie und ihre ursprünglich geplanten 28 Schwesterschiffe sollten die ultimative Waffe im Kampf gegen die riesige sowjetische Unterseebootflotte sein. Die geänderten weltpolitischen Realitäten – in denen Russland nicht mehr als Hauptbedrohung gesehen wurde – und die damals erwartete Verlagerung zukünftiger Konflikte in das Küstenvorfeld, veranlassten die

US Navy bereits im Januar 1992 zur Erstellung eines Leistungskataloges für ein kostengünstigeres Jagd-U-Boot. Dieser neue Bootstyp, anfangs als »Centurion« bezeichnet, sollte sowohl für verdeckte Einsätze in flachen Küstengewässern als auch für die Bekämpfung feindlicher Unter- und Überwasserverbände geeignet sein – und er besiegelte das Produktionsende der Seawolf-Klasse nach nur drei Einheiten. Es sollte noch bis September 1999 dauern, ehe das Typschiff der neuen Klasse, die USS »Virginia« (SSN-774), bei Electric Boat in Connecticut auf Kiel gelegt wurde. Um bei der Virginia-Klasse die Kosten zu reduzieren, wurden die neuen Boote im Gegensatz zur Seawolf-Klasse nur noch mit vier Torpedorohren ausgestattet, die Abmessungen etwas verkleinert (die Verdrängung im getauchten Zustand schrumpfte von 9.138 Tonnen auf 7.900 Tonnen) und ein etwas schwächerer S9G-Reaktor (mit einer dadurch reduzierten Maschinenleistung der Dampfturbinen von 40.000 PS statt 45.000 PS wie beim S6W-Reaktor der »Seawolf«) wurde als Energie- und Antriebsquelle gewählt. Dadurch war die »Virginia« mit einer Höchstgeschwindigkeit von ca. 25 Knoten etwas langsamer als die »Seawolf«, sie konnte aber immer noch mit den Überwasserverbänden mithalten. Der Antrieb mittels Düsenringpropeller (Pump-Jet) der Seawolf-Klasse wurde beibehalten, aber das elektronische Warn- und Feuerleitsystem wurde vereinfacht. Viele Schiffssysteme basierten auf COTS (Commercial Of The Shelf)-Elementen, also kommerziell verfügbaren Komponenten, die für zivile Anwendungen entwickelt wurden. Diese COTS-Systeme kamen bei der Virginia-Klasse immer dort zum Zug, wo keine exklusiv für die Marine entwickelten und dadurch teureren Bauteile benötigt wurden. Damit beide U-Boot-Werften in Virginia und in Connecticut das Knowhow zum Bau von komplexen Atom-U-Booten nicht verlieren, bauen Newport News Shipbuilding und Electric Boat die Virginia-Klasse als Team, wobei Electric Boat die Führungsrolle innehat. Bei Electric Boat entstehen die Druckhülle, der Maschinenraum und der Kommando- und Kontrollbereich, Newport News ist verantwortlich für das Heck, die Unterkunft- und Ausrüstungsbereiche, die Waffenkammer, den Turm und den Bug. Im Wechsel erfolgen bei beiden Werften der Bau des Reaktorraums, die Endmontage sowie die Erprobungsfahrten und die Ablieferung der Boote an die US Navy.

Blocks

Beim Bau der Virginia-Klasse wurde der erstmalig bei den strategischen Booten der Ohio-Klasse zur Anwendung gekommene Sektionsbau weiter perfektioniert. Bevor der Druckkörper einer neuen »Virginia« verschweißt wird, liegt der Grad der Ausstattung der einzelnen Module bereits bei 81 Prozent (bei den

Mit der USS »Hyman G. Rickover« (SSN-795) wird am 31. Juli 2021 das bisher 22. Boot der Virginia-Klasse getauft (Foto: US Navy/ John Narewski).

Die Boote der Virginia-Klasse werden im Team von Electric Boat in Connecticut und Newport News Shipbuilding in Virginia gefertigt (Foto: US Navy courtesy of Newport News Shipbuilding).

Die amerikanische U-Boot-Industrie wird in den nächsten Jahren bis an die Grenz der Leistungsfähigkeit gebracht werden. Hier ein Modul der Virginia-Klasse bei Newport News (Foto: Courtesy Huntington Ingalls Industries).

Die Boote der Virginia-Klasse – hier die USS »Delaware« (SSN-791) – werden voraussichtlich noch bis zum Jahr 2039 von der US Navy beschafft (Foto: US Navy courtesy of HII by Ashley Cowan).

Die USS »Washington« (SSN-787) aufgenommen vor der Indienststellung auf dem Flottenstützpunkt Norfolk, Virginia (Foto: Courtesy of Huntington Ingalls Industries/Matt Hildreth).

Ohio-Booten lag er noch bei 48 Prozent). Die Fertigung der Virginia-Klasse erfolgt in Losen, die als Blocks bezeichnet werden. Die einzelnen Boote eines Blocks sind dabei weitestgehend identisch, größere technische Neuerungen werden zumeist beim darauffolgenden Block eingeführt. Die Boote des ersten Blocks (SSN-774 bis 777) entstanden noch aus insgesamt zehn Modulen. Bei den sechs Booten des Blocks II (SSN-778 bis 783) wurden vier größere Module zu einem Boot verschweißt, was den Stückpreis eines Block-II-Bootes um 300 Millionen US-Dollar senkte. Die bisher größten Änderungen traten mit den acht Booten des Blocks III (SSN-784 bis 791) in Kraft, deren letzte Einheit – die USS »Delaware« – am 4. April 2020 in den Dienst der US Navy gestellt wurde. In den Booten der ersten beiden Blocks werden im Vertical Launching System (VLS) im Bug insgesamt zwölf Tomahawk-Marschflugkörper gelagert. Der Bug der Block-III-Boote wurde vollkommen umgestaltet; das VLS wurde durch zwei Revolvermagazine ersetzt, die auf Abschussvorrichtungen basieren, die erstmals bei den zu Marschflugkörper-Booten (SSGN) umgebauten ersten vier Ohio-Booten zum Einsatz kamen (siehe Kapitel 2.6). Diese als Virginia Payload Tubes (VPT) bezeichneten Revolvermagazine fassen insgesamt jeweils sechs Tomahawks oder andere Flugkörper. Ebenfalls kam im Bug von Block III erstmals ein neues hufeisenförmiges Sonarsystem, genannt Large Aperture Bow Sonar Array (LAB), zum Einsatz, dass das traditionelle kugelförmige Sonarsystem der ersten beiden Blocks ersetzte. Dieses platzsparende LAB ermöglicht eine leicht verbesserte passive Sonarleistung bei einer leicht reduzierten aktiven Sonarleistung, was für die US Navy akzeptabel ist. Die folgenden zehn Boote des Blocks IV (SSN-792 bis 801) – deren erstes Boot, die USS »Vermont«, am 18. April 2020 in Dienst gestellt wurde – sind technisch größtenteils mit den Booten des vorausgegangenen Blocks identisch.

Das neue Rumpfmittelstück – das Virginia Payload Module – des derzeit im Bau befindlichen Block V der Virginia-Klasse bietet Platz für 28 zusätzliche Marschflugkörper (Grafik: General Dynamics Electric Boat).

Allerdings wurden die Wartungszyklen bei Block IV von vier auf drei reduziert, was dem Boot im Laufe des Schiffslebens rechnerisch eine weitere Einsatzfahrt ermöglicht (statt einem umfangreichen Werftaufenthalt). Am 02. Dezember 2019 wurden in einem mehrjährigen Großauftrag (Multi Year Procurement) der US Navy neun Virginia-Klasse-Boote des Blocks V in Auftrag gegeben. Am 01. Januar 2021 wurde noch ein weiteres, zehntes Boot dieses Blocks autorisiert. Bei neun der zehn Block-V-Boote wird ein zusätzliches 84 Fuß langes Rumpfmittelstück eingesetzt werden. In diesem Rumpfsegment – dem Virginia Payload Module – werden vier Abschussrohre mit je sieben Tomahawk-Marschflugkörpern integriert sein. Die Gesamtzahl an Marschflugkörpern erhöht sich dadurch pro Boot auf insgesamt 40, die Bootslänge vergrößert sich von 115 auf ca. 140 Meter und die Verdrängung steigt auf ca. 10.200 Tonnen. Das erste Boot mit Virginia Payload Module wird die USS »Arizona« (SSN-803) sein, die zweite Einheit des Blocks V. Sie wurde am 07. Dezember 2022 (dem Jubiläum des japanischen Angriffs auf Pearl Harbor, bei dem 1941 das gleichnamige Schlacht-

Die zukünftige USS »Delaware« (SSN-791) aufgenommen während der Seeversuche im August 2019 (Foto: US Navy courtesy of HII by Ashley Cowan).

Die »Delaware« verlässt am 26. März 2022 den Stützpunkt New London, um in Wilmington feierlich in die Flotte aufgenommen zu werden (Foto: US Navy/Chief Mass Communication Specialist Joshua Karsten).

Bei einer Führung durch die USS »Delaware« am 02. April 2022 können US-Präsident Biden und seine Gattin das Periskop des Bootes bedienen (Foto: US Navy/Chief Petty Officer Joshua Karsten).

schiff USS »Arizona« versenkt wurde) auf Kiel gelegt und soll 2025 vom Stapel laufen. Am 27. Oktober 2023 wurde mit Commander Thomas Digan der erste Kommandant eines Schiffes namens »Arizona« seit mehr als 80 Jahren eingesetzt, der die Besatzung und das sich im Bau befindende U-Boot bis zur Indienststellung auf der Naval Submarine Base New London, Connecticut (wenige Kilometer von der Bauwerft befindet sich auch der größte U-Boot-Stützpunkt der USA) und darüber hinaus befehligen wird. Die zukünftigen Blocks VI und VII der Virginia-Klasse sollen über eine größere akustische Überlegenheit verfügen und mit einer modernisierten Sensoren-Ausstattung versehen werden. Weitere Neuerungen könnten den Antriebsbereich sowie ein erweitertes Nutzlastspektrum (beispielsweise die Mitführung von Unterwasser-Drohnen) betreffen.

Verzögerungen

Von Beginn an konnten die beiden Marineschiffbaukonzerne die Boote der Virginia-Klasse stets »On Time« und unter dem veranschlagten Budget abliefern. Dann kam jedoch die weltweite Corona-Pandemie und die amerikanische Werftindustrie und tausende Zulieferfirmen kamen Covid-bedingt terminlich ins Straucheln. Seit dem Pandemie-Ende werden rechnerisch 1,2 Boote pro Jahr zu Wasser gelassen. Der damalige US-Präsident Joe Biden hatte sich im Herbst 2023 persönlich dem Jagd-U-Boot-Programm der US Navy angenommen und Schritte bzw. finanzielle Maßnahmen eingeleitet, die die amerikanische U-Boot-Industrie stärken sollen. Diese steht in den kommenden Jahren vor großen Herausforderungen, denn neben dem Bau der Virginia-Klasse hat man gerade auch mit der Fertigung der strategischen Raketen-U-Boote der Columbia-Klasse (siehe Kapitel 2.7) begonnen, die ab Ende dieses Jahrzehnts die in die Jahre gekommene Ohio-Klasse ersetzen sollen. Dazu soll voraussichtlich ab Anfang der 2030er Jahre ein neuer Nutzerstaat Boote der Virginia-Klasse in seine Flotte integrieren: Australien. Das riesige Land auf der Südhalbkugel soll zwar im Rahmen des amerikanisch-britisch-australischen AUKUS-Projektes eigene Atom-U-Boote im Land fertigen, die auf dem britischen SSN-R-Programm zum Ersatz der Astute-Klasse basieren (siehe Kapitel 8.1.). Bis es so weit ist, soll die Royal Australian Navy jedoch drei bis fünf gebrauchte sowie neue Boote der Virginia-Klasse aus amerikanischer Produktion erhalten.

Maßnahmen

Am 12. Oktober 2023 veröffentlichte eine vom US-Kongress eingesetzte Kommission einen Report, in dem diese zu dem Schluss kommt, dass zukünftig eine weitere Werft für den Bau von nuklear angetriebenen Unterseebooten benötigt wird, wenn die US Navy mit dem massiven chinesischen Flottenaus-

Die USS »Montana« (SSN-794) während des Abschlusses der Seeerprobungen im Februar 2022 (Fotos: Courtesy Huntington Ingalls Industries).

bau (und zu kleineren Teilen der russischen Marinemodernisierung) mithalten möchte. Die Kommission empfiehlt dem amerikanischen Verteidigungsministerium eine dritte Bauwerft für nuklear angetriebene Schiffe (Schwerpunkt U-Boote) zu errichten oder eine bestehende Werft so auszustatten, dass sie entsprechende Einheiten fertigen kann. Der Veröffentlichung vorausgegangen waren Bedenken von einflussreichen Politikern, dass die Kapazitäten der amerikanischen Schiffbauindustrie nicht ausreichen, um auch noch im Rahmen des AUKUS-Projektes Unterseeboote für Australien zu fertigen. In die gleiche Kerbe schlägt der ehemalige amerikanische Chief of Naval Operations Admiral Mike Gilday, der unterstreicht, dass die Industrie in der Lage sein muss, mehr als zwei U-Boote der Virginia-Klasse pro Jahr zu fertigen, wenn der Verkauf von Booten an die Royal Australian Navy vonstattengehen soll. Erste Abhilfe zur Stärkung der Werftindustrie kam in Folge eines Antrages zur Genehmigung einer Budgeterhöhung von 3,4 Milliarden-US-Dollar für den U-Bootbau durch US-Präsident Joe Biden am 20. Oktober 2023. Biden hatte diese im Rahmen eines größeren 50 Milliarden US-Dollar umfassenden Paketes auf den Weg gebracht, das hauptsächlich Waffen für die Ukraine und humanitäre Hilfe sowohl für Israel wie auch die palästinensischen Gebiete enthielt. In der Pressemitteilung des Weißen Hauses zu dieser geplanten Budgeterhöhung wurde unmittelbar darauf Bezug genommen, dass die 3,4 Milliarden US-Dollar direkt in die Beschleunigung des Jagd-U-Bootbaus und der U-Boot-Wartung fließen sollen (in den vergangenen Jahren hat sich neben der verzögerten Auslieferung von Neubooten auch ein Wartungsstau von in Dienst stehenden Booten bei staatlichen und privaten Werften gebildet, der damit beseitigt werden soll). Zusammenaddiert waren die beiden vorhandenen U-Boot-Werften zu diesem Zeitpunkt bei Bau und Ablieferung von Virginia-Booten insgesamt 410 Monate im Rückstand. Nach den derzeitigen Schätzungen geht man davon aus, dass die Baurate im Jahr 2028 endlich zwei Boote pro Jahr erreichen wird (derzeit liegt sie wie anfangs erwähnt bei 1,2 Booten pro Jahr). Wie das Weiße Haus weiter ankündigte, wird auch der Staat Australien die amerikanischen U-Boot-Werften mit insgesamt drei Milliarden US-Dollar unterstützen, um die Auslieferungen der Virginia-Boote zu beschleunigen. Die Ankündigungen des Weißen Hauses wurden von hochrangigen Vertretern des Kongresses sehr positiv aufgenommen. Bereits im Juli 2023 hatten einige Abgeordnete der republikanischen Partei die Erhöhung der Baurate auf 2,5 Virginia-Klasse-Boote pro Jahr gefordert. Mit den vom US-Präsident beantragten Budgeterhöhungen scheint dieses Ziel in greifbare Nähe zu rücken. Nach dem derzeitigen Planungsstand werden die USA in den Jahren 2032 und 2035 je ein gebrauchtes Virginia-Klasse-Boot an Australien verkaufen, bei denen es sich um Boote des Blocks IV handeln soll, und ab 2038 ein bis drei weitere fabrikneue Boote des geplanten Blocks VII. Derzeit wird

Am 11. August 2023 wird die zukünfte USS »Iowa« (SSN-797) aus der Fertigungshalle von Electric Boat in Groton, Connecticut gezogen (Foto: General Dynamics Electric Boat).

Die »Iowa« wird in das Trockendock der Werft gezogen und erstmals zu Wasser gelassen (Foto: General Dynamics Electric Boat).

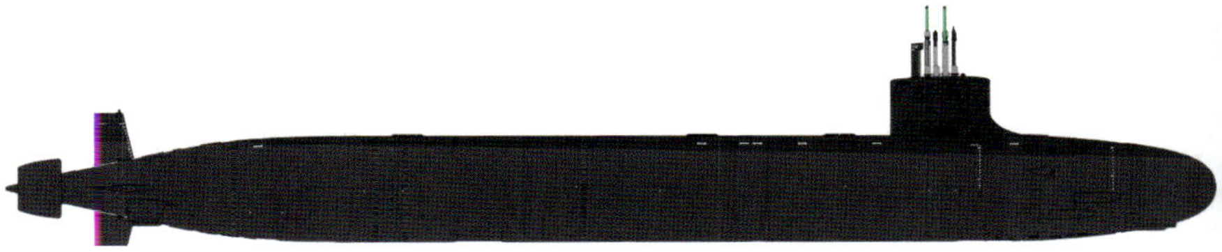

Profilansicht eines Bootes der Virginia-Klasse Block I (Grafik: Mike1979 Russia, CC BY-SA 3.0).

diskutiert, die an die australische Marine abzugebenden Boote durch weitere Neubauten für die US-Flotte zu ersetzen. Im Sommer 2024 fing der AUKUS-Plan, der mehrere australische und amerikanische Regierungen »überstehen muss«, erstmalig an zu bröckeln, als dem US-Kongress nahestehende Denkfabriken die Streichung der an die Royal Australian Navy zu liefernden Boote der Virginia-Klasse ins Spiel brachten und stattdessen eine verstärkte amerikanische U-Boot-Stationierung in Australien favorisierten.

Aufträge

Die derzeit laufende Beschaffung des Blocks V seitens der US Navy nahm ihren Anfang in einem am 02. Dezember 2019 geschlossenen mehrjährigen Bauauftrag, der mit der Ablieferung der USS »Miami« (SSN-811) Ende der 2020er Jahre abgeschlossen wird. Für das Fiskaljahr 2024 hat die US Navy zwei weitere Boote – USS »Baltimore« (SSN-812) und USS »Atlanta« (SSN-813) – des Blocks V beantragt, die im Dezember 2024 im Rahmen der Haushaltsplanungen genehmigt wurden und bei denen es sich um das 39. und das 40. Boot der Virginia-Klasse handeln wird. Eines der Boote soll in einer Sonderkonfiguration namens »Modified Virginia Class Subsea and Seabed Warfare (Mod VA SSW) configuration« gefertigt werden, ausgelegt für Spezialoperationen auf dem Meeresboden. Die beiden nächsten Boote SSN-814 und SSN-815, die im Fiskaljahr 2025 autorisiert werden sollen, werden dann die ersten beiden Einheiten des Blocks VI sein. Electric Boat erhielt am 16. Oktober 2023 einen Auftrag für die Fertigung von Strukturteilen mit langer Vorlaufzeit von der US Navy für beide Boote. Diese Praxis hat sich in den vergangenen Jahren bewährt, da die Beauftragung dieser Langzeit-Teile den beiden U-Boot-Werften-Planungssicherheit noch vor der eigentlichen Bauauftragsvergabe gibt. Derzeit laufen die Verhandlungen über einen erneuten mehrjährigen Bauauftrag, der 2025 geschlossen und insgesamt zehn Boote des Blocks VI umfassen soll.

Der damalige US-Marineminister (SecNav) Ray Mabus lässt sich am 11. Mai 2010 die Funktionsweise der Steuerkonsole der USS »New Mexico« (SSN-779) erklären (Foto: US Navy/MC2 Kevin S. O'Brien).

Namensgebung

Genau wie die 18 strategischen Boote der Ohio-Klasse wurde der überwiegende Teil der Blocks I bis IV der Virginia-Klasse nach US-Bundesstaaten benannt. Beginnend ab Block V sind nun aber fast alle Bundesstaaten »aufgebraucht«. Nur die Staaten Kansas und South Carolina dienen derzeit nicht als Namensgeber eines aktiven oder zukünftigen Schiffes der US Navy. Beide werden offenbar für ein zukünftiges Raketen-U-Boot der Columbia-Klasse zurückgehalten, denn ab dem dritten Boot des Blocks V verlief die Namensvergabe der Boote eher unkonventionell. So wurden die nächsten vier Boote nach Fischen bzw. berühmten U-Booten aus dem Zweiten Weltkrieg benannt: USS »Barb« (SSN-804), USS »Tang« (SSN-805), USS »Wahoo« (SSN-806) und USS »Silversides« (SSN-807). Sie sind die ersten amerikanischen U-Boote seit mehreren Jahrzehnten, die nach Meerestieren benannt wurden. Das nächste Boot, die USS »John H. Dalton« (SSN-808), trägt den Namen eines früheren Marineministers. Dann folgen die USS »Long Island« (SSN-809), benannt nach der größten Insel des Bundesstaates New York, und mehrere nach Städten benannte Boote USS »San Francisco« (SSN-810), USS »Miami« (SSN-811), USS »Baltimore« (SSN-812) und USS »Atlanta« (SSN-813). Kurz vor seinem Amtsende kündigte der scheidende Marineminister Carlos Del Toro am 13. Januar 2025 die Namen von drei weiteren Einheiten der Virginia-Klasse an, bei denen es sich um die ersten drei Boote des Blocks VI handeln wird: USS »Potomac« (SSN-814), benannt nach dem Fluss an der US-Ostküste, USS »Norfolk« (SSN-815), benannt nach der Hafenstadt und größten Marinebasis der USA, sowie USS »Brooklyn« (SSN-816), benannt nach dem Stadtteil von New York City. Es bleibt spannend, welche Namen die weiteren Boote ab SSN-817 in den kommenden Jahren erhalten werden. Bei noch mehr als zwei Dutzend geplanten weiteren Einheiten ergeben sich hier zahlreiche innovative Namensmöglichkeiten.

Nachfolger

Ab dem Jahr 2040 soll eine derzeit als SSN(X) bezeichnete Nachfolgeklasse der Virginia-Klasse beauftragt werden. Es ist denkbar, dass diese auf dem Rumpf der »Virginia« aufbauen wird oder auf dem der deutlich größeren Columbia-Klasse (dann ohne Abschusssegment für die strategischen Raketen). Möglicherweise wird der SSN(X)-Entwurf befähigt sein, Hyperschall- und Langstrecken-Unterwasserwaffensysteme sowie autonome Unterwasserdrohnen mitzuführen.

Die USS »Missouri« (SSN-780) trifft am 26. Mai 2018 in ihrem neuen Heimathafen Pearl Harbor ein. Im Hintergrund sieht man das gleichnamige ehemalige Schlachtschiff (Foto: US Navy/MC2 Michael H. Lee).

Technische Daten Virginia-Klasse	
Bauwerft	General Dynamics Electric Boat, Groton, Connecticut und Huntington Ingalls Industries/Newport News Shipbuilding, Virginia
Verdrängung	7.900 Tonnen (Blocks I-IV, getaucht), 10.200 Tonnen (Block V und folgende, getaucht)
Abmessungen	115 Meter (Blocks I-IV), 140 Meter (Block V und folgende) Länge, 10,4 Meter Breite, 9,5 Meter Tiefgang
Antrieb	1× S9G Druckwasserreaktor mit 210 Megawatt Leistung, 2× Dampfturbinen mit 40.000 PS Leistung, 1× Hilfsmotor, 1× Pump-Jet/Düsenringpropeller
Geschwindigkeit	25 Knoten getaucht (offiziell, wahrscheinlich mehr)
Reichweite	Nur abhängig von den Lebensmittelvorräten an Bord und der Einsatzfähigkeit der Besatzung, ansonsten unbegrenzt
Tauchtiefe	Mehr als 250 Meter
Besatzung	15 Offiziere, 120 Mannschaften (seit 2016 auch Frauen)
Bewaffnung	4× 533-mm-Torpedorohre für Mark 48 Torpedos, 12× Abschussvorrichtungen für BGM-109 Tomahawk-Marschflugkörper (Blocks I-IV), 40 Abschussvorrichtungen für BGM-109 Tomahawk-Marschflugkörper (Block V und folgende, 12 vor dem Bug und 28 in vier Virginia Payload Modules hinter dem Turm)
Sensoren	1× BPS-16-Navigationsradar, 1× BQQ-10(V4)-Sonar Suite, 1× Bugsonar (aktiv/passiv), 1× seitliche Sonarflächen (passiv), 1× TB-16 oder TB-29 Schleppsonar (passiv), 1× BVS-1-Optronikmast

2.5 Cruise-Missile U-Boote der Ohio-Klasse

Anfang des 21. Jahrhunderts wurden vier Boote der Ohio-Klasse zum Marschflugkörperträger umgerüstet – hier sieht man die USS »Ohio« (neue Kennung SSGN-726) im Jahr 2004 (Foto: US Navy).

Von 1981 bis 1987 stellte die US Navy insgesamt 18 strategische Raketen-U-Boote der Ohio-Klasse in Dienst (siehe Kapitel 2.6) Bei Ihnen handelt es sich mit 170 Meter Länge und einer getauchten Verdrängung von 18.750 Tonnen um die größten jemals gebauten amerikanischen Unterseeboote.
Die ersten vier Einheiten (SSBN-726 bis 729) sollten aufgrund von START-Abrüstungsverträgen Anfang des 21. Jahrhunderts eigentlich außer Dienst gestellt werden, sie wurden jedoch zwischen 2002 und 2008 zu Marschflugkörperbooten umgebaut.

Keine Verschrottung

Im Jahr 1994 – rund zwei Jahre nach dem Ende des Kalten Krieges und dem Zerfall der Sowjetunion – kam die Nuclear Posture Review – eine periodisch wiederkehrende Neubewertung der amerikanischen Nuklearabschreckung – zu dem Schluss, dass 14 aktive Einheiten der Ohio-Klasse zur Aufrechterhaltung der seegestützten nuklearen Abschreckung ausreichend seien. Da die vier ältesten Einheiten zu dem Zeitpunkt erst ein Viertel bis ein Drittel ihrer 42-jährigen Dienstzeit hinter sich hatten, entgingen sie der Verschrottung – haarscharf. Als Folge des Start II-Abrüstungsvertrages sollten diese

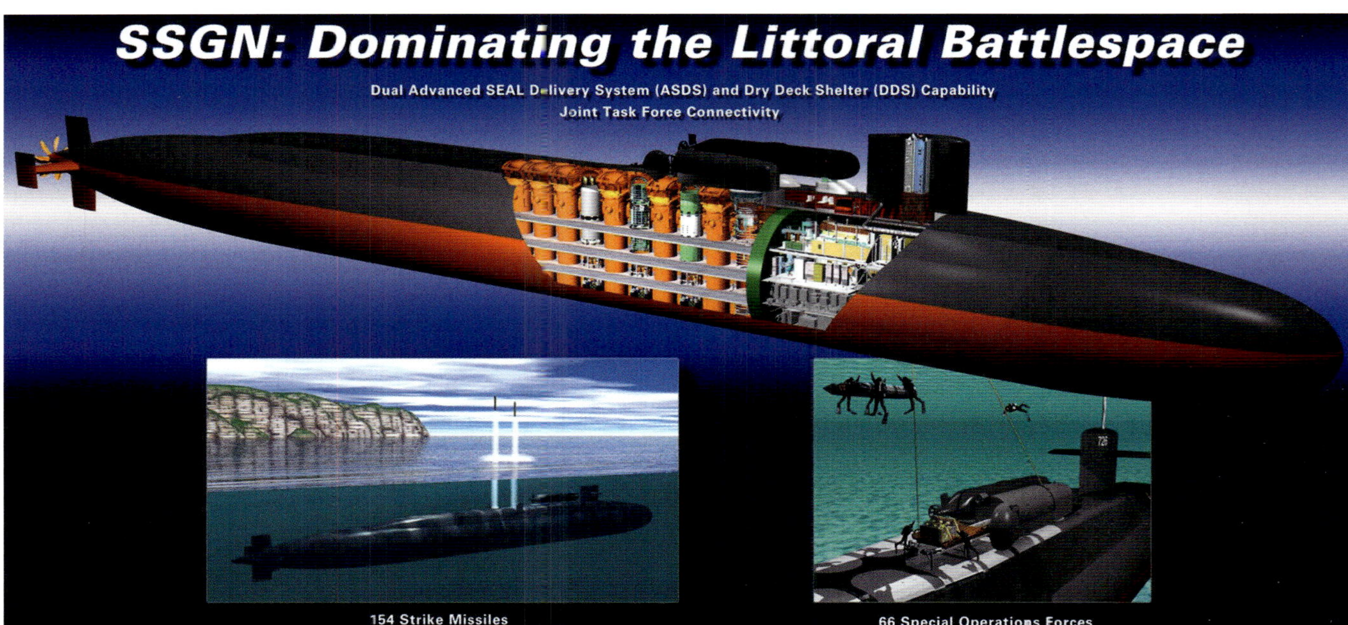

Grafische Darstellung der Ohio-Boote nach der Umrüstung. An Deck erkennt man Spezialfahrzeuge für Navy Seals (Grafik: NAVSEA/US Navy).

Seit 2011 dienen auch weibliche Angehörige der US Navy an Bord von U-Booten der Ohio-Klasse, wie hier auf der »Ohio« aufgenommen im Januar 2021 (Foto: US Navy/MC2 Kelsey J. Hockenberger).

Blick in die Mannschaftsmesse der USS »Ohio« während der Übertragung des Super Bowls 2011 (Foto: US Navy/Sonar Technician Submarine 2nd Class Tristin Bomar).

vier ersten Einheiten der Ohio-Klasse bereits bis 2003 ausgemustert werden. Stattdessen wurde entschieden, sie als Träger für UGM-109 Tomahawk-Marschflugkörper umzurüsten sowie als Transportfahrzeuge für Navy-Spezialeinheiten (allen voran die Navy Seals). Verzögerungen der Ratifizierung des Start II-Vertrags seitens Russlands hatten die Boote länger in Dienst gehalten. Da die Boote technisch in hervorragendem Zustand waren, befasste sich die US Navy ab 1999 mit einem Umbau statt der Außerdienststellung. Nach umfassenden mehrjährigen Vorbereitungen mit Konzept- und Designstudien wurden 2001 erstmals Gelder bewilligt und die US Navy vergab am 26. September 2002 an General Dynamics Electric Boat einen Vertrag im Wert von 442,9 Millionen US-Dollar für die erste Phase des Umbaus. Das Ohio-Umbauprogramm erhielt bis zum Jahr 2006 mehrere weitere Finanzspritzen, bis die Kosten des Umbaus pro Boot bei ca. 700 Millionen US-Dollar angelangt waren – manche Quellen sprechen sogar von Kosten von rund einer Milliarde pro Umbau, was schon fast dem damaligen Wert eines Neubaus gleichkommt. Im November 2002 begann bei der Puget Sound Naval Shipyard im US-Bundesstaat Washington die Umrüstung der USS »Ohio«, die auf 36 Monate veranschlagt war und per Pressemitteilung am 09. Januar 2006 als für beendet erklärt wurde. Bis September 2007 erfolgte der Umbau der drei Schwesterschiffe USS »Michigan«, USS »Florida« und USS »Georgia«. Die »Michigan« wurde ebenfalls in Puget Sound umgebaut, während die beiden späteren Boote bei der Norfolk Naval Shipyard in Virginia umgerüstet wurden.

In den Raketenschächten werden statt Trident-Raketen bei den umgerüsteten Booten jeweils sieben Tomahawk-Marschflugkörper pro Schacht gelagert (Foto: US Navy/STSCS(SS) Robert Carlin).

SSGN

Die Kennung der »Ohio« und ihrer drei Schwesterschiffe änderte sich nach dem Umbau von SSBN (Ship Submersible Ballistic Nuclear) zu SSGN (Ship Submersible Guided Missile Nuclear). Der SSGN-Kennungscode (der atomar angetriebene Marschflugkörper-U-Boote klassifiziert) war bei der US Navy zuvor nur bei einem einzelnen Boot, der USS »Halibut« (SSGN-587) aus dem Jahr 1960 angewandt worden. Zwar führten mittlerweile auch die neueren amerikanischen Jagd-U-Boote wie die Los Angeles-

Die Cruise-Missile U-Boote der Ohio-Klasse

Name	Kennung	Indienststellung	Heimathafen	Bemerkung
»Ohio«	SSGN-726	11. November 1981	Kitsap	Ab Dezember 2005 SSGN Marschflugkörperboot
»Michigan«	SSGN-727	11. September 1982	Kitsap	Ab April 2006 SSGN Marschflugkörperboot
»Florida«	SSGN-728	18. Juni 1983	Kings Bay	Ab Dezember 2006 SSGN Marschflugkörperboot
»Georgia«	SSGN-729	11. Februar 1984	Kings Bay	Ab September 2007 SSGN Marschflugkörperboot

Die »Georgia« kehrt im Juli 2012 nach einer mehr als einjährigen Einsatzfahrt zurück in den Heimatstützpunkt Kings Bay, Georgia. Hinter dem Turm befindet sich ein Dry Deck Shelter, über das Taucher das Boot verlassen oder darin in ein Spezialfahrzeug umsteigen können (Foto: US Navy/MC1 James Kimber).

Hochrangige Mitarbeiter der 6. US. Flotte touren im August 2019 die USS »Florida« (SSGN-728) – hier zu sehen der Torpedoraum – im Mittelmeer (Foto: US Navy/MC2 Jonathan Nelson).

und die Seawolf-Klassen von Beginn an Tomahawk-Marschflugkörper mit. Sie behielten aber immer ihre Hauptklassifizierung als Jagd-U-Boote. Die umgebaute »Ohio« hingegen kann nach der Konversion zum SSGN aus 22 Startschächten (umfunktionierten Abschusssilos der Trident-Raketen mit einem Durchmesser von je 2,2 Metern) mit je sieben gelagerten UGM-109 Tomahawk-Marschflugkörpern insgesamt 154 Marschflugkörper verschießen. Zum Vergleich, ein Boot der Los Angeles-Klasse (Flight II oder III) hat zwölf Tomahawks in ihren VLS-Abschusszellen gelagert. Ein einzelnes der vier Ohio-SSGNs kann damit ungefähr so viele Tomahawk-Marschflugkörper mitführen wie eine komplette Flugzeugträgerkampfgruppe. Die beiden restlichen, vorderen Raketenschächte der »Ohio« wurden zum Absetzen von Spezialkräften – Navy Seals – modifiziert. Hier befinden sich nun Taucherschleusen. Über diese können die bis zu 66 Spezialkräfte an Bord zwei 6,7 Meter lange, sechs Personen fassende Tauchfahrzeuge des Typs SEAL Delivery Vehicle (SDV) besteigen. Auch zwei als Dry Deck Shelter (DDS) bezeichnete Spezialmodule, über die Taucher das Boot auf vereinfachte Weise verlassen können, können auf dem Rumpf montiert werden. Die Spezialausrüstung der Einsatzkräfte kann teilweise in den umgebauten Raketensilos gelagert werden, was die Einsatzdauer der Boote erhöht.

Im Einsatz

Weiterhin wurde während des Umbaus neues Kommunikationsequipment eingebaut, das es den Booten ermöglicht, als vorgeschobene Einsatzzentrale zu fungieren. Zur Selbstverteidigung und für den unwahrscheinlichen Fall, dass die Ohio-Klasse als Jagd-U-Boot eingesetzt werden sollte (ein Szenario, über das der für seine militärischen Thriller bekannte Autor Tom Clancy in seinem Roman »Ehrenschuld« aus dem Jahr 1994 schrieb), sind auch die zum SSGN umgebauten Boote mit vier unterhalb des Turms angebrachten 533-mm-Torpedorohren ausgestattet, über die Torpedos des Typs Mark 48 verschossen werden können. Die vier umgebauten Boote der Ohio-Klasse erwiesen sich aufgrund der großen Zahl mitgeführter Marschflugkörper als schlagkräftige Unterwassereinheiten, die von der US Navy des Öfteren bei zahlreichen Einsätzen zur Terrorismusbekämpfung oder für Vergeltungsschläge gegen mehrere »unfreundliche Regime« in Nordafrika und im Mittleren Osten genutzt wurden. Auf der internationalen Bühne wurde beispielsweise die USS »Florida« bekannt, als sie während des libyschen Bürgerkriegs ab dem 19. März 2011 als Teil der Operation Odyssey Dawn mehr als 90 Tomahawks auf militärische Ziele in Libyen schoss.

Ausblick

Die USS »Ohio« und die USS »Florida« werden in Kürze ihr Dienstzeitende erreicht haben und sollen bereits ab 2026 aus

Die USS »Georgia« (SSGN-729) trifft im August 2009 zu einem Routinehafenbesuch in Souda Bay auf der Insel Kreta ein (Foto: US Navy/John Martinez).

Die USS »Michigan« (SSGN-727) ist die zweite gebaute Einheit der Ohio-Klasse. Hier sieht man sie im Dock zu Beginn des SSGN-Umbaus im November 2002 (Foto: Brian Nokell).

dem aktiven Dienst ausscheiden. Derzeit wird eine mögliche Verwendung der beiden Einheiten für ein paar weitere Jahre als Ersatzteilspender für die jüngeren strategischen-Raketen-U-Boote der Ohio-Klasse diskutiert, ehe diese ab 2031 von der neuen Columbia-Klasse abgelöst werden. Den Wegfall der Marschflugkörperkapazität der Ohio-SSGNs wird die US Navy teilweise durch den Zulauf der Virginia-Klasse Block V und VI (siehe Kapitel 2.4) kompensieren, die durch ein extra Rumpfmittelteil über eine von 12 auf 40 Tomahawk gesteigerte Stückzahl an Marschflugkörpern an Bord verfügen werden. Auch ein Weiterbau der Columbia-Klasse (siehe Kapitel 2.7) – des designierten Nachfolgers der strategischen Raketen-U-Boote der Ohio-Klasse – als reiner Marschflugkörperträger wird bei der US Navy evaluiert. Dann hätten die Ohio-SSGNs einen echten Nachfolger.

Die »Ohio« kämpft sich im Oktober 2008 während der amerikanisch-japanischen Übung ANNUALEX durch den stürmischen Westpazifik (Foto: US Navy/Clifford L. H. Davis).

Technische Daten Ohio-Klasse (SSGN-Variante)	
Bauwerft	General Dynamics Electric Boat
Verdrängung	16.764 Tonnen aufgetaucht, 18.750 Tonnen getaucht
Abmessungen	170 Meter Länge, 13 Meter, 10,8 Meter Tiefgang
Antrieb	1× S8G Druckwasserreaktor, 2× Dampfturbinen mit je 35.000 PS Leistung, 1× Hilfsdieselmotor mit 325 PS, 1× Welle mit Sieben-Blatt Propeller
Geschwindigkeit	12 Knoten aufgetaucht, 20 Knoten getaucht (offiziell), 25 Knoten getaucht (laut Medienberichten)
Reichweite	Nur abhängig von den Lebensmittelvorräten an Bord und der Einsatzfähigkeit der Besatzung, ansonsten unbegrenzt
Tauchtiefe	Mehr als 250 Meter
Besatzung	15 Offiziere, 140 Mannschaften (seit 2011 auch Frauen), nach Umbau Platz für 66 Spezialkräfte
Bewaffnung	4× 533-mm-Torpedorohre für Mark 48 Torpedos, 22× Startschächte mit je 7× UGM-109 Tomahawk-Marschflugkörpern, total 154× Marschflugkörper
Sensoren	BQQ-6 passives Bugsonar, BQS-13-Sonar, BQR-19-Navigationssonar, TB-16 oder BQR-23 Schleppsonar, BQR-25 Konformes Array, AN/BPS-15J Navigationsradar am Mast

2.6 Raketen-U-Boote der Ohio-Klasse

Die USS »Tennessee« (SSBN-734), aufgenommen im Februar 2013 vor dem Stützpunkt Kings Bay. Man beachte die beiden Delfine am Bug (Foto: US Navy/MC1 James Kimber).

Selten geben die 14 strategischen Raketen-U-Boote der Ohio-Klasse der Weltöffentlichkeit – und damit auch potenziellen Gegnern – ihr genaues Einsatzgebiet preis. Zu wichtig ist der Faktor Geheimhaltung für dieses amerikanische Waffensystem mit dem größten Zerstörungspotenzial von allen.

Größere internationale Spannungen im Mittleren Osten führten dazu, dass die US Navy am 19. Oktober 2022 ihre eigene Regel brach. Denn an diesem Tag tauchte die 170 Meter lange, über 16.000 Tonnen schwere USS »West Virginia« (SSBN-736) im Arabischen Meer auf, um kurz darauf General Michael Kurilla, den kommandierenden Offizier von CENTCOM (United States Central Command), sowie Vizeadmiral Brad Cooper, den Kommandanten der Fünften Flotte, an Bord zu nehmen.

Zeichen

Beide erhielten auf dem Boot eine Demonstration der technischen Fähigkeiten eines Bootes der Ohio-Klasse sowie dessen Mannschaft. Der Besuch setzte ein sicherheitspolitisches Zeichen und verdeutlichte den Anrainerstaaten des Persischen Golfes und des Arabischen Meeres die Anwesenheit der größten Abschreckungswaffe im amerikanischen Militärarsenal. Gleichzeitig sollte die Anwesenheit der »West Virginia« sicherlich auch der Militärführung der Russischen Föderation verdeutlichen, dass sich eine »Ohio« – und damit bis zu 24 Trident II-Interkontinentalraketen mit jeweils bis zu acht Nuklearsprengköpfen – in relativer Nähe zum russischen Staatsgebiet befand. Da die Trident-Rakete ihre Ladung mit 19-facher Schallgeschwindigkeit ins Ziel befördert, wäre die Vorwarnzeit bei einem hypothetischen Angriff auf das Territorium eines »unfreundlichen Staates« nur wenige Minuten lang. Es ist davon auszugehen, dass das Signal der aufgetauchten USS »West Virginia« sowohl im Iran wie auch in Russland verstanden wurde. Knapp zwei Wochen später, am 01. November 2022, dockte ein zweites Boot der Ohio-Klasse, die USS »Rhode Island« (SSBN-740), im militärischen Teil des Hafens von Gibraltar – auch dies ein unmissverständliches Zeichen dafür, dass die US Navy mit ihrem schwerwiegendsten Waffensystem nicht weit von den Krisen- und Kriegsregionen im Mittleren Osten und in Osteuropa im Einsatz ist.

Kiellegung der USS »Ohio« (SSBN-726) bei Electric Boat in Connecticut am 10. April 1976 (Foto: Electric Boat/US Navy).

Die geöffneten Raketenschächte der »Ohio« im November 1981, zum Zeitpunkt der Indienststellung (Foto: US Navy/PH1 Anderson).

Die Entwicklung

Zwischen Dezember 1959 und April 1967 stellte die US Navy insgesamt 41 Raketen-Boote der George Washington-, Ethan Allen-, Lafayette-, James Madison- und Benjamin Franklin-Klassen in Dienst, die bis zum Ende des Kalten Krieges die Hauptlast der U-Boot-gestützten nuklearen Abschreckung der USA trugen. Diese zwischen 6.000 und 7.000 Tonnen verdrängenden Boote – während ihrer Einsatzzeit gemeinhin auch als »41 For Freedom« bekannt – sollten ab Ende der 1970er Jahre von den in Bezug auf die Tonnage mehr als doppelt so großen Booten der Ohio-Klasse graduell ersetzt werden. Das Ende des Kalten Krieges führte allerdings zu massiven Stückzahlreduktionen und so wurden letztendlich zwischen 1981 und 1997 insgesamt nur 18 Boote der Ohio-Klasse – gefertigt unter der Schirmherrschaft des Generalunternehmers Electric Boat in Groton, Connecticut – in den Dienst der Navy gestellt. Der Bauauftrag für das erste neue SSBN war bereits 1974 erteilt worden. Aufgrund der Komplexität des Projektes verzögerte sich die Ablieferung des Typschiffes von 1977 auf 1981. Ursprünglich waren pro Boot 780 Millionen US-Dollar Baukosten avisiert, die sich mit jedem nachfolgenden Boot aufgrund der Inflation und des fehlenden Wettbewerbs verteuerten. (Electric Boat trat während der zwei Jahrzehnte währenden Bauphase der Klasse zu keinem Zeitpunkt bei der Bewerbung um neue Bauaufträge gegen eine Konkurrenzwerft an). Gegen Ende des Bauzeitraumes lagen die Kosten pro Boot schon bei über zwei Milliarden US-Dollar. Wie im modernen U-Boot-Bau üblich, wurden auch die Boote der Ohio-Klasse in Sektionsbauweise gefertigt, bei der vorgefertigte und bereits ausgerüstete Rumpfsegmente (auch als Module bezeichnet) im Baudock miteinander verbunden werden. Die Module wurden in Quonset Point, im US-Bundesstaat Rhode Island gefertigt, während die Endmontage in der »Hauptwerft« in Groton, Connecticut, erfolgte. Jedes Rumpfsegment verfügt über vier Decks, der Durchmesser dieser Segmente (und damit auch des Bootes) beträgt 13 Meter.

Hochbetrieb am 08. Dezember 1979 beim Stapellauf des Jagd-U-Bootes USS »Phoenix« (SSN-702). Ganz rechts die USS »Ohio« (SSBN-726), daneben USS »Michigan« (SSBN-727) und nur teilweise sichtbar USS »Florida« (SSBN-728, Foto: US Navy).

Der Antrieb

Die Boote der Ohio-Klasse sind mit einem einzelnen Druckwasserreaktor des Typs GE PWR S8G (S8 steht für die achte Atomreaktorengeneration, G für den Hersteller General Electric) ausgestattet. Dieser Druckwasserreaktor treibt zwei Dampfturbinen mit je 26 Megawatt Leistung (ca. 35.000 PS) an, die auf eine einzelne Welle mit einem Sieben-Blatt-Propeller wirken. Zur Vermeidung von Kavitation drehen sich die sichelförmigen Propellerblätter aufgrund ihrer Länge relativ langsam. Die Turbinen und andere Antriebsteile sind auf einer floßartigen Konstruktion untergebracht, die dazu dient, Vibrationen zu dämpfen, ehe diese aus dem Boot in das umgebende Wasser übertragen werden. Durch diesen Antrieb sind Geschwindigkeiten bis zu 18 Knoten im aufgetauchten und 25 Knoten im getauchten Zustand möglich. Für Notfälle bzw. bei Ausfällen des Reaktors steht ein Diesel-Hilfsmotor mit 325 PS (242 Kilowatt) Leistung zur Verfügung. Die definitive Tauchtiefe der Ohio-Klasse unterliegt der Geheimhaltung; sie wird von der US Navy mit 800 Fuß + (entspricht 250 Metern) angegeben. Die vorderen Tiefenruder befinden sich am Turm des Bootes, die hinteren Tiefenruder und die Seitenruder in einem Steuerkreuz am Heck.

Eine Trident I wird in einen der Raketenschächte der »Ohio« verladen (Foto: US Navy/PH1 Harold Gerwien).

Trident

Die Boote verfügen über 24 Startschächte für U-Boot-gestützte Interkontinentalraketen des Typs Trident (dreistufig mit Feststoffantrieb); aufgrund internationaler Verpflichtungen werden aber seit ca. 2023 nur 20 Schächte pro Einsatzfahrt und Boot mit Raketen beladen. Die ersten acht Boote (SSBN-726 bis 733) trugen die Interkontinentalrakete Trident I C4 (10,2 Meter Länge) in ihren Startschächten. Ab dem neunten Boot (SSBN-734 bis 743) wurde stattdessen die größere Trident II D5-Rakete (13,4 Meter Länge) mitgeführt. Die Trident I mit einer Reichweite von 7.400 Kilometern beförderte auf ihrer Spitze acht MIRVs (Multiple independently targetable reentry vehicle, z. dt. unabhängig zielbare Mehrfach-Wiedereintrittskörper) mit je einem W76-Atom-Sprengkopf mit einer Sprengkraft von 100 Kilotonnen TNT (zum Vergleich, die 1945 auf Hiroshima abgeworfene Atombombe hatte eine Sprengkraft von 13 Kilotonnen TNT). Die Trident II hingegen verfügt über eine Reichweite von mindestens 11.300 Kilometern (die genaue Reichweite unterliegt der Geheimhaltung) und kann bis zu zwölf MIRVSs mit W76- oder W88-Sprenkopf (Sprengkraft 475 Kilotonnen TNT) tragen. Rein rechnerisch kann bei mitgeführten 20 Trident II-Raketen mit je zwölf Sprengköpfen ein einzelnes Boot der Ohio-Klasse 240 Atomsprengköpfe mitführen – das ist ausreichend Sprengkraft, um buchstäblich ganze Erdteile zu zerstören. Internationale Abrüstungsverträge »erlauben« jedoch nur die Mitführung von acht Sprengköpfen pro Trident. Die Boote fünf bis acht (SSBN-730 bis 733) wurden zwischen 2000 und 2006 so modifiziert, dass sie die größere Trident II tragen können; dementsprechend ist heute nur noch die Trident II als SLBM (Submarine Launched Ballistic Missile, z. dt. von einem U-Boot gestartete ballistische Rakete) bei der US Navy im Einsatz. Die Raketen können getaucht (die Rakete wird durch Gasdruck aus dem Startschacht geschossen und zündet nach einer zurückgelegten Strecke von ca. zehn Metern) oder aufgetaucht, einzeln oder als Salve gestartet werden. Die ersten vier Boote (SSBN-726 bis 729) sollten aufgrund von START-Abrüstungsverträgen Anfang des 21. Jahrhunderts eigentlich außer Dienst gestellt werden, sie wurden jedoch für rund 700 Millionen US-Dollar pro Boot zwischen 2002 und 2008 zu Marschflugkörperbooten umgebaut, die aus 22 Startschächten mit je sieben gelagerten UGM-109 Tomahawk-Marschflugkörpern insgesamt 154 Marschflugkörper verschießen können (siehe Kapitel 2.5). Zur Selbstverteidigung sind die Boote mit vier unterhalb des Turms angebrachten 533-mm-Torpedorohren ausgestattet, über die Torpedos des Typs Mark 48 verschossen werden können.

Abschuss einer Trident I von der USS »Michigan« (SSBN-727) Anfang 1983 (Foto: US Navy).

Einblick in die Kommandozentrale an Bord der USS »Georgia« (SSBN-729) im Februar 1984 (Foto: US Navy).

Diese Aufnahme aus dem Oktober 1990 zeigt rechts die USS »West Virginia« (SSBN-736, im Wasser) kurz nach der Indienststellung und links die im Bau befindliche USS »Kentucky« (SSBN-737, Foto: US Navy).

Im Einsatz

Als letztes Boot wurde die USS »Louisiana« (SSBN-743) am 6. September 1997 in Kings Bay, Georgia in den Dienst der US-Atlantikflotte gestellt. Hier sind bis heute die Raketen-Boote der Atlantikflotte stationiert, während die Boote der Pazifikflotte auf der Naval Base Kitsap (Bangor) im US-Bundesstaat Washington beheimatet sind. Die Besatzung setzt sich in der Regel aus 15 Offizieren und 140 Mannschaften zusammen. Von Beginn an wurde bei der Ohio-Klasse auf ein Zwei-Besatzungskonzept gesetzt. Das bedeutet, es gibt eine »Gold-« und eine »Blue-«Crew, die einem Boot fest zugeteilt sind. Während eine Crew mit dem Boot im mehrmonatigen Einsatz ist (eine SSBN-Patrouillenfahrt dauert in der Regel zwischen 70 und

Die Boote der Ohio-Klasse				
Name	**Kennung**	**Indienststellung**	**Heimathafen**	**Bemerkung**
»Ohio«	SSGN-726	11. November 1981	Kitsap	Ab Dezember 2005 SSGN Marschflugkörperboot
»Michigan«	SSGN-727	11. September 1982	Kitsap	Ab April 2006 SSGN Marschflugkörperboot
»Florida«	SSGN-728	18. Juni 1983	Kings Bay	Ab Dezember 2006 SSGN Marschflugkörperboot
»Georgia«	SSGN-729	11. Februar 1984	Kings Bay	Ab September 2007 SSGN Marschflugkörperboot
»Henry M. Jackson«	SSBN-730	06. Oktober 1984	Kitsap	ex USS Rhode Island, als einziges Boot nicht nach einem US-Bundesstaat benannt
»Alabama«	SSBN-731	25. Mai 1985	Kitsap	-
»Alaska«	SSBN-732	25. Januar 1986	Kings Bay	-
»Nevada«	SSBN-733	16. August 1986	Kitsap	-
»Tennessee«	SSBN-734	17. Dezember 1988	Kings Bay	erstes Boot mit der Fähigkeit zum Start der Trident II
»Pennsylvania«	SSBN-735	09. September 1989	Kitsap	-
»West Virginia«	SSBN-736	20. Oktober 1990	Kings Bay	-
»Kentucky«	SSBN-737	13. Juli 1991	Kitsap	-
»Maryland«	SSBN-738	13. Juni 1992	Kings Bay	-
»Nebraska«	SSBN-739	10. Juli 1993	Kitsap	-
»Rhode Island«	SSBN-740	19. Juli 1994	Kings Bay	-
»Maine«	SSBN-741	29. Juli 1995	Kitsap	-
»Wyoming«	SSBN-742	13. Juli 1996	Kings Bay	-
»Louisiana«	SSBN-743	06. September 1997	Kitsap	-

Im März 2016 macht sich die Besatzung der USS »Maryland« (SSBN-738) bereit zum Auslaufen zur mehrmonatigen Patrouillenfahrt (Foto: US Navy/Mark Turney).

Blick von achtern Richtung Turm der USS »Wyoming« (SSBN-742). Man erkennt die geschlossenen, kreisförmigen Öffnungen der Raketenschächte (Foto: US Navy/Rebecca Rebarich).

90 Tagen), befindet sich die andere Crew des Bootes an Land, nimmt an Kursen teil, bereitet sich auf den nächsten Einsatz vor und verbringt Zeit mit der Familie. Durch dieses System ist es möglich, die einzelnen Boote deutlich länger auf Patrouille zu fahren. Die Einsatzzeit wird nun nicht mehr von der »Durchhaltefähigkeit« einer Crew bestimmt, sondern nur noch von den nötigen Wartungs- und Werftperioden. Die Boote wurden so konstruiert, dass sie erst nach einer Dienstzeit von 15 Jahren zu einer grundlegenden Komplettüberholung in die Werft müssen. Die Ohio-Klasse ist die seegestützte Komponente der atomaren Abschreckung der USA. Aufgrund der globalen Reichweite ihrer Interkontinentalraketen müssen sie nicht wie Teile der »41 For Freedom«-Boote im Kalten Krieg auf europäischen Marinestützpunkten wie Holy Loch in Schottland oder Rota in Spanien stationiert werden. Die Boote starten ihre Patrouillen in ihren Heimatstützpunkten an der Atlantik- oder der Pazifik-Küste der USA und fahren getaucht in zuvor festgelegten Einsatzgebieten, wo sie auf den Befehl warten, von dem jeder an Bord hofft, dass er niemals kommen wird: den Befehl zum Abschuss der Raketen.

Nachfolger

Mitte/Ende der 2020er Jahre werden die ersten Boote der Ohio-Klasse das Ende ihrer Lebensdauer erreichen. Aus diesem Grund hat die US Navy bereits Anfang des 21. Jahrhunderts mit der Entwicklung einer Nachfolge-Klasse begonnen (siehe Kapitel 2.7).

Im Dezember 2023 ist die USS »Nevada« in der Trident Refit Facility in Bangor eingedockt, wo sie überholt und modernisiert wird (Foto: US Navy/Petty Officer 2nd Class Adora Okafor).

Technische Daten Ohio-Klasse (SSBN-Variante)	
Bauwerft	General Dynamics Electric Boat
Verdrängung	16.764 Tonnen aufgetaucht, 18.750 Tonnen getaucht
Abmessungen	170 Meter Länge, 13 Meter Breite, 10,8 Meter Tiefgang
Antrieb	1× S8G Druckwasserreaktor, 2× Dampfturbinen mit je 35.000 PS Leistung, 1× Hilfsdieselmotor mit 325 PS, 1× Welle mit Sieben-Blatt Propeller
Geschwindigkeit	12 Knoten aufgetaucht, 20 Knoten getaucht (offiziell), 25 Knoten getaucht (laut Medienberichten)
Reichweite	Nur abhängig von den Lebensmittelvorräten an Bord und der Einsatzfähigkeit der Besatzung, ansonsten unbegrenzt
Tauchtiefe	Mehr als 250 Meter
Besatzung	15 Offiziere, 140 Mannschaften (seit 2011 auch Frauen)
Bewaffnung	4× 533-mm-Torpedorohre für Mark 48 Torpedos, 24× Trident II D5 SLBM (U-Boot-gestützte Interkontinentalraketen) mit bis zu 12× W76 (100 kt TNT) oder W88 (475 kt TNT) Atomsprengköpfen; Reichweite offiziell 11.300 km
Sensoren	BQQ-6 passives Bugsonar, BQS-13-Sonar, BQR-19-Navigationssonar, TB-16 oder BQR-23 Schleppsonar, BQR-25 Konformes Array, AN/BPS-15J Navigationsradar am Mast

2.7 Zukünftige Raketen-U-Boote der Columbia-Klasse

Grafische Darstellung eines Bootes der Columbia-Klasse, die ab 2031 die Ohio-Klasse ablösen soll (Grafik: US Navy).

Schnittzeichnung durch ein Boot der Columbia-Klasse, die in einer US Navy-Präsentation verwendet wurde (Grafik: US Navy/Captain William J. Brougham).

Gegen Ende der 2020er Jahre erreichen die ersten der 14 noch als strategische Raketen-U-Boote in Dienst stehenden Einheiten der Ohio-Klasse das Ende ihrer Dienstzeit von dann rund viereinhalb Jahrzehnten.
Deshalb hat die amerikanische Marineführung bereits Anfang des 21. Jahrhunderts die Entwicklung einer Nachfolge-Klasse in Auftrag gegeben, um die lückenlose U-Boot-gestützte nukleare Abschreckung der USA zu gewährleisten. Der amerikanische Kongress stellte im Jahr 2010 erstmals Gelder für dieses teuerste und technisch komplexeste US-U-Boot-Projekt mit der technischen Bezeichnung SSBN(X) zur Verfügung.

Mögliche Verzögerungen

Da es erfahrungsgemäß bei der Einführung von neuen Schiffs- und U-Boot-Klassen oftmals zu jahrelangen Verzögerungen kommt, gibt es derzeit Überlegungen, fünf der 14 strategischen Boote der Ohio-Klasse mittels einer 18-monatigen Instandsetzungsperiode mehrere Jahre länger im Dienst zu behalten. Dabei sollen auch Teile und Komponenten der vier ersten zu Marschflugkörperbooten umgebauten »Ohios« verwendet werden. Die USS »Ohio« (SSGN-726) und die USS »Florida« (SSGN-728) sollen bereits ab 2026 aus dem aktiven Dienst ausscheiden und dann als mögliche Ersatzteilspender für die jüngeren Boote der Ohio-Klasse zur Verfügung stehen.

Technische Details

Im Jahr 2012 verfestigte die US Navy eine erneute Zusammenarbeit mit der britischen Royal Navy, als sie bekannt gab, dass sowohl die Boote des SSBN(X)-Entwurfes wie auch die zukünftigen britischen Raketen-U-Boote der Dreadnought-Klasse (siehe Kapitel 3.6) mit dem Common Missile Compartment (CMC) über dasselbe Rumpfsegment verfügen werden, in dem die Trident II-Raketen gelagert und gestartet werden. Dieses Rumpfsegment wird skalierbar sein, denn die zukünftigen britischen Boote werden 12 Raketen lagern, während die amerikanischen Boote 16 Raketen beherbergen werden. Im März 2016 vergab die US Navy den Entwicklungsauftrag für das SSBN(X) an die Firma General Dynamics Electric Boat, die wieder als Generalunternehmer fungieren wird. Die neuen strategischen Raketen-Boote werden wie die Jagd-U-Boote der Virginia-Klasse wieder im Team mit Huntington Ingalls/Newport News Shipbuilding gefertigt werden. Im Dezember 2016 taufte der damalige Marineminister Ray Mabus die erste Einheit auf den Namen USS »Columbia« (Kennung SSBN-826). Die nach dem Typschiff benannten Boote der Columbia-Klasse sollen mit 171 Metern Länge, 13,1 Metern Rumpfdurchmesser und einer Verdrängung von getaucht 21.140 Tonnen nur geringfügig größere Abmessungen als die Ohio-Klasse erhalten.

Bewährtes

Entwurfstechnisch wird die Columbia-Klasse auf bewährte Elemente der Ohio-Klasse und der Jagd-U-Boote der Virginia-Klasse zurückgreifen. Der Pump-Jet/Düsenringpropeller sowie das hufeisenförmige Bugsonar stammen von der »Virginia«, während der Turm mit angebrachtem vorderem Tiefenruder dem der »Ohio« ähnelt. Er ist allerdings hydrodynamisch optimiert und verfügt an der Verbindung zum Rumpf über eine Abrundung wie bei der Virginia-Klasse. Neu ist das X-förmige Ruder, wie es seit einigen Jahren häufiger bei europäischen U-Boot-Entwürfen zu finden ist, und das eine präzisere Steuerung des Bootes ermöglicht. Insgesamt sollen zwölf Boote der Columbia-Klasse gebaut werden; aufgrund der geänderten Bedrohungslage durch die Volksrepublik China wird seit einigen Jahren jedoch auch eine Erhöhung des Bauauftrages um mehrere Einheiten diskutiert. Denkbar ist auch, dass die Columbia-Klasse als konventionell bewaffneter Marschflugkörper-Träger nach Ende des Baues der strategischen Boote weitergefertigt wird. Bei der Columbia-Klasse soll ein völlig neuartiger Atomreaktor zum Zug kommen, der vom Knolls Atomic Power Laboratory entwickelt und als S1B-Reaktor bezeichnet wird. Das »S« steht dabei für »Submarine«, das »1« bedeutet, dass es sich um den ersten Reaktor des Vertragspartners handelt und das »B« steht für die Bechtel Marine Propulsion Corporation, die Entwicklungs- und Baufirma des neuen Reaktors. Das Besondere am S1B-Reaktor ist, dass er während der projektierten Lebenszeit eines Bootes der Columbia-Klasse von 42 Dienstjahren nicht ein einziges Mal mit Brennstoff nachversorgt werden muss (die Reaktoren der Ohio-Klasse mussten während ihrer Dienstzeit einmalig mit Brennstoff nachbefüllt werden). Erstmalig soll bei der Columbia-Klasse ein integrierter elektrischer Antrieb serienmäßig bei der US Navy genutzt werden. Das Antriebskonzept ist ähnlich wie bei der französischen Triomphant-Klasse, bei der kein mechanischer Antrieb den Pump-Jet/Düsenringpropeller antreibt, sondern ein Elektromotor. Wie die Ohio-Klasse wird auch die Columbia-Klasse über vier 533-mm-Torpedorohre und an Bord gelagerte MK 48-Torpedos zum Selbstschutz verfügen. Das Typschiff im Wert von 9,5 Milliarden US-Dollar – Preissteigerungen bis zur Indienststellung sind wie bei allen Atom-U-Bootprojekten weltweit buchstäblich garantiert – wurde im November 2020 offiziell geordert. Diese erste Einheit wurde dann am 04. Juni 2022 bei Electric Boat in Quonset Point, Rhode Island auf Kiel gelegt (hier werden die Rumpfmodule vorgefertigt) und bei der feierlichen Zeremonie vom damaligen Marineminister Carlos del Toro in USS »District of Columbia« umbenannt – in Anlehnung an das Territorium der amerikanischen Hauptstadt. Hintergrund ist der, dass aktuell bereits ein Jagd-U-Boot der Los Angeles-Klasse auf den Namen USS »Columbia« (SSN-771) hört und deswegen das Raketen-U-Boot von »Columbia« in »District of Columbia« umbenannt wurde, da laut Gesetz ein Schiffsname jeweils nur von einem aktiven Marineschiff der US Navy getragen werden darf.

Ausblick

Die USS »District of Columbia« soll voraussichtlich im Jahr 2031 in Dienst gestellt werden. Die zweite Einheit wurde im Jahr 2020 auf den Namen USS »Wisconsin« (SSBN-827) getauft und ihre Kiellegung wird in Kürze erwartet. Am 13. Januar 2025 schließlich taufte der scheidende amerikanische Marineminister Carlos Del Toro die dritte Einheit der Columbia-Klasse auf den Namen USS »Groton« (SSBN-828). Nach der Indienststellung der USS »District of Columbia« sollen die weiteren Boote im Ein- bis Zweijahresrhythmus der Flotte zulaufen.

Technische Daten Columbia-Klasse	
Bauwerft	General Dynamics Electric Boat, Groton, Connecticut, Huntington Ingalls Newport News Shipbuilding, Virginia
Verdrängung	21.140 Tonnen getaucht
Abmessungen	171 Meter Länge, 13,1 Meter Breite, ca. 13 Meter Tiefgang
Antrieb	1× S1B Druckwasserreaktor, 2× Dampfturbinen, 1× turboelektrischer Antrieb, 1× Pump-Jet/Düsenringpropeller
Geschwindigkeit	25 Knoten getaucht (laut Medienberichten)
Reichweite	Abhängig von Lebensmittelvorräten an Bord und Einsatzfähigkeit der Besatzung, ansonsten unbegrenzt
Tauchtiefe	Mehr als 250 Meter
Besatzung	155 Personen
Bewaffnung	4× 533-mm-Torpedorohre für Mark 48 Torpedos, 16× Trident II D5 SLBM (U-Boot-gestützte Interkontinentalraketen) mit bis zu 12× W76 (100 kt TNT) oder W88 (475 kt TNT) Atomsprengköpfen; Reichweite offiziell 11.300 km
Sensoren	1× hufeisenförmiges Bugsonar

3. Großbritannien

3.1 Die Entwicklung britischer Atom-U-Boote bis 1990

Die HMS »Dreadnought« (S101), das erste britische Atom-U-Boot, aufgenommen kurz nach dem Stapellauf 1960 (Foto: US Navy).

Im Jahr 1952 wurde Großbritannien nach den USA und der Sowjetunion die dritte Nuklearmacht der Welt. Von Beginn an war das britische Atomprogramm stark an das amerikanische gekoppelt. Diese transatlantische Zusammenarbeit geht zurück bis zum Manhattan-Projekt, der Entwicklung der ersten Atombombe gegen Ende des Zweiten Weltkrieges in der Wüste von New Mexico.

Bereits kurz nach dem Ende des Krieges begann die Royal Navy mit einem Forschungsprogramm für nukleare Antriebstechnologie, welches im Oktober 1952 allerdings auf unbestimmte Zeit verschoben wurde. Als die amerikanische Marine ab Mitte der 1950er Jahre mit ihrem ersten Atom-U-Boot USS »Nautilus« (SSN-571) in gemeinsamen Manövern mit der britischen Marine die überlegenen Fähigkeiten solcher U-Boote unter Beweis stellen konnte, wuchs in Großbritannien der Wunsch nach eigenen Nuklearbooten.

HMS »Dreadnought«

Die größten Unterstützer eines britischen Atom-U-Boot-Programmes waren der First Sea Lord, Admiral Earl Mountbatten of Burma und der Flaggoffizier der U-Boote, Sir Wilfred Woods. Obwohl das Ziel die Entwicklung eigener britischer Atom-U-Boottechnik war, entstand das erste britische Atom-U-Boot HMS »Dreadnought« (S101) mit massiver US-Unterstützung. Die hervorragenden Beziehungen zwischen Admiral Mountbatten und dem damaligen amerikanischen Marinechef Arleigh Burke ermöglichten Großbritannien den Erwerb eines amerikanischen Reaktors der fünften Generation, dem Typ S5W des Herstellers Westinghouse mit 15.000 PS Leistung (gegen den anfänglichen Widerstand des damals für das Nuklearprogramm zuständigen Admirals Hyman G. Rickover). Dieser Reaktortyp wurde in den Jagd-U-Booten der Skipjack-Klasse und den nachfolgenden Permit- und Sturgeon-Klassen genutzt. Der Rumpf und die Bordelektronik der HMS »Dreadnought« waren aus britischer Produktion (das Boot wurde bei Vickers Armstrong im nordenglischen Barrow-in-Furness gefertigt, wo die meisten nachfolgenden britischen U-Boote gebaut wurden). Da die britische Marine Einblicke bei Electric Boat in Groton, Connecticut in den Bau von Atom-U-Booten erhielt, orientierte man sich beim Schiffdesign am tropfenförmigen Rumpf der amerikanischen Skipjack-Klasse. Die HMS »Dreadnought« lief am 21. Oktober 1960 im Beisein von Queen Elizabeth II. vom Stapel und

Die HMS »Dreadnought« vor der britischen Fregatte HMS »Landaff« (F61, Foto: Royal Navy/Sammlung Verfasser).

Das zweite britische Atom-U-Boot HMS »Valiant« (S102) aufgenommen 1994 bei einem Hafenbesuch in Port Canaveral, Florida (Foto: US Navy/OS2 John Bouvia).

Das dritte britische Atom-U-Boot HMS »Warspite«(S103) im Hafen von Gibraltar im Jahr 1970 (Foto: Isaac Newton, CC BY-SA 2.5).

wurde am 17.04.1963 in den Dienst der Royal Navy gestellt. Das 81 Meter lange, 9,8 Meter breite und getaucht 4.000 Tonnen verdrängende Boot war mit sechs 533-mm-Torpedorohren versehen. Das Boot war bei seinen Besatzungen überaus beliebt und seine 17-jährige Dienstzeit führte es – soweit bekannt – in fast alle Regionen der Erde. Ein Maschinenschaden und das Fehlen von entsprechenden Reparatureinrichtungen in Großbritannien führten zur frühzeitigen Ausmusterung des Bootes im Jahr 1980. Nach der Entfernung des Reaktors liegt es seitdem in der Rosyth Dockyard unweit der schottischen Hauptstadt Edinburgh und wartet auf sein weiteres Schicksal. Es gibt Bestrebungen verschiedener Gruppierungen, aufgrund der historischen Bedeutung der HMS »Dreadnought« das Boot als Museumsschiff für die Öffentlichkeit zu erhalten. Bisher fruchteten diese Bestrebungen jedoch nicht.

Die HMS »Conqueror« (S48) kehrt im Sommer 1982 nach der Beendigung des Falklandkonfliktes nach Großbritannien zurück (Foto: Royal Navy/Sammlung Verfasser).

Valiant-Klasse

Parallel zum Bau der HMS »Dreadnought« entwickelte Rolls-Royce in Zusammenarbeit mit der britischen Atomenergiebehörde ein vollständig neuartiges britisches Atomantriebssystem. Am 31. August 1960 schließlich wurde das zweite britische Atom-U-Boot, die HMS »Valiant« (S102) bei Vickers Armstrong in Auftrag gegeben. In ihr wurde erstmals der von Rolls-Royce in Derby entwickelte, vollständige britische PWR1 (Pressure Water Reactor – Druckwasserreaktor 1) mit 15.000 PS Leistung eingebaut (die Entwicklung des Reaktors wurde aber erst nach massivem amerikanischem Technologietransfer möglich). Der Reaktor wirkte auf zwei Getriebedampfturbinen, die eine Schiffswelle mit einem Schiffspropeller antrieben. Der Reaktortreibstoff bestand aus hochangereichertem Uran (HEU) zwischen 93 und 97 Prozent. Der Reaktor hatte eine Nutzungsdauer von zehn Jahren, ehe er mit neuem Brennstoff befüllt werden musste (dies bedeutete, dass bei einer regulären Dienstzeit von 30 Jahren jedes U-Boot zweimal mit nuklearem Brennstoff nachgetankt werden musste). Die HMS »Valiant« war 86,9 Meter lang (die größere Länge im Vergleich zur »Dreadnought« erklärt sich anhand der größeren Abmessungen des britischen Reaktors im Vergleich zu seinem amerikanischen Gegenstück), 10,1 Meter breit, wies eine getauchte Verdrängung von 4.900 Tonnen auf und war mit sechs 533-mm-Torpedorohren am Bug ausgestattet. Auf die 1966 in Dienst gestellte HMS »Valiant« folgte ein Jahr später die HMS »Warspite« (S103). 1970/71 kamen drei weitere Boote eines leicht modifizierten Entwurfes hinzu: HMS »Churchill« (S46), HMS »Conqueror« (S48, als einziges Boot der Klasse statt bei Vickers Armstrong bei Cammell Laird & Co. Ltd in Birkenhead gebaut) und HMS »Courageous« (S50). Da es an Bord der drei späteren Boote einige interne Änderungen gab, werden diese manchmal auch als Churchill-Klasse bezeichnet. Als erstes britisches U-Boot war die HMS »Courageous« mit der Unterwasservariante des weit verbreiteten Seezielflugkörpers Harpoon bewaffnet, welcher durch die Torpedorohre verschossen wurde. Für Schlagzeilen sorgte die HMS »Valiant« bei einer 12.000 Meilen langen Tauchfahrt, die das Boot in 28 Tagen von Singapur nach Großbritannien führte. HMS »Valiant« und HMS »Conqueror« waren während des Falklandkonfliktes 1982 im Einsatzgebiet vor Argentiniens Südküste anwesend. Hier erlangte die HMS »Conqueror« traurige Berühmtheit, als sie am 02. Mai 1982 den argentinischen Leichten Kreuzer »General Belgrano« mittels dreier Torpedoschüsse (Mark VIII-Torpedos) versenkte und dabei 323 argentinische Seeleute den Tod fanden. Die »Belgrano« ist das einzige Schiff, welches jemals – abgesehen von der Versenkung von ausgedienten Marineschiffen bei Manövern – »im Zorn« von einem Atom-U-Boot versenkt wurde. So groß die menschliche Tragödie dieser Versenkung auch ist, militärisch war sie sinnvoll, denn sie sorgte dafür, dass die argentinische Marine – im Wissen um die Anwesenheit britischer Atom-U-Boote – die restliche Dauer des Konfliktes überwiegend in den Häfen verblieb. Nach der Beendigung des Falklandkonfliktes war die HMS »Courageous« im August 1982 an der »Operation Barmaid« beteiligt, bei der das Boot in der Barentssee die Leine eines Schleppsonars kappte, das von einem polnischen U-Jagd-Schiff gezogen wurde. Die Besatzung der »Courageous« konnte das Sonar bergen und nach Großbritannien überführen, wo es ausgiebig analysiert wurde. Die fünf Boote der Valiant-/Churchill-Klasse wurden zwischen 1990 und 1994 außer Dienst gestellt. Die HMS »Courageous« ist heute als Museumsboot in Devonport erhalten, während die anderen vier Einheiten immer noch auf ihre Verschrottung warten.

Nukleare Abschreckung

Parallel zur Einführung der Jagd-U-Boote der Valiant-Klasse nahm auch die britische U-Boot-gestützte nukleare Abschreckung mittels strategischer Raketen-U-Boote Fahrt auf. In den 1950er Jahren setzte Großbritannien noch auf Freifallbomben, die von taktischen und strategischen Bombern abgeworfen werden konnten. Anfang der 1960er Jahre galt aufgrund der schnellen Entwicklung der Interkontinentalrakete diese Methode der nuklearen Abschreckung als überholt und anfällig für ein gegnerisches Abfangen. Im April 1963 konnte die britische Regierung daher mit den USA das Polaris Sales Agreement abschließen. Dieses regelte die Bereitstellung amerikanischer U-Boot-gestützter Ballistischer Raketen des Typs UGM-27 Polaris an die Royal Navy. Die in den USA gefertigten Raketen sollten mit in Großbritannien entwickelten ET.317-Atomsprengköpfen bestückt werden. Was der britischen Marine jetzt noch fehlte, war ein geeignetes Unterwasser-Trägersystem.

Resolution-Klasse

Zwischen Oktober 1967 und Dezember 1969 stellte die Royal Navy die vier strategischen U-Boote HMS »Resolution« (S22), HMS »Repulse« (S23), HMS »Renown« (S24) und HMS »Revenge« (S25) in Dienst. Die 130 Meter langen, 10,10 Meter breiten und getaucht 8.500 Tonnen verdrängenden Boote wurden bei Vickers Shipbuilding Ltd in Barrow-in-Furness und bei Cammell Laird and Co Ltd in Birkenhead gefertigt. Ein fünftes geplantes Boot, HMS »Ramillies«, wurde aus Kostengründen 1965 gestrichen. Die Resolution-Klasse basierte auf den Jagd-U-Booten der Valiant-Klasse, die um ein Raketensegment hinter dem Turm mit Abschusssilos für sechzehn Polaris A3-Raketen in Zweierreihen ergänzt wurde. Die von einem Rolls-Royce PWR1-Druckwasserreaktor im Zusammenspiel mit Turbinen von English Electric Company angetriebenen Boote konnten eine maximale Geschwindigkeit von 25 Knoten und eine maximale Tauchtiefe von 275 Metern erreichen. Für Notfälle waren die Einheiten zusätzlich mit einem Dieselmotor ausgestattet. Eine Standardbesatzung bestand aus 143 Mann. Bewaffnet waren die Boote zusätzlich mit drahtgelenkten Tigerfish-Torpedos zum Selbstschutz, die durch sechs Torpedorohre mit 533 mm Durchmesser verschossen werden konnten. Die erste strategische Patrouillenfahrt der HMS »Resolution« begann am 15. Juni 1968. Während der Einsatzzeit der Resolution-Klasse war immer mindestens ein Boot auf See, um eine durchgängige nukleare Abschreckung zu gewährleis-

Modell des ersten britischen strategischen Raketen-U-Bootes HMS »Resolution« (S22, Foto: Geni, CC BY-SA 3.0).

Übungs-Abschuss einer Polaris-Rakete von Bord der HMS »Revenge« (S25). Das Foto entstand 1983 vor der Küste von Florida (Foto: US Navy).

Das zweite Boot der Resolution-Klasse – die HMS »Repulse« (S23) – aufgenommen im Jahr 1979 im Firth of Clyde (Foto: US Navy).

ten. In den 1980er Jahren wurden alle vier Boote, die während der ganzen Dienstzeit in der Marinebasis Faslane stationiert waren (circa 40 Kilometer westlich vom schottischen Glasgow), umgerüstet auf den Einsatz der modernisierten Polaris A3TK-Rakete. Zwischen 1992 und 1996 erfolgte die Ausmusterung; alle vier Einheiten liegen seitdem als Auflieger in Rosyth und sollen in naher Zukunft verschrottet werden (was sich aber aufgrund des Nuklearreaktors – wie bei allen bisher außer Dienst gestellten britischen Atom-U-Booten, von denen bisher kein einziges verschrottet wurde – als aufwendig in der Planung und Ausführung erweist).

Swiftsure-Klasse

Auf die Valiant-/Churchill-Klasse folgten zwischen 1973 und 1981 sechs Einheiten der Swiftsure-Klasse: HMS »Swiftsure« (S-126), HMS »Sovereign« (S108), HMS »Superb« (S109), HMS »Sceptre« (S104), HMS »Spartan« (S105) und HMS »Splendid« (S106). Genau wie die vorangegangenen Boote erhielt die Swiftsure-Klasse ebenfalls PWR1-Reaktoren, die auf zwei Turbinen mit einer Schraube wirkten. Fallengelassen wurde jedoch die Tropfenform des Rumpfes, die bei der »Dreadnought« sowie den »Valiants« zum Zuge gekommen war. Stattdessen wurde ein kürzerer Rumpf mit 82,9 Metern Länge und 9,8 Metern Breite verwendet, der jedoch über einen größeren Durchmesser verfügte, weshalb deutlich mehr Ausrüstung an Bord der Swiftsure-Klasse untergebracht werden konnte. Die getauchte Verdrängung war mit 4.900 Tonnen ungefähr so groß wie bei der Valiant-/Churchill-Klasse. Erstmals wurde bei der Swiftsure-Klasse ein deutlich geräuschärmerer Düsenringpropeller (Pumpjet) statt eines herkömmlichen Schiffspropellers verwendet (mit Ausnahme des ersten Bootes HMS »Swiftsure«, die noch einen konventionellen Schiffspro-

Die HMS »Swiftsure« (S126), das Typschiff der gleichnamigen Klasse, aufgenommen im Jahr 1977 (Foto: Royal Navy/Sammlung Verfasser).

Die HMS »Sovereign« (S108) war die zweite Einheit der Swiftsure-Klasse. Hier sieht man das Boot 1991 vor Faslane (Foto: Royal Navy/Photo LA(Phot) R Harvey).

Die dritte Swiftsure-Einheit HMS »Superb« (S109) aufgenommen am 20. Mai 1993 in der Mündung des Flusses Clyde in Schottland (Foto: Royal Navy/MOD, OGL v1.0).

Die vierte Swiftsure-Einheit HMS »Sceptre« (S104) während der Seeversuche 1977 im Nordatlantik. Der Sea King-Helikopter wird zum Personaltransfer genutzt (Foto: Royal Navy/Sammlung Verfasser).

peller erhielt). Zwar wurde die Anzahl 533-mm-Torpedorohre von sechs auf fünf reduziert, dafür konnten die Boote jedoch zusätzlich zu den Harpoon-Seezielflugkörpern erstmals amerikanische Tomahawk-Marschflugkörper abschießen, die der Landzielbekämpfung dienen. Somit wurde die eigentliche U-Jagd-Rolle bei der Swiftsure-Klasse erstmals um eine Landangriffsrolle erweitert. Boote der Klasse feuerten im Jahr 1999 Tomahawk-Marschflugkörper während des Kosovo-Krieges auf jugoslawische Ziele ab und 2003 bei der Invasion des Irak gegen Ziele im Irak. In den 1990er Jahren wurden an einigen der Swiftsure-Einheiten Risse im Druckkörper und Alterungserscheinungen an den Atomreaktoren festgestellt. Da damals nach dem Ende des Kalten Krieges das Bedrohungspotenzial für Großbritannien als gering eingestuft wurde, wurden aufwendige Modernisierungsmaßnahmen nicht mehr umgesetzt und alle Boote der Swiftsure-Klasse bis 2004 ausgemustert. Wie alle bisher außer Dienst gestellten britischen Atom-U-Boote warten auch sie noch auf ihre Verschrottung. Derzeit laufen jedoch die Vorbereitungen, die ehemalige HMS »Swiftsure« als erstes britisches Atom-U-Boot überhaupt bis 2026 vollständig zu recyclen.

Die fünfte Swiftsure-Einheit HMS »Spartan« (S105) aufgenommen am 01. Juni 1993 vor Faslane (Foto: FOSNI PHOTS/MOD, OGL v1.0).

Ein Boot der Swiftsure-Klasse vor der britischen Enklave Gibraltar an der Einfahrt in das Mittelmeer (Foto: Royal Navy/Sammlung Verfasser).

Die sechste Swiftsure-Einheit HMS »Splendid« (S106) verlässt die Marinebasis in Rosyth nach einer Werftliegezeit im Jahr 1998 (Foto: Royal Navy/Photo LA(Phot) M. Storey).

3.2 Jagd-U-Boote der Trafalgar-Klasse

Die erste Einheit der Klasse HMS »Trafalgar« (S107) im Sommer 1991 in der Flussmündung des Clyde (Foto: Royal Navy/Photo A. Gedge).

Das Design der Swiftsure-Klasse (siehe Kapitel 3.1) wurde von der Royal Navy als Grundlage für eine weitere aus sieben Einheiten bestehende nuklear angetriebene Jagd-U-Boot-Klasse genutzt.
Zwischen 1983 und 1991 wurden die nach der Seeschlacht von Trafalgar im Jahr 1805 benannte Bootsklasse in den Dienst der britischen Marine gestellt: HMS »Trafalgar« (S107), HMS »Turbulent« (S87), HMS »Tireless« (S88), HMS »Torbay« (S90), HMS »Trenchant« (S91), HMS »Talent« (S92) und HMS »Triumph« (S93). Alle Einheiten wurden erneut bei Vickers Shipbuilding and Engineering in Barrow-in-Furness gefertigt.

Die HMS »Trafalgar« am 10. Dezember 2008 im südenglischen Hafen von Southampton (Foto: Brian Burnell, CC BY-SA 3.0).

Ergänzungsbeschaffung

Die Boote der Trafalgar-Klasse wurden als Ergänzungsbeschaffung zu den vorangegangenen Swiftsure-Booten eingestuft und sollten perspektivisch die HMS »Dreadnought« und die auf ihr basierende Valiant-Klasse ersetzen. Wie auch die vorangegangenen Bootsklassen wird auch die Trafalgar-Klasse von einem Rolls-Royce PWR1-Druckwasserreaktor mit 15.000 PS Leistung angetrieben, der auf zwei Turbinen und eine Welle wirkt. Ähnlich wie bei der vorangegangenen Swiftsure-Klasse erhielt das Typschiff HMS »Trafalgar« eine klassische Schiffsschraube, während die nachfolgenden Einheiten mit einem Düsenringpropeller/Pumpjet ausgestattet wurden. Die Trafalgar-Klasse gilt als geräuscharmer und schneller als die Swiftsure-Klasse. Offizielle Angaben zur Höchstgeschwindigkeit gibt es nicht, sie wird aber auf 20 Knoten Überwasser und 32 Knoten Unterwasser geschätzt. Mit einer Länge von 85,4 Metern, einer Breite von 9,8 Metern und einer getauchten Verdrängung von maximal 5.208 Tonnen entsprechen sie größenmäßig in etwa den Swiftsure-Booten.

Einsätze

Ursprünglich war die Trafalgar-Klasse für die Jagd auf sowjetische Atom-U-Boote ausgelegt. Dazu kamen die Aufklärung von gegnerischen Küsten und Häfen sowie Geleitschutzaufgaben für britische Flugzeugträger. Wie die Swiftsure-Klasse wurde auch die Trafalgar-Klasse mit Tomahawk-Marschflugkörpern bewaffnet. International bekannt wurde die HMS »Trafalgar« durch den Abschuss von Tomahawks auf Stellun-

Profilzeichnung der Trafalgar-Klasse (Grafik: Mike1979 Russia, CC BY-SA 4.0).

Die zweite Einheit HMS »Turbulent« (S87) im Juli 2011 aufgenommen vor der britischen Fregatte HMS »St. Albans« während einer U-Jagd-Übung (Foto: Roya Navy, LA(Phot) Simmo Simpson/MOD, OGL v1.0).

gen der Terrororganisation al-Qaida und der Taliban während der »Operation Veritas« als Teil des Afghanistan-Krieges im Jahr 2001. Im Jahr 2003 beschoss die HMS »Turbulent« als Teil der Operation »Iraqi Freedom« militärische Ziele im Irak. Die HMS »Triumph« hatte 2011 während der »Operation Ellamy« lybische Flugabwehrstellungen im Visier. Als erste britische U-Bootklasse wurde die Trafalgar-Klasse mit dem in den 1980er Jahren entwickelten Spearfish-Torpedo ausgestattet. Er sollte speziell gegen die strategischen Raketen-U-Boote der Delta- und Typhoon-Klassen der Sowjetmarine eingesetzt werden, die aufgrund eines Doppelhüllenrumpfes schwer zu versenken waren. Der Spearfish-Torpedo erreicht Geschwindigkeiten bis 60 km/h und wird zuerst per Drahtsteuerung gelenkt. Nach dem Erreichen des Drahtendes fällt der Draht ab und ein aktives/passives Sonarsuchsystem übernimmt die Steuerung zum Ziel auf dem letzten Fahrtabschnitt des Torpedos.

Die dritte Einheit HMS »Tireless« (S88) bei schneller Überwasserfahrt aufgenommen im August 2012. Man erkennt das Fehlen einzelner schallabsorbierender Kacheln (Foto: Ministry of Defence, OGL 2).

Dienstende

Nach der Einführung der Astute-Klasse (siehe Kapitel 3.3) wurden die Boote der Trafalgar-Klasse nach und nach im Verhältnis eins zu eins von dieser ersetzt. Als erste Einheit wurde das Typschiff HMS »Trafalgar« am 04. Dezember 2009 außer Dienst gestellt. Bis Mai 2022 folgten fünf weitere Boote der Klasse. Heute steht lediglich noch die HMS »Triumph« in Dienst. Sie soll mit dem Zulauf des sechsten Bootes der Astute-Klasse HMS »Agamemnon« Ende 2024/Anfang 2025 aus der Fahrbereitschaft genommen und voraussichtlich im Laufe des Jahres 2025 außer Dienst gestellt werden. Vor Beginn ihrer letzten Dienstjahre wurden die HMS »Torbay«, HMS »Trenchant«, HMS »Talent« und HMS »Triumph« umfassenden Modernisierungsmaßnahmen unterzogen. Diese Boote erhielten neue Kommunikationsanlagen und das bisher verwendete Sonar 2020 wurde durch das Sonar 2076 ersetzt, welches für die

Während der arktischen Übung ICEX 07 durchbricht die HMS »Tireless« am 28. März 2007 das ewige Eis nördlich von Alaska (Foto: US Navy/Lt. Erik Reynolds).

Die vierte Einheit HMS »Torbay« (S90) aufgenommen am 20. Mai 2011 während des amerikanisch-britischen Marinemanövers Saxon Warrior 11 (Foto: US Navy/MC3 Nicholas Hall).

Astute-Klasse entwickelt worden war. Dieses System soll in der Lage sein, Ziele bis zu einer Entfernung von 100 Kilometern zu identifizieren. Zusätzliche Modifikationen am Antrieb sollte die Trafalgar-Boote noch geräuscharmer machen. Das Ziel dieser letzten Modernisierungen vor der Außerdienststellung war es, die Trafalgar-Klasse annähernd so leistungsfähig wie die nachfolgende Astute-Klasse werden zu lassen. Ob dies tatsächlich möglich war, unterliegt auf absehbare Zeit der Geheimhaltung.

Exportmöglichkeit

In den 1980er Jahren interessierte sich Kanada – das über riesige von Packeis bedeckte Gewässer und somit ein ideal für den Betrieb von Atom-U-Booten geeignetes Areal verfügt – für den Erwerb einer Flotte von zehn bis zwölf Atom-U-Booten. Zur Auswahl standen entweder die französische Rubis- oder die britische Trafalgar-Klasse. Die Boote sollten in Kanada mithilfe eines Technologietransferabkommens entstehen. Kanada wollte durch seine zukünftige Atom-U-Bootflotte die volle Souveränität über die arktischen Gewässer in seinem Umfeld erhalten, in denen im Kalten Krieg häufig sowjetische U-Boote anzutreffen waren. Aufgrund knapper Kassen wurde die große kanadische U-Bootexpansion im April 1989 jedoch gestoppt. Neun Jahre später kaufte die kanadische Regierung doch noch Unterseeboote in Großbritannien. Bei ihnen handelte es sich jedoch um vier weit weniger leistungsfähige, von der Royal Navy ausgemusterte konventionell angetriebene Boote der Upholder-Klasse. Sie bilden – von vielen technischen Problemen geplagt – seither als Victoria-Klasse die einzige (relativ leistungsschwache) U-Boot-Komponente der Royal Canadian Navy.

Fazit

In den letzten dreißig Jahren war die Trafalgar-Klasse das Rückgrat der Jagd-U-Boot-Komponente der britischen Royal Navy. Designtechnisch bildet die Klasse den Endpunkt einer Entwicklung, die in den 1950er Jahren mit der HMS »Dreadnought« ihren Anfang nahm. In dieser Entwicklungsreihe stützte sich Großbritannien stets stark auf nukleare U-Boot-Technologie aus den USA. Und so ist es nicht verwunderlich, dass den Booten der Trafalgar-Klasse nachgesagt wird, in etwa so leistungsfähig wie die amerikanische Los Angeles-Klasse zu sein.

Technische Daten Trafalgar-Klasse	
Bauwerft	Vickers Shipbuilding and Engineering, Barrow-in-Furness, Großbritannien
Verdrängung	4.740 Tonnen an der Oberfläche, 5.208 Tonnen getaucht
Abmessungen	85,4 Meter Länge, 9,8 Meter Breite, 8,3 Meter Tiefgang
Antrieb	Rolls-Royce PWR1-Druckwasserreaktor mit 15.000 PS, 2× Getriebeturbinen, 1× Schiffswelle, 1× Düsenringpropeller (außer HMS »Trafalgar«, hier 1× Schiffsschraube).
Geschwindigkeit	20 kn aufgetaucht, 32 kn getaucht
Maximale Tauchtiefe	Mehr als 300 Meter
Besatzung	130 Personen
Bewaffnung	Fünf Torpedorohre mit Durchmesser 533 mm, Raum für 30× Torpedos oder Flugkörper, Waffenmix aus Marschflugkörpern Tomahawk Block IV und Spearfish-Schwergewichtstorpedos
Sensoren	1× Thales Sonar 2076 (ab 2010), 1× Sonar 2020, 2× SSE Mk8 Werfer für Type 2066 und Type 2071 Torpedotäuschkörper

Die fünfte Einheit HMS »Trenchant« (S91) aufgenommen im August 2017 von einem Helikopter der US Navy aus während der Übung Saxon Warror 17 (Foto: US Navy/Mass Communication Specialist Seaman Zachary Wickline).

Die sechste Einheit HMS »Talent« (S92) während einer Tauchübung im Dezember 2009 vor Kyle of Lochalsh an der schottischen Nordwestküste (Foto: Royal Navy, LA(Phot) Hamish Burke/MOD, OGL v1.0).

Die Boote der Trafalgar-Klasse

Name	Kennung	Kiellegung	Stapellauf	Indienststellung	Außerdienststellung
HMS »Trafalgar«	S107	25. April 1979	01. Juli 1981	27. Mai 1983	04. Dezember 2009
HMS »Turbulent«	S87	08. Mai 1980	01. Dezember 1982	28. April 1984	14. Juli 2012
HMS »Tireless«	S88	06. Juni 1981	17. März 1984	05. Oktober 1985	19. Juni 2014
HMS »Torbay«	S90	03. Dezember 1982	08. März 1985	07. Februar 1987	14. Juli 2017
HMS »Trenchant«	S91	28. Oktober 1985	03. November 1986	14. Januar 1989	22. Mai 2022
HMS »Talent«	S92	13. Mai 1986	15. April 1988	12. Mai 1990	22. Mai 2022
HMS »Triumph«	S93	02. Februar 1987	16. Februar 1991	02. Oktober 1991	

Die HMS »Triumph« läuft im Oktober 2010 in die Marinebasis Faslane ein. Im Jahr 2025 wird das Boot als letzte Einheit seiner Klasse außer Dienst gestellt werden (Foto: Royal Navy, LA(Phot) Ben Sutton/MOD, OGL v1.0).

3.3 Jagd-U-Boote der Astute-Klasse

Stapellauf des fünften Bootes HMS »Anson« im April 2021 (Foto: BAE Systems).

Die sieben atomar angetriebenen britischen U-Boote der Astute-Klasse sind die größten und fortschrittlichsten Jagd-U-Boote, die jemals in Europa gebaut wurden. Der Konstruktionsprozess der in den 1990er Jahren konzipierten Boote lief anfangs nur schleppend. Erst als die britische Regierung mit General Dynamics Electric Boat den weltweit führenden Hersteller von atomar angetriebenen Unterwasserfahrzeugen mit »ins Boot« holte, kam die Produktion in Fahrt.

Das 97 Meter lange und ca. 7.400 Tonnen verdrängende Typschiff – HMS »Astute« (S119) – wurde im Januar 2001 auf Kiel gelegt, im Juni 2007 zu Wasser gelassen und im August 2010 mit Heimathafen im schottischen Faslane in Dienst gestellt. Mittlerweile wurde am 20. April 2021 das fünfte Boot – HMS »Anson« (S123) – zu Wasser gelassen und am 31. August 2022 im Beisein des damaligen britischen Premierministers Boris Johnson in Dienst gestellt. Das letzte Boot – HMS »Agincourt« – soll voraussichtlich Ende 2026 Teil der aktiven Flotte der Royal Navy werden.

Die Anfänge

Erste Planungen für einen Nachfolger der in den 1970er sowie -80er Jahren entwickelten und gebauten sieben Boote der Trafalgar-Klasse gab es bei der Royal Navy bereits ab 1986. Nach dem Ende des Kalten Krieges 1990 wurden diese Gedankenspiele wieder verworfen, ehe 1991 eine erneute Studienphase begann, die 1993 in der Angebotsaufforderung an mehrere britische Werften erfolgte. Daraufhin wurden im Juni 1995 jeweils ein Entwurf eines Konsortiums bestehend aus

Die Jagd-U-Boote der Astute-Klasse werden in der 260 Meter langen und 58 Meter breiten Devonshire Dock Hall in Barrow-in-Furness gefertigt (Foto: PoorTom, Public Domain).

Seitenansicht der riesigen U-Boot-Konstruktionshalle Devonshire Dock Hall (Foto: Stephen Middlemiss, CC BY-SA 2.0).

GEC-Marconi und BMT Limited sowie ein Entwurf eines Zusammenschlusses von VSEL und Rolls-Royce an die Royal Navy übermittelt. Obwohl GEC-Marconi und BMT wenig Erfahrung in der Konstruktion von Unterseebooten hatten, favorisierte die Navy deren Entwurf aufgrund der niedrigeren Baukosten. Im selben Monat wurde Vickers Shipbuilding and Engineering (VSEL) von GEC-Marconi übernommen, das damit Zugriff auf die traditionsreiche U-Boot-Werft in Barrow-in-Furness erhielt. Im Dezember 1995 wurde GEC-Marconi vom britischen Verteidigungsministerium als bevorzugter Anbieter benannt. Beim Entwurf der Astute-Klasse sollte erstmals in der britischen Marinegeschichte damals neuartige CAD-Software (Computer Aided Design) zum Zuge kommen, wovon man sich große personelle Einsparungen versprach. Am 14. März 1997 wurde ein Vertrag mit einem Auftragsvolumen von 2,4 Millionen Britischen Pfund zwischen dem Verteidigungsministerium und GEC-Marconi geschlossen, der den Bau der ersten drei Einheiten der neuen U-Boot-Klasse umfasste.

Detailansicht der Bugpartie des im Bau befindlichen vierten Bootes HMS »Audacious« in der Konstruktionshalle in Barrow-in-Furness (Foto: Andrew Linnett/MOD, Open Government Licence v1.0).

Trafalgar 2.0

Ursprünglich waren die neuen U-Boote als modernisiertes und verbessertes zweites Los von neuen Trafalgar-Klasse-Booten geplant, die genau wie das erste Los auf das Aufspüren von hochentwickelten sowjetischen U-Booten ausgelegt sein sollten. Während der Konstruktionsphase wurde aber allen Beteiligten klar, dass die Boote der Astute-Klasse in Bezug auf die Fähigkeiten und die Größe in ganz andere Dimensionen vorstoßen sollten. Diese notwendige Vergrößerung war hauptsächlich auf die Nutzung des Rolls-Royce PWR2-Druckwasserreaktors als Antriebsquelle zurückzuführen, der zuvor bereits in den strategischen Raketen-U-Booten der Vanguard-Klasse verbaut wurde, und der im Vergleich zum bisher in britischen Jagd-U-Booten genutzten PWR1-Reaktor deutlich größere Ausmaße hat. Im November 1999 entstand BAE Systems durch die Übernahme von GEC-Marconi durch British Aerospace. Zu diesem Zeitpunkt war die Konstruktion der

Die HMS »Audacious« vor dem Stapellauf in der Bauhalle in Barrow-in-Furness (Foto: BAE Systems).

Die HMS »Audacious« wird aus der Bauhalle gezogen (Foto: BAE Systems).

HMS »Audacious« im sogenannten Devonshire Dock in Barrow-in-Furness (Foto: BAE Systems).

Das zweite Boot HMS »Ambush« während der Seeversuche im Jahr 2012 (Foto: Crown Copyright/Royal Navy).

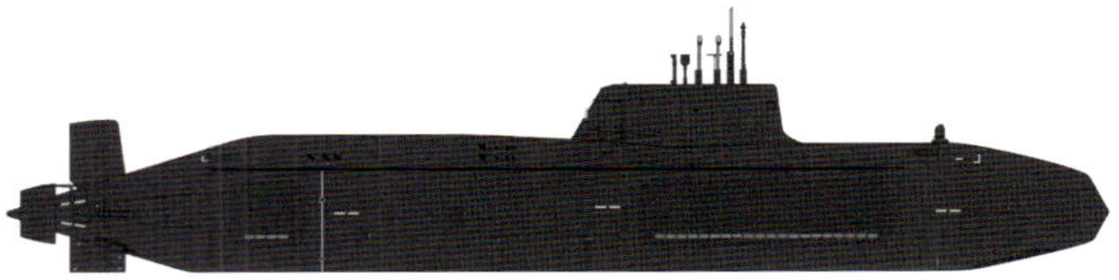

Profilzeichnung der Astute-Klasse (Grafik: Mike1979 Russia, CC BY-SA 3.0).

Vanguard-Klasse in Barrow-in-Furness abgeschlossen. Von den über 13.000 Mitarbeitern, die noch wenige Jahre zuvor auf der Werft beschäftigt waren, waren nur noch rund 3.000 Schiffbauer übriggeblieben – teilweise durch Verrentungen von erfahrenen Mitarbeitern. Dadurch waren wichtige Fähigkeiten in der technisch aufwendigen U-Boot-Konstruktion verloren gegangen, die erst mühsam wieder erlernt werden mussten. Das neuartige CAD-Konstruktionszeichnungsverfahren sorgte für weitere Verzögerungen. Erstmals in der britischen Marinegeschichte wurden die Boote der Astute-Klasse in Einzelmodulen (analog zur amerikanischen Virginia-Klasse) vorgefertigt und die weitestgehend fertig ausgestatteten Module anschließend miteinander verbunden. Die Ausrüstung dieser Module erfolgte bei Boot Nr. 1 noch horizontal, ab Boot Nr. 2 aufgrund einfacherer logistischer Abläufe vertikal.

Nachbesserungen

Im Jahr 2002 gaben sowohl die britische Marine wie auch BAE Systems zu, den finanziellen und technischen Aufwand dieses Mammutprojektes unterschätzt zu haben. Im Dezember 2003 investierten nach zähen Nachverhandlungen sowohl das britische Verteidigungsministerium 430 Millionen Britische Pfund als auch BAE weitere 250 Millionen Britische Pfund in das Vorhaben. Das Verteidigungsministerium sicherte sich 2004 die technische Unterstützung durch General Dynamics Electric Boat aus Groton, Connecticut zu – ohne Zweifel damals wie

Das fünfte Boot HMS »Anson« aufgenommen am 31. August 2022, dem Tag der Indienststellung (Foto: Ministry of Defence, Open Government Licence v1.0).

heute die führende Werft der Welt für nuklear angetriebene Unterseeboote. Der Einfluss von Electric Boat auf das Projekt war schließlich so groß, dass ein Angestellter des US-Schiffbauers sogar Direktor des Astute-Programmes wurde, mit dessen Hilfe das bis dato größte britische Verteidigungsvorhaben wieder »auf Kurs« gebracht wurde. Durch die Erfahrung bei der Konstruktion der amerikanischen Virginia-Klasse konnten viele der Probleme mit der 3D-CAD-Software behoben werden. Erst einen Monat vor dem Stapellauf des Typschiffes HMS »Astute« am 08. Juni 2007 wurde das vierte Boot der Astute-Klasse geordert, die Boote Nr. 5 und 6 wurden im März 2010 bestellt. Lange Zeit sah es so aus, als ob das Astute-Projekt nach dem sechsten Boot abgeschlossen sei, ehe schließlich doch im April 2017 das siebte Boot zum Stückpreis von 1,4 Milliarden Britischen Pfund geordert wurde.

Die Technik

Das Führungssystem der ersten beiden Boote der Astute-Klasse beruht auf dem Submarine Command System, das

Das Typschiff HMS »Astute« beim Einlaufen im amerikanischen Marinestützpunkt Norfolk, Virginia (Foto: US Navy/MC1 Todd A. Schaffer).

Ein Boot der Astute-Klasse während der Übung Cold Response 22 im März 2022 in norwegischen Gewässern. Im Schlauchboot an Deck befinden sich Royal Marines (Foto: MOD/Open Government Licence).

Im Juni 2021 hat sich ein Boot der Astute-Klasse im Mittelmeer der Trägerkampfgruppe um den britischen Flugzeugträger HMS »Queen Elizabeth« angeschlossen (Fotos: MOD/Open Government Licence).

zuvor schon auf der Trafalgar-Klasse zum Einsatz gekommen ist. Zur Ausstattung gehören DESO 25 Hochpräzisions-Echolote und zwei optronische Masten vom Typ CM010, die die klassischen Periskope der Vorgängerklassen ersetzen. Die Astute ist mit einem Sonarsystem vom Typ Sonar 2076 des europäischen Herstellers Thales ausgestattet, bei dem es sich laut Aussage von BAE Systems um das »weltbeste« Sonar handeln soll. Ab dem dritten Boot wurde das neuartige Führungssystem vom Typ Common Combat System verbaut, eine Gemeinschaftsentwicklung von Thales UK und Dell im Unterauftrag von BAE Systems. Die Boote eins und zwei sollen mit

Das Boot der Astute-Klasse taucht während der Übung Cold Response 22 auf und nimmt das Schlauchboot mit den Marines auf (Foto: MOD/Open Government Licence).

Die Boote der Astute Klasse				
Name	**Kennung**	**Kiellegung**	**Stapellauf**	**Indienststellung**
HMS »Astute«	S119	31. Januar 2001	08. Juni 2007	27. August 2010
HMS »Ambush«	S120	22. Oktober 2003	06. Januar 2011	01. März 2013
HMS »Artful«	S121	11. März 2005	17. Mai 2014	18. März 2016
HMS »Audacious«	S122	24. März 2009	28. April 2017	03. April 2020
HMS »Anson«	S123	13. Oktober 2011	20. April 2021	31. August 2022
HMS »Agamemnon«	S124	18. Juli 2013	2024	vstl. 2024/25
HMS »Achilles«	S125	14. Mai 2018	2025	vstl. Ende 2026

Technische Daten Astute-Klasse	
Bauwerft	BAE Systems Submarines, Barrow-in-Furness, Großbritannien
Verdrängung	7.400 Tonnen an der Oberfläche, 7.800 Tonnen getaucht
Abmessungen	97 Meter Länge, 11,3 Meter Breite, 10 Meter Tiefgang
Verdrängung	7.400 Tonnen an der Oberfläche, 7.800 Tonnen getaucht
Antrieb	Rolls-Royce PWR 2-Druckwasserreaktor, MTU 600-Kilowatt-Dieselgeneratoren
Geschwindigkeit	30 kn
Maximale Tauchtiefe	Mehr als 300 Meter
Besatzung	98 Personen
Bewaffnung	Sechs Torpedorohre mit Durchmesser 533 mm, Raum für bis zu 38 Torpedos oder Flugkörper, Waffenmix aus Marschflugkörpern Tomahawk Block IV und Spearfish-Schwergewichtstorpedos
Sensoren	Thales Sonar 2076, Atlas DESO 25 Echolot, zwei Thales CM010 optronische Masten, Raytheon Successor Freund/Feind-Erkennungssystem

dem neuen Common Combat System nachgerüstet werden. An Bord der Astute-Klasse ist im Torpedoraum Platz für 38 Torpedos oder Flugkörper. Der typische Waffenmix besteht aus Spearfish-Schwergewichtstorpedos und Marschflugkörpern vom Typ Tomahawk Block IV, die durch die Torpedorohre verschossen werden und zum Angriff auf Ziele bis zu einer Entfernung von 1.600 Kilometern eingesetzt werden können. Die Boote der Astute-Klasse werden von einem Rolls-Royce PWR2-Druckwasserreaktor mit einer Lebensdauer von 25 Jahren in Verbindung mit einem Pump-Jet angetrieben. Im Gegensatz zu den Vorgängerklassen hat auf der Astute jedes Besatzungsmitglied eine eigene Schlafkoje. Zur Verschleierung der Unterwassersignatur sind die Rümpfe der Astute-Klasse mit mehr als 39.000 akustischen Kacheln bedeckt.

Heckaufnahme eines Bootes der Astute-Klasse, aufgenommen im Juni 2021 im Mittelmeer (Foto: MOD/Open Government Licence).

Perspektiven

Wenn nach derzeitigen Planungen mit der HMS »Achilles« (S125) im Jahr 2026 das letzte Boot der Astute-Klasse an die Royal Navy übergeben wird, wird sich die Bauwerft in Barrow-in-Furness bereits mitten in der Produktion der neuen Raketen-U-Boote der Dreadnought-Klasse befinden (siehe Kapitel 3.6). Die beiden Programme werden nahtlos ineinander übergehen und das für die Royal Navy überaus wichtige Knowhow im Bau von atomaren Unterseebooten wird diesmal nicht verloren gehen. In mehreren internationalen Marinemanövern hat die Astute-Klasse der britischen Marineführung ihre technische Überlegenheit bewiesen und sich auf Augenhöhe mit den amerikanischen Jagd-U-Booten der Virginia-Klasse bewegt. Mit einer Höchstgeschwindigkeit von ca. 30 Knoten können die Boote der Astute-Klasse problemlos mit den Überwasserflugzeugträgergruppen um die beiden neuen Träger der Queen Elizabeth-Klasse mithalten.

Die HMS »Astute« läuft im November 2009 mit Schlepperunterstützung erstmals in der Heimatbasis in Faslane, Schottland ein (Foto: LA(Phot) Jonathan Massey/MOD, OGL v1.0).

3.4 Zukünftige Jagd-U-Boote SSNR/SSN-AUKUS

Offizielle Konzeptzeichnung der SSN-AUKUS-Boote, die von BAE Systems im März 2023 veröffentlicht wurde (Grafik: BAE Systems, OGL 3).

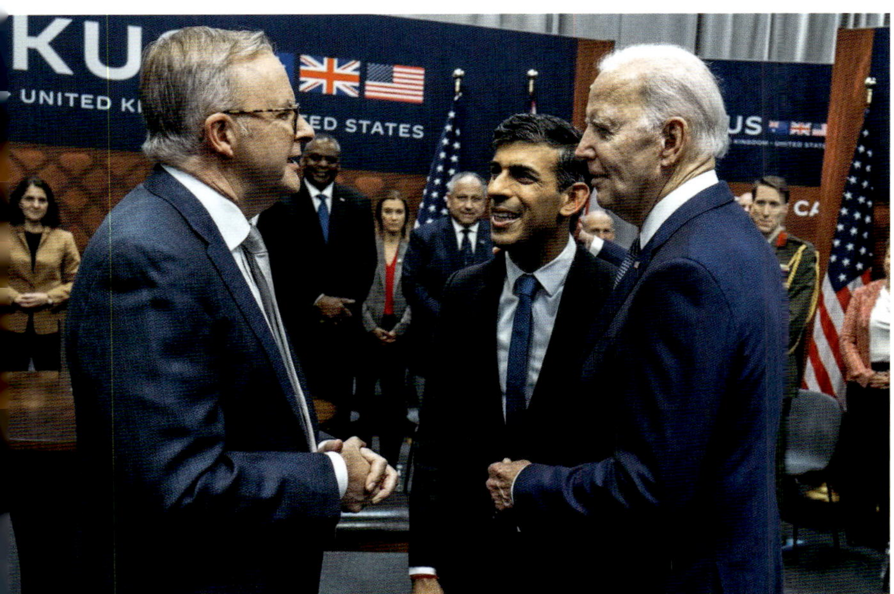

US-Präsident Joe Biden (rechts) kündigt mit dem britischen Premier Rishi Sunak (Mitte) und dem australischen Premier Anthony Albanese am 13. März 2023 das SSN-AUKUS-Projekt an (Foto: Chad McNeeley/U.S. Defense Department).

Am 23. März 2023 kündigten der amerikanische Präsident Joe Biden, der australische Premierminister Anthony Albanese und Großbritanniens Premier Rishi Sunak die gemeinsame Entwicklung der nächsten britischen Jagd-U-Bootklasse an. Sie wird als Grundpfeiler des AUKUS-Bündnisses (siehe Kapitel 8.1) auch das Rückgrat der zukünftigen australischen U-Boot-Flotte bilden.

Hintergründe

Die als SSN-AUKUS (eine Wortkombination aus den Initialen der beteiligten Länder **A**ustralia, **U**nited **K**ingdom, **US**A) bezeichnete Bootsklasse hat ihre Wurzeln im britischen SSNR-Programm, das im Jahr 2018 von der britischen Regierung als Ersatz der Jagd-U-Boote der Astute-Klasse (siehe Kapitel 3.3) angestoßen worden war. Die erste Einheit der Astute-Klasse wird Ende der 2030er Jahre das Ende ihrer Nutzungsdauer erreichen und muss daher zur Aufrechterhaltung der britischen Jagd-U-Bootflotte durch ein neues Boot ersetzt werden – wie auch die nachfolgenden sechs Boote der Astute-Klasse alle drei bis vier Jahre später. SSNR steht dabei für Submersible Ship Nuclear Replacement (entspricht zu Deutsch in etwa »Ersatz für tauchfähiges Nuklearschiff«). Die Bezeichnung wurde im März 2023 – nach der eingangs erwähnten Ankündigung der Regierungschefs – geändert in SSN-AUKUS, als Australien offiziell dem britischen Projekt beitrat und die Hinzufügung amerikanischer U-Boot-Technologie angekündigt wurde. Der eigentliche Bootsentwurf ist jedoch britisch. Nach dem jetzigen Stand werden mindestens zwölf SSN-AUKUS-Einheiten gebaut werden, davon sieben Boote für die Royal Navy in Barrow-in-Furness und fünf Boote in Südaustralien für die Royal Australian Navy. Ein Joint-Venture zwischen ASC Pty Ltd (vormals Australien Submarine Corporation), die die australischen konventionellen Boote der Collins-Klasse gebaut hatte, und BAE Systems wird für den Bau der australischen SSN-AUKUS-Boote in Osborne (einem Vorort von Adelaide) verantwortlich zeichnen.

Produktionssteigerung

Derzeit gibt es in Großbritannien Überlegungen, die Gesamtzahl der Jagd-U-Boote um ein bis zwei Einheiten zu erhöhen, um eine größere Verfügbarkeit der britischen U-Boot-Flotte zu erzielen. Eine solche Erhöhung der Anzahl SSN-AUKUS-Boote wird jedoch von der Höhe zukünftiger britischer Verteidigungs-

Das britische Jagd-U-Boot HMS »Astute« macht im Oktober 2021 den ersten Hafenbesuch in der U-Boot-Basis HMAS »Stirling« in Westaustralien (Fotos: Video Australien Government Department of Defense).

haushalte abhängig sein. Der Baustart der britischen Boote wird Ende der 2020er Jahre erfolgen, mit Ablieferung des ersten Bootes Ende der 2030er Jahre. Es wird angenommen, dass es nicht zu solchen gravierenden Bauverzögerungen wie bei der Einführung der Astute-Klasse kommen wird, als die britische Werftindustrie den Bau von Atom-U-Booten nach mehrjähriger Unterbrechung quasi wieder erlernen musste. Derzeit befinden sich die letzten beiden Boote der Astute-Klasse in der Fertigung, bei gleichzeitig laufendem Bau der strategischen Raketen-U-Boote der Vanguard-Klasse. Die Fertigung der SSN-AUKUS-Boote wird sich nahtlos an die dieser beiden vorherigen U-Bootklassen anfügen und gleichzeitig die Auslastung der Bauwerft sowie viele Tausend Arbeitsplätze (auch bei zahlreichen Zulieferfirmen) für Jahrzehnte sicherstellen. Lagen bei der HMS »Astute« noch 14 Jahre zwischen Kiellegung und erster Patrouillenfahrt, geht man in britischen Marinekreisen davon aus, dass der Bau der ersten SSN-AUKUS-Einheit nur acht bis zehn Jahre dauern wird. Die erste Einheit für Australien wird voraussichtlich in den frühen 2040er Jahren an die Royal Australian Navy ausgeliefert werden. Der trilateralen SSN-AUKUS-Ankündigung im Mai 2023 war eine 18-monatige Konsultierungsphase vorausgegangen, in der verschiedene Möglichkeiten untersucht wurden, um Australien den Zugang zu im eigenen Land gebauten und mit australischem Personal besetzten Atom-U-Booten zu ermöglichen.

Der amerikanische U-Boot-Tender USS »Emory S. Land« (AS-39) im August 2024 in der Basis HMAS »Stirling«. Das Schiff wird amerikanische und britische U-Boote in Australien versorgen (Foto: US Navy/MC2 Darek Leary).

Trainingsprogramm

In einem ersten Schritt werden australische Marineangehörige und australisches Zivilpersonal in der amerikanischen und der britischen Werftindustrie geschult. Weiterhin erhalten sie auf in Dienst stehenden amerikanischen und britischen Booten Einblicke in den operationellen Betrieb von nuklear angetriebenen Unterseebooten. Und australische Offiziere besuchen die Nuclear Power School der US Navy in Charleston, South Carolina. Hier stehen zwei ausgediente Boote der Los Angeles-Klasse als Trainingsplattformen zur Verfügung. Im Juli 2023 konnten die ersten drei Offiziere der Royal Australian Navy hier ihre Lehrgänge über die nukleare U-Boottechnologie erfolgreich abschließen. Gleichzeitig werden die australischen Hafenbesuche amerikanischer U-Boote unmittelbar und britischer U-Boote ab 2026 ausgeweitet. Ab 2027 sollen dann drei amerikanische Boote der Virginia-Klasse und ein britisches Boot der Astute-Klasse gleichzeitig in Australien – auf der Marinebasis HMAS Stirling in Westaustralien – stationiert sein, ehe in den frühen 2030er Jahre drei amerikanische Boote der Virginia-Klasse an Australien verkauft werden. Damit die amerikanische Werftindustrie die gestiegene Nachfrage nach den Virginia-Klasse-Booten in den 2030er Jahren bedienen kann, hat Australien 3 Milliarden US-Dollar in die amerikanische Schiffbauindustrie investiert. Falls der Bauzeitplan der australischen SSN-AUKUS-Boote stark zurückfallen sollte, besteht die Option des Erwerbs von zwei weiteren Booten der Virginia-Klasse. Wenn alles nach Plan verläuft, wird das letzte SSN-AUKUS Boot Mitte der 2050er Jahre in den Dienst der Royal Australian Navy gestellt werden, die dann über eine Flotte von drei Virginia und fünf SSN-AUKUS-Booten verfügen wird. Allein aufgrund dieser Tatsache ist davon auszugehen, dass die SSN-AUKUS-Boote über eine große Kommunalität mit der Virginia-Klasse verfügen werden. Der Löwenanteil der von den USA zu den SSN-AUKUS-Booten beigesteuerten Komponenten werden das Antriebssystem, gemeinsame Waffensysteme und vertikale VLS-Abschussrohre für Marschflugkörper oder zukünftige Hyperschallwaffen sein. Bisher wurden auf britischen Booten (Tomahawk-) Marschflugkörper horizontal durch die Torpedorohre gestartet. Zukünftige Versionen amerikanischer Marschflugkörper – die auch von Großbritannien genutzt werden – werden voraussichtlich nur noch vertikal (senkrecht) gestartet werden können, weshalb auch die zukünftigen britischen Boote ein VLS-Senkrechtstartsystem benötigen. Dieses wird wahrscheinlich direkt von der Virginia-Klasse übernommen – das sogenannte VPM (Virginia Payload Module, siehe Kapitel 2.4).

Frühe Konzeptzeichnungen eines möglichen Nachfolgers der Astute-Klasse (Grafiker: Royal Navy/Sammlung Verfasser).

Konzeptzeichnung der zukünftigen britischen Jagd-U-Boot-Klasse aus dem September 2021 (Grafik: BAE Systems).

Bordelektronik

Es ist davon auszugehen, dass auch das elektronische Führungs- und Waffeneinsatzsystem der SSN-AUKUS-Boote überwiegend aus Komponenten bestehen wird, die auf existierenden amerikanischen Booten sowie den aktuellen dieselelektrisch angetriebenen Booten der australischen Collins-Klasse eingesetzt werden. Höchstwahrscheinlich wird es sich dabei um eine weiterentwickelte Version des AN/BYG-1 Combat Control System handeln, welches auf der Virginia-Klasse genutzt wird. Dadurch soll eine große Kommunalität zwischen den britischen und australischen SSN-AUKUS-Booten auf der einen und den amerikanischen Virginia-Klasse-Boote auf der anderen Seite erzielt werden. Bisher kamen auf britischen Booten überwiegend elektronische Systeme von BAE Systems und Thales zum Einsatz, während auf den aktuellen Booten der amerikanischen Virginia- und der australischen Collins-Klasse vor allem Systeme von Lockheed Martin verwendet werden. Die britischen Systemkomponenten gelten als wenig kompatibel zu ihren heutigen amerikanischen Gegenstücken. Marineanalysten gehen davon aus, dass die überwiegende Verwendung amerikanischer Komponenten in den SSN-AUKUS-Booten in den ersten Dienstjahren – wenn in der Royal Navy ein Parallelbetrieb mit den Booten der Astute- und der Dreadnought-Klassen erfolgt – für die britische Marine massive logistische und personelle Probleme verursachen könnten. Das bedeutet beispielsweise, dass Personal in mehreren elektronischen Systemfamilien geschult werden muss oder Personalpools aufgestellt werden müssen, in denen die Offiziere und Mannschaften nur einer bestimmten britischen U-Bootklasse zugeteilt werden. Weiterhin ist es wahrscheinlich, dass der für die strategischen Raketen-U-Boote der Vanguard-Klasse entwickelte PWR3-Druckwasserreaktor auch bei den SSN-AUKUS-Booten eingesetzt wird. Neben der finanziellen Unterstützung der amerikanischen Werftindustrie wird Australien auch Investitionen in die britische Nuklearindustrie tätigen. Der Löwenanteil (2,4 Milliarden Britische Pfund) davon wird an Rolls-Royce gehen, wo neben den Atomreaktoren der britischen Boote auch die Reaktoren für die australischen Boote gebaut werden. Australien wird von Großbritannien vollständige und verschlossene Reaktoren geliefert bekommen, die in der Werft in Südaustralien in die Boote australischer Fertigung eingebaut werden (es wird also keine eigentliche australische Nuklearindustrie entstehen, da Australien von Großbritannien »schlüsselfertige« Reaktoren erhält). Zusätzlich beteiligt sich Australien an den Entwicklungskosten der Boote, stärkt die Arbeitnehmerschaft in Barrow-in-Furness (die Belegschaft von BAE Systems wird in den kommenden Jahren von ca. 10.000 Personen auf 17.000 Personen erhöht werden, um die Simultanfertigung von »Astue«, »Dreadnought« und SSN-Aukus schultern zu können) und finanziert den Transfer deren Knowhow von Barrow-in-Furness nach Osborne in Südaustralien.

Ausblick

Entwurf, Konstruktion, Montage und Betrieb einer gemeinsam von den USA, Australien und Großbritannien entwickelten U-Bootklasse ist für alle beteiligten Parteien eine Mammutaufgabe. Es ist davon auszugehen, dass unvorhergesehene Ereignisse, wechselnde Regierungen, sich ändernde Verteidigungsausgaben und mögliche technische Schwierigkeiten die Umsetzung des SSN-AUKUS-Projektes verzögern werden. Der eigentliche Plan zur Schaffung einer australischen Atom-U-Bootwaffe und gleichzeitigem Ausbau der britischen U-Boot-Fähigkeiten bei sehr hoher Interoperabilität mit den Booten der US Navy ist jedoch sehr solide.

3.5 Die strategischen Raketen-U-Boote der Vanguard-Klasse

Die HMS »Vigilant« kehrt im April 2014 von einer strategischen Patrouille zurück in ihren Heimatstützpunkt Faslane (Foto: CPOA(Phot) Thomas McDonald/MOD, OGL v1.0).

Die Boote der Vanguard-Klasse wurden bei BAE Systems (ehemals Vickers Shipbuilding) in Barrow-in-Furness gefertigt (Foto: BAE Systems/Royal Navy).

Da die Entwicklung neuer Atom-U-Boote in der Regel mehr als ein Jahrzehnt dauert, kündigte die Royal Navy bereits am 15.07.1980 den Ersatz der Polaris-Boote der Resolution-Klasse durch eine neue U-Boot-Klasse an, die die neue amerikanische UGM-133 Trident II-Rakete (Trident D5) an Bord haben sollte. Die Trident II sollte acht britische Atomsprengköpfe der nächsten Generation ins Ziel transportieren, die auf voneinander unabhängigen Wiedereintrittskörpern (MIRVs, Multiple independently targetable reentry vehicles) auf der Spitze der Rakete sitzen. Die Trident II verfügt über eine Reichweite von mehr als 12.000 Kilometern (die genaue Zahl ist geheim), im Vergleich zur auf den Booten der Resolution-Klasse genutzten Polaris-Rakete mit nur 4.600 Kilometern Reichweite.

Neue Sprengköpfe

Die als »Holbrook« bezeichneten Sprengköpfe sind in zwei Ausführungen verfügbar; einer strategischen Version mit einer Sprengkraft von 100 Kilotonnen und einer taktischen Version mit einer Sprengkraft von 0,3 bis 10 Kilotonnen TNT (zum Vergleich: die Hiroshima-Bombe hatte 1945 eine Sprengkraft von 13 Kilotonnen). Die Nutzung der Trident II machte es notwendig, für die Rumpfmittelsektion auf diejenige einer amerikanischen Ohio-Klasse zurückzugreifen, die allerdings verkürzt

Ein Boot der Vanguard-Klasse im Trockendock. Die Aufnahme entstand circa 2002/2003 (Foto: National Audit Office/Ministry of Defence).

Die HMS »Vigilant« aufgenommen nach einem Einsatz im Jahr 2007 im Heimatstützpunkt Faslane (Foto: POA(PHOT) Julian Merrill/MOD, OGL v1.0).

Die HMS »Vigilant« aufgenommen unweit ihres Heimatstützpunktes Faslane, vor der Kulisse der schottischen Highlands (Foto: LA PHOT MICHAEL STORE/MOD, OGL v1.0).

wurde, da die britischen Boote nur 16 statt 24 Raketen (wie bei den amerikanischen Booten) tragen sollten. Auf dem Gelände der ehemaligen Vickers Werft in Barrow-in-Furness baute Vickers Shipbuilding and Engineering (ab 2003 in BAE Systems aufgegangen) zwischen September 1986 und September 1998 die vier nächsten strategischen britischen Atom-U-Boote: HMS »Vanguard« (S28), HMS »Victorious« (S29), HMS »Vigi-

Abschuss einer Trident II-Rakete von einem getauchten Boot der Vanguard-Klasse vor der US-Ostküste (Foto: US Navy). Eingeklinkt: Mit diesem Auslöser können die Trident II-Raketen gestartet werden (Foto: PO(Phot) Simmo Simpson/MOD, OGL v1.0).

Blick ins Innere der HMS »Victorious«. Man erkennt die zahlreichen Druckschotts (Foto: LA (PHOT) IOAN »IGGY« ROBERTS/MOD, OGL v1.0).

Im hinteren Teil des Bootes sind 16 Abschusssilos mit Trident II-Raketen vorhanden (Foto: LA (PHOT) IOAN »IGGY« ROBERTS/MOD, OGL v1.0).

Unten: Blick in die Kombüse der HMS »Victorious« (Foto: PO(-PHOT) IAN ARTHUR/MOD, OGL v1.0).

lant« (S30) und HMS »Vengeance« (S31). Mit einer Länge von 149,30 Metern, einer Breite von 12,80 Metern, einem Tiefgang von 10,10 Metern und einer Verdrängung von getaucht 15.850 Tonnen handelt es sich bei der Vanguard-Klasse um die größten jemals außerhalb Russlands und der USA gebauten U-Boote. Ein Vickers/Rolls-Royce PWR2-Druckwasserreaktor (eine Anfang der 1980er Jahre konzipierte Weiterentwicklung des in vorigen Bootsklassen genutzten PWR1) im Zusammenspiel mit W.H. Allen-Dampfgeneratoren und GEC-Alstom-Dampfturbinen treiben mit einer Leistung von 27.500 PS einen Pumpjet an, der dem Boot eine maximale Geschwindigkeit von 25 Knoten (getaucht) verleiht. Für den Notfallbetrieb stehen zwei Paxman Dieselgeneratoren mit 2.700 PS zur Verfügung, die eine Notfallbatterie bestehend aus 480 Zellen mit Energie ver-

Heckansicht der HMS »Vengeance« (Foto: POA(Phot) Tam McDonald/MOD, OGL v1.0).

sorgen. Neben den 16 Trident II-Raketen sind die Einheiten mit Spearfish-Torpedos ausgestattet, die zum Selbstschutz über vier 533-mm-Torpedorohre verschossen werden.

Elektronik

Der Bootsrumpf, in dem mehr als 500 Kilometer an Kabeln und mehr als 80 Kilometer an Rohren verbaut sind, ist mit schallabsorbierenden Beschichtungen überzogen. Das vordere Tiefenruder ist dauerhaft ausgefahren, was einige Kritiker zu Sicherheitsbedenken diesbezüglich veranlasste. Zur Navigation ist die Vanguard-Klasse mit einem Kelvin Hughes Typ 1007-Radar ausgerüstet. Die Boote nutzen eine Sonar Suite des Typs 2054 bestehend aus einem aktiv/passiv-Sonar Typ 2043, einem Schleppsonar Typ 2044, einem akustischen Abfangsonar Typ 2045 und einem Unterwassertelefon Typ 183. Elektronische Gegenmaßnahmen stehen durch ein Racal UAP (3)-System und 12 SSE Mk 10-Täuschkörperwerfer zur Verfügung. Die Boote nutzen ein Feuerleitsystem des Typs Have Dowty SAFS 3 mit taktischem Datenverarbeitungssystem DCC(BN) und sind mit jeweils einem CK 41 Suchperiskop von Pilkington Optronics und einem CH-91 Angriffsperiskop ausgerüstet. Während des Baus der vier U-Boote konnten werftseitig die Fertigungsprozeduren und Abläufe verbessert werden, was dazu führte, dass HMS »Vanguard« die britischen Steuerzahler 1,705 Milliarden Britische Pfund kostete, während die Baukosten von HMS »Victorious« mit 974,9 Millionen, von HMS »Vigilant« mit 929 Millionen und von HMS »Vengeance« mit 962,6 Millionen Britischen Pfund zu Buche schlugen.

Die Mannschaft der HMS »Vanguard« auf dem Raketensegment des Bootes verdeutlicht die Dimensionen der Vanguard-Klasse (Foto: CPOA(Phot) Tam McDonald/MOD, OGL v1.0).

Im Einsatz

Alle vier Einheiten sind wie die vorangegangene Resolution-Klasse in Faslane, am nördlichen Ende des Gare Loch an der schottischen Westküste stationiert, in einer eigens für die neuen strategischen Boote geschaffenen Anlage, die im August 1993 eröffnet wurde. Die Besatzung eines Bootes besteht aus 121 Mannschaften und 14 Offizieren. Die Royal Navy un-

Blick vom Turm auf den Bug der HMS »Vanguard« beim Überwassertransit im Gare Loch (Foto: LA (PHOT) IOAN »IGGY« ROBERTS/ MOD, OGL v1.0).

terhält derzeit fünf Besatzungen für die vier Boote, was es ihr ermöglicht, im Wechselbetrieb der Besatzungen maximal drei Boote gleichzeitig im Einsatz zu haben. Im Regelfall befindet sich aber nur ein Boot mit geladenen Trident II-Raketen im »scharfen Einsatz« auf Patrouille. Das Typschiff HMS »Vanguard« wurde am 14. September 1993 in Dienst gestellt, gefolgt von der HMS »Victorious« am 07. Januar 1995, der HMS »Vigilant« am 02. November 1996 und schließlich der HMS »Vengeance« am 27. November 1999. Bereits im Dezember 1994 konnte HMS »Vanguard« die erste strategische Patrouille starten. In der Folge konnten parallel zur Einführung der Vanguard-Klasse die vorangegangenen Boote der Resolution-Klasse ausgemustert und eins zu eins ersetzt werden. Seit der Ausmusterung der WE.177 thermonuklearen Freifallbomben der britischen Luftwaffe (Royal Air Force) im März 1988 sind die an Bord der Vanguard-Klasse mitgeführten Sprengköpfe die einzigen Atomwaffen der britischen Streitkräfte. Laut Medienberichten hat Großbritannien insgesamt 58 Trident II-Raketen zur Nutzung auf den Booten der Vanguard-Klasse erworben – bei einer britischen Gesamtkapazität von 64 Abschusssilos. Sie werden zusammen mit den amerikanischen Raketen der US Navy in einer Art »Mischbetrieb« unterhalten. In der Praxis bedeutet das, dass ein britisches Boot der Vanguard-Klasse vor seiner Patrouille im amerikanischen Marinestützpunkt Kings Bay im US-Bundesstaat Georgia einen Stopp einlegt. Hier werden die zufällig aus dem amerikanisch-britischen Lager ausgewählten Trident II-Raketen in die Raketenschächte des britischen Bootes verladen. Anschließend tritt dieses die Rückreise über den Atlantik an und macht im Naval Armaments Depot in Coulport unweit von Faslane fest. Hier werden die britischen Atomsprengköpfe auf der Spitze der Trident II-Rakete integriert und das Boot tritt daraufhin seine strategische Patrouillenfahrt an.

Upgrade

Ab Anfang des 21. Jahrhunderts erhielten alle vier Boote der Vanguard-Klasse eine drei- bis vierjährige grundlegende Modernisierung, bei der sie auf den neuesten technischen Stand gebracht und die Reaktoren mit nuklearem Brennstoff nachgefüllt wurden. Weitere Befüllungen während der restlichen Dienstzeit der Boote sind nicht vorgesehen. Während einer strategischen Neubewertung der britischen Verteidigungspolitik im Rahmen eines SDSR (Strategic Defence and Security Review) wurde im Jahr 2010 die Gesamtzahl Sprengköpfe pro Patrouillenfahrt eines Bootes auf 40 gesenkt und die Anzahl Trident II-Raketen auf dieser Fahrt auf acht Stück. Simultan wurde die Gesamtzahl operationell verfügbarer britischer Sprengköpfe von 160 auf 120 gesenkt (bei insgesamt 180 Sprengköpfen im gesamten britischen Arsenal). Die Regierung von Boris Johnson stellte im März 2021 den Plan seiner Regierung vor, diese Entscheidung rückgängig zu machen und die Gesamtzahl britischer Sprengköpfe auf 260 Exemplare anzuheben. Gleichzeitig veröffentlichte die britische Regierung von nun an keine Angaben mehr über die Anzahl und die Sprengkraft der pro strategischer Patrouille mitgeführten Sprengköpfe eines U-Bootes der Vanguard-Klasse.

Die Boote der Vanguard-Klasse				
Name	**Kennung**	**Kiellegung**	**Stapellauf**	**Indienststellung**
HMS »Vanguard«	S28	03. September 1986	04. März 1992	14. August 1993
HMS »Victorious«	S29	03. Dezember 1987	29. September 1993	07. Januar 1995
HMS »Vigilant«	S30	16. Februar 1991	14. Oktober 1995	02. November 1996
HMS »Vengeance«	S31	01. Februar 1993	19. September 1998	27. November 1999

Technische Daten Vanguard-Klasse	
Bauwerft	Vickers Shipbuilding and Engineering, Barrow-in-Furness (2003 aufgegangen in BAE Systems), Großbritannien
Verdrängung	15.850 Tonnen getaucht
Abmessungen	149,30 Meter Länge, 12,80 Meter Breite, 10,10 Meter Tiefgang
Verdrängung	15.850 Tonnen getaucht
Antrieb	1×Rolls-Royce PWR 2-Druckwasserreaktor, 2× W.H. Allen-Dampfgeneratoren, 2× GEC-Alstom-Dampfturbinen (Gesamtleistung 27.500 PS), 1× Schiffswelle, 1× Pumpjet-Antrieb, 2× Paxman Dieselgeneratoren mit 2.700 PS für Notfallbetrieb auf 1× Notfallbatterie mit 480 Zellen wirkend
Geschwindigkeit	25 kn
Maximale Tauchtiefe	unbekannt
Besatzung	135
Sensoren	1× Kelvin Hughes Typ 1007-Radar, 1× Sonar Suite Typ 2054 bestehend aus 1× aktiv/passiv-Sonar Typ 2043, 1× Schleppsonar Typ 2044, 1× akustisches Abfangsonar Typ 2045, 1× Unterwassertelefon Typ 183, 1× ein Racal UAP (3)-System elektronische Gegenmaßnahmen, 12× SSE Mk 10 Täuschkörperwerfer, 1× Feuerleitsystem Typ Have Dowty SAFS 3 mit taktischem Datenverarbeitungssystem DCC(BN), 1× Pilkington Optronics CK 41 Suchperiskop, 1× CH-91 Angriffsperiskop
Bewaffnung	4× 533-mm-Torpedorohre für Spearfish-Torpedos, 8–16× Lockheed Trident II D5 Ballistische Raketen mit bis zu 8× Nuklearsprengköpfen

Ausblick

Die Dienstzeit der ersten Einheit der Vanguard-Klasse erreichte 2023 die Dreißigjahres-Marke. Derzeit befindet sich die nächste Generation strategischer Raketen-U-Boote der Royal Navy in Barrow-in-Furness im Bau (siehe Kapitel 3.6). Diese nochmals größeren »Boomer« sollen ab Anfang der 2030er Jahre nach und nach die Vanguard-Klasse ersetzen, deren letzte Einheit Ende der 2030er/Anfang der 2040er Jahre ausgemustert werden wird. Bis es so weit ist, sind die Boote der Vanguard-Klasse die Lebensversicherung Großbritanniens in einer geopolitisch immer unsicherer werdenden Welt!

Seltenes Treffen im Nordatlantik: Die amerikanische USS »Tennessee« der Ohio-Klasse (im Vordergrund) mit einem britischen Boot der Vanguard-Klasse (Foto: US Navy/Naval Aircrewman (Operator) 1st Class Aaron Abbott).

3.6 Zukünftige Raketen-U-Boote der Dreadnought-Klasse

Diese künstlerische Darstellung zeigt die nächste Generation britischer Raketen-U-Boote: die Dreadnought-Klasse (Grafik: Royal Navy)

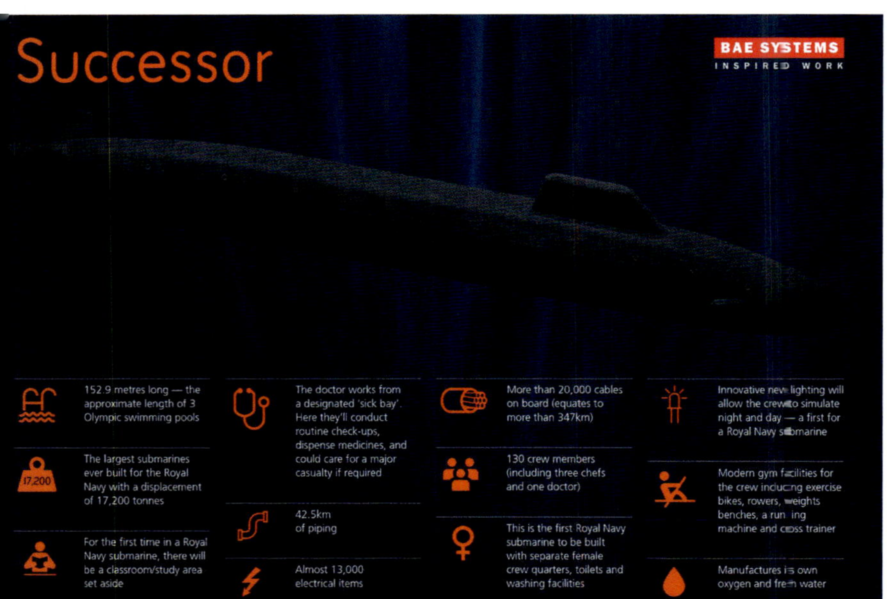

Infografik über die Dreadnought-Klasse von BAE Systems aus dem Jahr 2016 (Grafik: Royal Navy/BAE System, OGL v1.0).

Die Planungen zum Bau einer auf die Vanguard-Klasse nachfolgenden Klasse strategischer U-Boote begannen im Mai 2011. Insgesamt orderte die Royal Navy vier Einheiten, die wie die Vorgänger bei BAE Systems in Barrow-in-Furness gefertigt werden und Anfang der 2030er Jahre in Dienst gestellt werden sollen.
Erneut entschied sich die britische Marineführung bei der Namensvergabe der nächsten strategischen U-Bootgeneration für Traditionsnamen, die sowohl von ehemaligen Schlachtschiffen wie auch von Jagd-U-Booten der ersten britischen Generation getragen wurden: HMS »Dreadnought«, HMS »Valiant«, HMS »Warspite« und HMS »King George VI«. Wieder läuft die Konstruktion der Boote in enger Abstimmung mit der US Navy, die zeitgleich zwölf neue strategische Boote der Columbia-Klasse in Auftrag gegeben hat, die sukzessive die Ohio-Klasse ab 2031 ersetzen soll.

Spezifikationen
Gemäß der offiziellen Internetpräsenz der Royal Navy wird jedes zukünftige Boot der Dreadnought-Klasse 153,6 Meter lang sein und über eine Verdrängung von 17.200 Tonnen verfügen. Die Besatzung der 20 Knoten schnellen Boote wird aus 130 Personen bestehen, darunter drei Köche und ein Bordarzt. Erstmals wird eine Klasse britischer strategischer Raketen-U-Boote von Beginn an über getrennte Unterkünfte, Toiletten und Waschräume für weibliche Besatzungsmitglieder verfügen. Die neuen Boote der Dreadnought-Klasse werden zur nuklearen Abschreckung weiterhin die amerikanische Trident II D5-Rakete tragen. Hierzu erhalten sie ein Rumpfmittelstück mit zwölf Raketensilos, welches dem Raketensegment der amerikanischen Columbia-Klasse entspricht. Dieses Raketensegment besteht wiederum aus jeweils drei Raketenabteilungen – die als Quad Pack bezeichnet werden – mit je vier Raketenstartschächten. Wie die vorangegangene Vanguard-Klasse auch, wird die Dreadnought-Klasse zum Selbstschutz mit jeweils vier 533-mm-Torpedorohren ausgestattet sein, die für den Abschuss von Schwergewichtstorpedos des Typs Spearfish ausgelegt sind. Die neuen britischen Boote werden von einem neuartigen Rolls-Royce PWR3 (Pressurised Water Reactor 3)-Druckwasserreaktor angetrieben werden, der technisch teilweise auf einem amerikanischen Entwurf basieren wird. Vor der Auswahl des PWR3-Reaktors hatte die Royal Navy drei verschiedene Reaktortypen auf ihre mögliche

Wie die meisten britischen Atom-U-Boote zuvor wird auch die Dreadnought-Klasse bei BAE Systems in Barrow-in-Furness gefertigt (Foto: San Sharma, CC BY-SA 2.0).

Die riesige U-Boot-Konstruktionshalle bestimmt das Stadtbild von Barrow-in-Furness (Foto: calflier001, CC BY-SA 2.0).

Verwendung hin untersucht. Eine der möglichen Optionen war eine erneute Verwendung des bei der Vanguard-Klasse genutzten PWR2-Reaktors. Letztlich entschied man sich jedoch für das neue im PWR3 zum Zuge kommende Design, das operationell einfacher zu handhaben sein soll, über eine längere Nutzungsdauer verfügen wird und reduzierte Wartungskosten umgerechnet auf die Dienstzeit der Boote aufweisen soll. Das neuartige Design der Dreadnought-Klasse wird die Stealth-/Tarnkappen-Eigenschaften der Boote verstärken. Als erste britische U-Boot-Klasse werden die »Dreadnoughts« mit einem X-förmigen Ruder ausgestattet. Aufgrund ihrer Geschwindigkeit und der Tiefen, in denen sie operierten, waren vorherige Bootsklassen mit einem horizontal- und vertikal ausgerichteten Ruder ausgestattet. Verbesserungen in der Steuerkontrolle und in der Unterwassersicherheit machen nun die Nutzung eines X-förmigen Ruders möglich. Dieses Ruder wurde so entworfen, dass es die Lautstärke des Bootes reduziert. Es befindet sich vor einem neuartigen Pumpjet-/Düsenringpropeller-Antrieb, der zu den leisesten je bei einem Unterseeboot eingesetzten zählt.

Luftaufnahme des britischen Marinestützpunktes Faslane. Wie die Astute- und die Vanguard-Klassen wird auch die Dreadnought-Klasse hier beheimatet sein (Foto: www.nrlmry.navy.mil, Public Domain).

Meilensteine

Im Mai 2011 wurde das zuerst als Successor (Nachfolger)-Programm bekannte Unterfangen offiziell von der britischen Regierung angestoßen und die Fertigung von Komponenten mit langer Vorlaufzeit autorisiert. Die endgültige Genehmigung des U-Boot-Bauprogrammes erfolgte am 18. Juli 2016, als das britische Unterhaus über die Erneuerung der nuklearen Abschreckung und des Trident-Abkommens mit den USA abstimmte (472 Stimmen dafür, 117 Stimmen dagegen). In der britischen Öffentlichkeit und den Medien wurde diese »nukleare Erneuerung« ausgiebig diskutiert, da einige politische Parteien und die Friedensbewegung aufgrund moralischer und finanzieller Bedenken eine Weiterführung des britischen Atomwaffenprogrammes und der damit verbundenen U-Boote ablehnten (und eine einseitige nukleare Abrüstung forderten). Im Jahr 2015 wurden die Gesamtkosten des Dreadnought-Bauprogrammes auf 31 Milliarden Britische Pfund geschätzt. Weitere 10 Milliar-

Seit Jahrzehnten protestiert die britische Friedensbewegung vor den Toren der Marinebasis in Faslane gegen das britische Atomwaffenprogramm (Foto: Ricjl, CC BY 2.5).

Konzeptgrafik der Dreadnought-Klasse aus dem Jahr 2016 (Grafik: Crown Copyright 2016).

Die Boote der Dreadnought-Klasse	
Name	**Erster Stahlschnitt**
HMS »Dreadnought«	06. Oktober 2016
HMS »Valiant«	September 2019
HMS »Warspite«	09. Februar 2023
HMS »King George VI«	noch nicht erfolgt

den Britische Pfund wurden dem Projekt (bei dem es sich um das teuerste britische Rüstungsvorhaben aller Zeiten handelt) zugeteilt, um mögliche und wahrscheinliche Kostensteigerungen sowie durch Inflation ausgelöste Mehrkosten abzufangen. Diese Kosten umfassen das reine Schiffbauprogramm, die Modernisierung der Werftanlagen und den Bau des Raketensegments zusammen mit den USA. Nicht in diesen Kosten enthalten sind die Ausgaben für die Erneuerung der Trident-Raketen, neue Anlagen zur Atomwaffenforschung sowie -Produktion und neue Produktionsanlagen von Rolls-Royce für die Anreicherung von nuklearem Treibstoff. Wenn die Boote Anfang der 2030er Jahre in Dienst gestellt werden, werden die jährlichen Unterhaltkosten für die Einheiten voraussichtlich sechs Prozent des britischen Verteidigungshaushaltes aufzehren (ca. drei Milliarden Britische Pfund). In den Jahren 2018 bis 2020 wurden zusätzlich zum regulären Budget weitere knapp 18 Milliarden Britische Pfund in den britischen Verteidigungshaushalt gesteckt, größtenteils um Kostensteigerungen des Dreadnought-Programmes abzudecken. Der erste Stahlschnitt für die erste Einheit – HMS »Dreadnought« – erfolgte im Oktober 2016, gefolgt vom Beginn der zweiten Bauphase im Mai 2018. Jedes der Boote der Dreadnought-Klasse wird aus 16 Sektionen zusammengesetzt, die in insgesamt drei »Megaeinheiten« gruppiert sind – hinterer Rumpf, Rumpfmittelstück und vorderer Rumpf. Nach der Montage der drei »Megaeinheiten« ist der U-Boot-Rumpf komplett. Im Anschluss an die Indienststellung Anfang der 2030er Jahre werden die Boote der Dreadnought-Klasse eine projektierte Dienstzeit von 35 bis 40 Jahren haben.

Perspektiven

Der Übergang von der Vanguard- zur Dreadnought-Klasse wird nahtlos erfolgen. Alle drei bis vier Jahre werden die Vanguard-Boote eins zu eins von den Dreadnought-Booten auf der Marinebasis Faslane in Westschottland ersetzt werden. Dadurch ist eine lückenlose britische nukleare Abschre-

Grafische Darstellung des Auslaufens eines Bootes der Dreadnought-Klasse aus der Marinebasis Faslane (Grafik: Crown Copyright 2021).

Technische Daten Dreadnought-Klasse	
Bauwerft	BAE Systems Submarines, Barrow-in-Furness, Großbritannien
Verdrängung	17.200 Tonnen getaucht
Abmessungen	153,6 Meter Länge, 12,80 Meter Breite, 12 Meter Tiefgang
Tiefgang	12 Meter
Antrieb	1×Rolls-Royce PWR 3-Druckwasserreaktor, 1× turboelektrischer Antrieb, 1× Schiffswelle, 1× Pumpjet/ Düsenringpropeller
Geschwindigkeit	20 kn
Maximale Tauchtiefe	unbekannt
Besatzung	130 Personen
Bewaffnung	4× 533-mm-Torpedorohre für Spearfish-Torpedos, 8–12× Lockheed Trident II D5 Ballistische Raketen mit bis zu 8× Nuklearsprengköpfen
Sensoren	Thales UK Sonar Suite 2076, Thales UK Combat System Masts (Digital-Periskope)

ckung gewährleistet, bei der immer ein Raketenboot auf See ist, um im Falle eines Angriffes auf Großbritannien oder seine Verbündeten mit Massenvernichtungswaffen innerhalb Minuten mit einem nuklearen Gegenschlag zu antworten. Durch die Nutzung von amerikanischer Reaktor- und Raketentechnik ist diese britische nukleare Abschreckung auf absehbare Zeit untrennbar an die amerikanische gekoppelt.

Die Dreadnought-Klasse wird deutlich futuristischer aussehen als vorangegangene britische U-Boot-Klassen (Grafik: Copyright BAE Systems).

Unten: Stark vereinfachte Profilansicht der ersten Einheit HMS »Dreadnought« aus dem Jahr 2020 (Grafik: Copyright BAE Systems).

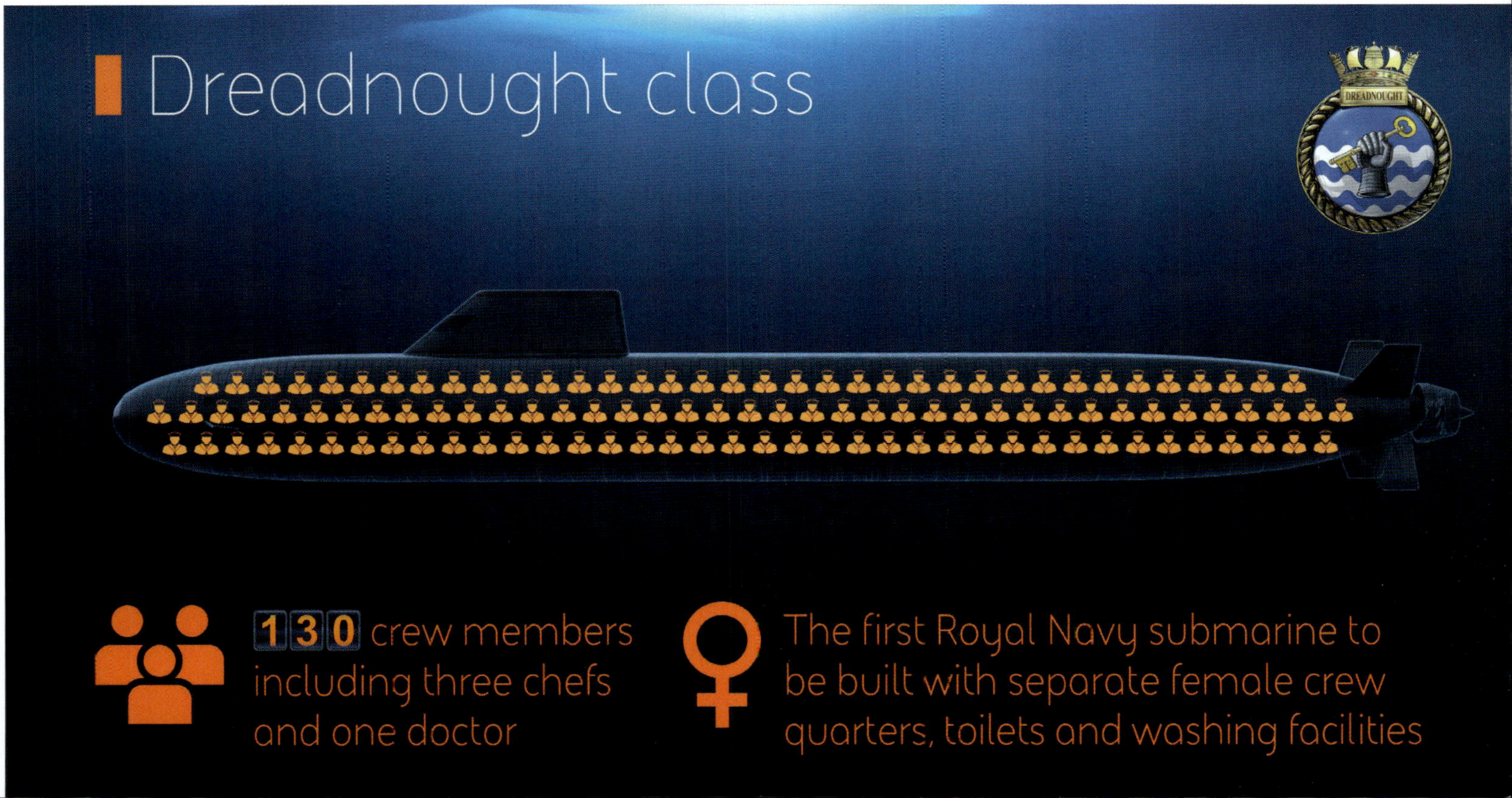

4. Frankreich

4.1 Die Entwicklung der französischen Atom-U-Boote

Die »Plongeur« von 1863 war das erste U-Boot weltweit, das nicht mit Museklkraft betrieben wurde. Auf dem Foto sieht man ein Modell des Bootes im Deutschen Museum München (Foto: Lamgi-Mari, gemeinfrei).

Die »Gymnote« aus dem Jahr 1889 war das erste Unterseeboot der Welt mit funktionierender Torpedobewaffnung (Foto: gemeinfrei).

Frankreich zählt zu den wegweisenden Nationen in der militärischen Unterseebootentwicklung. So war bereits die experimentelle, 45 Meter lange und von einem Pressluftmotor angetriebene »Plongeur« aus dem Jahr 1863 das erste Unterseeboot, das nicht durch Muskelkraft betrieben wurde.
Ab dem Jahr 1888 begann dann mit der »Gymnote« der Siegeszug des noch jungen Schiffstyps Unterseeboot in der Marine Nationale – der französischen Marine. Das Boot war eines der ersten elektrisch angetriebenen Unterwasserfahrzeuge der Welt und das erste Unterseeboot mit funktionierender Torpedobewaffnung überhaupt. In der Zeitspanne bis zum Zweiten Weltkrieg zählte Frankreich zu den führenden Betreibernationen von U-Booten. Aufgrund der Besetzung durch Nazideutschland während der Zeit des Zweiten Weltkrieges kam diese Entwicklung jedoch ins Stocken.

Nach dem Krieg

Die Konstruktion zahlreicher französischer U-Boote war während des Krieges gestoppt worden. Einige vor der deutschen Besatzung begonnene Boote konnten nach dem Ende des Konfliktes auf französischen Werften zu Wasser gelassen werden. Die zugrundeliegenden Entwürfe waren zu diesem Zeitpunkt jedoch technisch vollkommen veraltet. Als Kriegsentschädigung wurden Frankreich jedoch mehrere ehemalige deutsche U-Boote der Typen VII, IX, XXIII und XXI zugesprochen, die von der Marine Nationale teilweise bis Ende der 1960er Jahre weiterbetrieben wurden. Der damals revolutionäre deutsche Typ XXI, der dank Schnorchel und massiv gesteigerter Batterieleistung erstmals Tage oder gar Wochen statt nur wenige Stunden im getauchten Zustand verbringen konnte, bildete genau wie in der Sowjetunion, in Großbritannien und in Schweden die Grundlage der Nachkriegsentwicklung von konventionell angetriebenen Unterseebooten. Insbesondere die sechs Boote der Narval-Klasse, die von 1958 bis 1992 in den Diensten der Marine Nationale standen und die daraus weiterentwickelten Aréthuse- (vier Einheiten, 1958 bis 1981) und Daphné-Klassen (elf Einheiten, 1964 bis 1996) basierten technisch in großem Maße auf der U-Boot-Technik des Typs XXI. Mit den USA als wichtigstem Verbündeten stand

Nach dem Zweiten Weltkrieg wurden Frankreich mehrere deutsche U-Boote als Kriegsentschädigung zugesprochen. Hier die »Roland Morillot« (S613) des Typs XXI im Jahr 1950 (Foto: US Navy).

man in regelmäßigem Austausch und übernahm beispielsweise die hydrodynamisch optimierten GUPPY-U-Boottürme, die nach dem Ende des Zweiten Weltkrieges auf den meisten aktiven, noch aus Kriegszeiten stammenden amerikanischen Booten angebracht wurden, auch auf den französischen Booten. Und den französischen Marineplanern blieben die Vorteile der von der US Navy ab 1954 als Antrieb für Unterseeboote genutzten Atomkraft nicht verborgen. Geopolitische Erwägungen, aber vor allem mehrere gescheiterte Entwicklungsversuche waren dafür verantwortlich, dass die französische Marineführung zuerst ein Programm für U-Boote als Trägerplattform für Ballistische Raketen mit Atomsprengköpfen auf der Spitze initiieren konnte. Nuklear angetriebene Jagd-U-Boote sollten erst zu einem späteren Zeitpunkt folgen (die Entwicklungsreihenfolge war bei allen anderen Atom-U-Boot-Betreibernationen mit Ausnahme von Indien genau andersherum).

Die Naval-Klasse – hier zu sehen zwei Boote mit unterschiedlichen Türmen – stand bis 1992 in den Diensten der Marine Nationale. Sie basierte technisch auf dem deutschen Typ XXI (Foto: Jean-Pierre Bazard, CC BY-SA 3.0).

Fehlstarts

Bereits 1954 – unter dem Einfluss der prestigeträchtigen neuen US-Navy-Errungenschaft, der nuklear angetriebenen USS »Nautilus« – begannen bei der französischen Marine Machbarkeitsstudien für ein Entwicklungsprogramm nuklear angetriebener Jagd-U-Boote. Rund zwei Jahre später wurde ein erster Rumpf für ein französisches Atom-U-Boot auf der Marinewerft in Cherbourg auf Kiel gelegt. Das Boot mit der zugeteilten Kennung Q-244 sollte 113 Meter lang sein und über eine getauchte Verdrängung von rund 6.000 Tonnen verfügen. Zu dieser Zeit kam es jedoch zu ersten Spannungen zwischen Frankreich und den USA, die sich weigerten, das für den Nuklearreaktor nötige angereicherte Uran zur Verfügung zu stellen. Daraufhin entwickelte man einen Schwerwasserreaktor, der natürliches statt angereichertes Uran verwenden sollte. Dieser Schwerwasserreaktor war allerdings in Bezug auf die Abmessungen und das Gewicht für die geplanten französischen Jagd-U-Boote zu schwer. Als letzte Möglichkeit wollte man in den USA einen vollständigen Reaktor erwerben, aber auch dieses Gesuch wurde abgelehnt. Schließlich musste die Marine Nationale das Jagd-U-Boot-Projekt wieder aufgeben und den Abbruch der unfertigen ersten Einheit auf der Helling anordnen. Im Jahr 1964 wurde das nukleare Jagd-U-Boot-Programm wiederbelebt und die Entwicklung eines neuen Bootstyps angestoßen. Dieses neue Projekt wurde aber vom parallel laufenden Bauprogramm für strategische Raketen-U-Boote überholt – die zu diesem Zeitpunkt eine höhere Priorität in der französischen Regierung genossen.

Die konventionell angetriebene »Gymnote« (Q251) aus dem Jahr 1966 diente als Erprobungsträger für verschiedene U-Boot-gestützte Ballistische Raketen (Foto: Marine Nationale).

SSBN

Zu Beginn der 1960er Jahre hatte die französische Marine die Force de Dissuasion (die Französische nukleare Abschreckungsstreitmacht) ins Leben gerufen, die die Nutzung von fünf strategischen Raketen-U-Booten vorsah. Dieses Projekt markierte den Beginn der eigenständigen französischen seegestützten Nuklearabschreckung und eine weitere politische Ent-

Stapellauf der »Le Redoutable« (S611), des ersten strategischen französischen Raketen-U-Bootes am 29. März 1967 (Foto: Marine Nationale).

Die »Le Redoutable« auf einer Patrouillenfahrt vermutlich im Nordatlantik (Foto: Marine Nationale).

Das Typschiff »Le Redoutable« in der Heckansicht vor dem Heimatstützpunkt bei Brest (Foto: Guillaume Rueda, CC BY-SA 3.0).

Als letztes Boot der Le Redoutable-Klasse stand die »L'Inflexible« (S615) noch bis 2006 im Dienst der Marine Nationale (Foto: Yannick Le Bris, CC BY-SA 3.0).

fernung von den USA. Es sah sowohl den Bau französischer Boote als auch vollständig in Frankreich entwickelter Reaktoren und Ballistischer Raketen vor. So wurde in Cadarache unter der Bezeichnung PAT 1 in Zusammenarbeit zwischen der Marine Nationale und der französischen Atomenergie-Behörde CEA ein landgestützter Reaktorprototyp gefertigt. Weiterhin wurde mit der »Gymnote« (Q251) ein konventionell angetriebenes Versuchs-U-Boot gebaut, das hauptsächlich für Erprobungen und Tests von französischen Ballistischen Raketen genutzt werden sollte. Der Bootsentwurf des französischen SSBN lehnte sich schließlich technisch – trotz aller politischen Differenzen – stark an der amerikanischen Lafayette-Klasse an. Von dieser wurden neben der prinzipiellen Auslegung mit dem »Raketenbuckel« auf der hinteren Rumpfhälfte auch die Tiefenruder am Turm und das kreuzförmige Ruder übernommen. Die fünf Boote wurden zwischen November 1964 und Oktober 1974 in Cherbourg auf Kiel gelegt und wie folgt in Dienst gestellt: »Le Redoutable« (S611, 01. Dezember 1971), »Le Terrible« (S612, 01. Januar 1973), »Le Foudroyant« (S610, 06. Juni 1974), »L'Indomptable« (S613, 23. Dezember 1976) und »Le Tonnant« (S614, 03. April 1980). Eine modifizierte sechste Einheit »L'Inflexible« (S615) wurde am 27. März 1980 in Cherbourg auf Kiel gelegt und am 01. April 1985 in Dienst gestellt.

Details

Die Boote der Le Redoutable-Klasse waren 128 Meter lang, 10,6 Meter breit, hatten einen Tiefgang von 10 Metern und verfügten über eine getauchte Verdrängung von 9.000 Tonnen. Die 135 Mann starke Besatzung war auf drei Decks untergebracht. Vor dem Maschinenraum im hinteren Bootsteil befanden sich Abschussrohre für 16 Ballistische Raketen. In der Anfangszeit waren hier zweistufige Raketen des Typs M1 mit einer Reichweite von 2.500 Kilometern und je einem einzelnen 500-Kilotonnen-Sprengkopf auf der Spitze untergebracht. Mit der Einführung der dritten Einheit »Le Foudroyant« wurde die M1 von der leistungsstärkeren M2-Rakete mit 3.000 Kilometern Reichweite abgelöst. Bei den Booten Nr. 4 und 5 wurden sowohl M2- als auch M20-Raketen in Mischbewaffnung mitgeführt. Die M20 war technisch mit der M2 weitestgehend identisch, sie trug allerdings einen thermonuklearen Gefechtskopf mit der Sprengkraft von einer Megatonne auf der Spitze. Die letzte modifizierte Einheit »L'Inflexible« war von Beginn an für die Nutzung der nochmals stärkeren M4-Rakete befähigt, die über eine Reichweite von 4.000 Kilometern verfügte und je sechs 150-Kilotonnen-Sprengköpfe in voneinander unabhängigen MIRVs (unabhängig zielbare Mehrfach-Wiedereintrittskörper) auf der Spitze trug. Die M4 wurde zur M4B weiterentwickelt, die über eine Reichweite von 5.000 Kilometern verfügte. Weiterhin verfügten die Boote über vier 533-mm-Bugtorpedorohre, über die neben verschiedenen Torpedos auch Seezielflugkörper des Typs Exocet SM 39 zum Selbstschutz ge-

Die ausgebrauchten Rümpfe der Le Redoutable-Klasse liegen teilweise noch in Brest (Foto: © Naval Group).

gen Überwasserziele verschossen werden konnten. Die sechs Einheiten der Le Redoutable-Klasse waren auf der Île Longue vor Brest im französischen Nordwesten beheimatet. Jedes Boot verfügte über eine sogenannte rote und eine blaue Mannschaft, die sich nach mehreren Einsatzmonaten auf See mit der jeweils an Land zurückgebliebenen Mannschaft abwechselte (das gleiche Prinzip wird genau wie bei der US Navy auch heute noch bei der Marine Nationale genutzt). Angetrieben wurden die Boote durch einen druckwassergekühlten Reaktor mit turboelektrischem Antrieb. Zwei Turbo-Wechselstromgeneratoren trieben einen Haupt-E-Motor an, der auf eine Welle mit einem konventionellen Schiffspropeller wirkte. Die Maschinenleistung betrug 16.000 PS, was den Booten eine Geschwindigkeit von 20 Knoten getaucht ermöglichte. Dieses Antriebskonzept war für die damalige Zeit unorthodox, weil der einzelne PWR-Reaktor nicht wie bei anderen westlichen Atom-U-Booten Getriebeturbinen antrieb, sondern die beiden Turbo-Wechselstromgeneratoren. Ein 850-kW-Hilfsdieselgenerator ermöglichte im Havariefall genug Energie für die Rückkehr in den Heimatstützpunkt bei Brest.

Ende & Anfang

Die sechs Einheiten der Le Redoutable-Klasse wurden zwischen 1991 und 2006 außer Dienst gestellt. Alle nach ihr entwickelten Klassen französischer Atom-U-Boote – sowohl Jagd-U-Boote wie auch die moderneren strategischen Raketen-U-Boote der Triomphant-Klasse – stehen heute noch im Dienst und wir betrachten sie in den nachfolgenden Kapiteln 4.2 bis 4.5 einzeln. Die »Le Redoutable« selbst kann heute als weltweit größtes Museums-U-Boot in Cherbourg besichtigt werden.

Die »Le Redoutable« kann heute in Cherbourg als Museumsschiff besichtigt werden (Foto: Absinthologue, CC BY-SA 3.0).

4.2 Jagd-U-Boote der Rubis-Klasse

Stapellauf der »Saphir« (S602), der zweiten Einheit der Rubis-Klasse, am 01. September 1981 in Cherbourg (Foto: Sirpa-Marine).

Wie in Kapitel 4.1 beschrieben, gab es sowohl in den 1950er wie auch in den 1960er Jahren Bestrebungen der Marine Nationale, in Frankreich gefertigte atomar angetriebene Jagd-U-Boote zu beschaffen.

Die fehlende Unterstützung seitens der wichtigsten NATO-Partnernation, den USA, das französische U-Boot-Projekt zu unterstützen, massive technische Herausforderungen und geänderte politische Prioritäten, bei denen die strategischen Raketen-U-Boote den Vorzug erhielten, führten zu jahrzehntelangen Verzögerungen beim Aufbau einer atomar angetriebenen französischen Jagd-U-Boot-Flotte.

Die Entwicklung

Nach der Einführung der strategischen Raketen-U-Boote der Le Redoutable-Klasse Anfang der 1970er Jahre konnten sich die Ingenieure der französischen Seerüstung wieder voll und ganz dem Jagd-U-Boot-Projekt widmen. Bei der Entwicklung der Le Redoutable-Klasse gewann man wertvolle technische Erkenntnisse für den Bau von Atom-U-Booten, die man nun auf das SSN-Projekt übertragen konnte. Als Rumpf-Grundlage wählte man die dieselelektrisch angetriebene Agosta-Klasse, von der ab 1972 insgesamt 13 Boote sowohl für die französische Marine wie auch für den Export nach Spanien und Pakistan gebaut wurden. Die Agosta-Klasse war eine stark modernisierte Weiterentwicklung der Daphné-Klasse, die letztlich technisch stark auf den deutschen Weltkriegs-U-Boot-Typ XXI zurückgeht. Für das französische Atom-U-Boot-Projekt wurde der Rumpf der »Agosta« auf die Unterbringung von drei Decks hin vergrößert und die vorderen Tiefenruder vom Rumpfbug an den Turm verlegt (nach amerikanischem Vorbild). Das Resultat war das weltweit bisher kleinste Atom-U-Boot, das mit 72,1 Metern Länge und einer getauchten Verdrängung von rund 2.600 Tonnen nur geringfügig größer als der zugrunde liegende Agosta-Entwurf war.

Technische Details

Die neuen Jagd-U-Boote wurden mit einer Ausnahme nach Edelsteinen benannt und wurden Mitte der 1970er Jahre in Anlehnung an das Typschiff als Rubis-Klasse bekannt. Sie wird angetrieben von einem kompakten Druckwasserreaktor mit 48 Megawatt Leistung, der im Vergleich zu den Entwürfen anderer Nationen wenig Innenraum einnimmt. Der Dampf aus dem Reaktor wird überhitzt und durchströmt dann die beiden Turbinen. Jede Turbine treibt einen kleinen und einen großen Wech-

Das Typschiff »Rubis« (S601) aufgenommen vermutlich während der Erprobungsfahrten Ende der 1970er/Anfang der 1980er Jahre (Foto: Sirpa-Marine).

Die »Rubis« aufgenommen im Oktober 2001 vor der Hafeneinfahrt zum Marinestützpunkt Toulon, wo alle U-Boote der Rubis-Klasse beheimatet waren und sind (Foto: Jean-Michel Roche, CC BY-SA 3.0).

selstromgenerator an. Die kleinen Generatoren sind zuständig für die Energie der Hilfssysteme, während die großen Generatoren die Energieversorgung des Haupt-E-Motors sicherstellen. Das Antriebssystem wirkt auf eine einzelne Schiffswelle mit Fünf-Blatt-Schiffspropeller. Ein Hilfs-Dieselgenerator ermöglicht bei einem Reaktorausfall eine Notfallfahrt von maximal 50 Seemeilen. Im Gegensatz zu den Dieselbooten der Agosta-Klasse ist die Rubis-Klasse nicht in Zweihüllen- sondern in Einhüllenkonstruktion ausgeführt. Das Turm- und das kreuzförmige Heckruder werden von einer Ein-Mann-Konsole in der Operationszentrale bedient. Über vier 533-mm-Torpedorohre am Bug können bis zu 14× F-17- oder 14× F-21-Torpedos oder Exocet SM39-Seezielflugkörper verschossen sowie Minen gelegt werden. Bei diesen Bewaffnungsoptionen musste die französische Marine Abstriche im Vergleich zur konventionell angetriebenen Agosta-Klasse machen, die über eine größere Ladekapazität von bis zu 20 Torpedos verfügt. Der Grund hierfür ist die für ein Atom-U-Boot geringe Größe und dadurch ist der für Waffenlagerung zur Verfügung stehende Raum deutlich kleiner als auf den Dieselbooten. Beim Bau der Rubis-Klasse wurde Marel-Stahl für die Fertigung des Druckkörpers verwendet, der den Booten eine Tauchtiefe von mehr als 300 Metern ermöglicht.

Das Programm

Das Bauprogramm der Rubis-Klasse erlebte zahlreiche Verzögerungen und kam anfangs nur schleppend voran. So wurde die erste Einheit »Rubis« (S601) schon im Dezember 1976 in Cherbourg auf Kiel gelegt und der Stapellauf erfolgte bereits im Juli 1979. Ausgiebige Erprobungen verzögerten die Indienststellung der »Rubis« jedoch bis zum Februar 1983. Die Indienststellungen der Folgeboote wurden teilweise mit großem zeitlichem Abstand wie folgt vollzogen: »Saphir« (S602, Indienst Juli 1984), »Casabianca« (S603, Indienst Mai 1987), »Émeraude« (S604, Indienst September 1988), »Améthyste« (S605, Indienst März 1992) und »Perle« (S606, Indienst Juli 1993). Zwei weitere Einheiten waren geplant, sie wurden jedoch nach dem Ende des

Die »Saphir« kehrt im Juli 2005 in ihren Heimatstützpunkt Toulon zurück (Foto: Marine Nationale/Christophe Géral/CC BY-SA 3.0).

Im Juni 2004 erfolgt ein Personaltransfer auf die »Casabianca« (S603) mittels eines Super Frelon-Helikopters der Marine Nationale (Foto: Marine Nationale/Vincent Maupilé/CC BY-SA 3.0).

Detailaufnahme des Turmes der »Casabianca« beim Auslaufen aus Toulon im April 2005 (Foto: Jean-Michel Roche, CC BY-SA 3.0).

Auch die »Perle« (S606), die letztgebaute Einheit der Rubis-Klasse, ist gelegentlich in Norfolk anzutreffen, wie hier zu sehen im Mai 2010 (Foto: US Navy/MC1 Todd A. Schaffer).

Die »Améthyste« (S605) trifft im Juli 2008 zu einem Hafenbesuch in der Marinebasis Norfolk im US-Bundesstaat Virginia ein (Foto: US Navy/Petty Officer 2nd Class Kelvin Edwards).

Kalten Krieges aufgrund einer (damals) nicht mehr vorhandenen Bedrohungslage gestrichen. Die französische Marine versuchte, die siebte Einheit als konventionell angetriebenes Jagd-U-Boot zu verkaufen, fand hierfür jedoch keinen Abnehmer. Die Boote galten in NATO-Kreisen als relativ laut, in Bezug auf die Kampfkraft jedoch zeitgenössischen amerikanischen und britischen Jagd-U-Booten als ebenbürtig. Alle sechs Boote der Rubis-Klassen waren und sind während ihrer gesamten Dienstzeit ausnahmslos im südfranzösischen Toulon beheimatet. Eine Besatzung besteht aus 66 bis 75 Personen. Jedes Boot wird von jeweils zwei Besatzungen betrieben, analog zum Besatzungskonzept anderer Atom-U-Boot-Betreibernationen. Während eine Besatzung mit dem Boot auf See ist, befindet sich die andere Besatzung auf Landurlaub oder in der Aus- und Weiterbildung.

Der Umbau

Zur Verringerung der Unterwasserlautstärke wurden die Boote Nr. 5 und 6 nach einem geänderten Schiffsentwurf mit stromlinienförmigerem Rumpf und abgerundetem Rumpfbug gefertigt, weshalb man in der Marinefachliteratur für diese beiden Einheiten gelegentlich auch von der Améthyste-Klasse spricht. Diese beiden neueren Boote verfügen über eine modernisierte Bordelektronik und verbesserte Sonarausrüstung. Beide sind auf das Aufspüren gegnerischer U-Boote spezialisiert, während die ersten vier Einheiten für die Jagd von Überwasserschiffen optimiert waren. Zwischen 1989 und 1995 wurden die ersten vier Einheiten umfassend in einem mehrjährigen Umbauprogramm modernisiert und ihr Rumpf auf den gleichen Baustand der »Améthyste« und der »Perle« gebracht, so dass

Blick in die Operationszentrale der »Rubis« im Jahr 2005 (Foto: Wikipedia commons, CC BY-SA 2.0 FR).

Profilzeichnung der ersten vier Boote der Rubis-Klasse vor dem erfolgten Umbau (Grafik: Rama, CC BY-SA 2.0 fr).

Profilansicht der letzten beiden Boote, die auch als Améthyste-Unterklasse kategorisiert werden. Die ersten vier Einheiten wurden nach Umbau ebenfalls auf diesen Stand gebracht (Grafik: Rama, CC BY-SA 2.0 fr).

danach alle sechs Boote optisch nicht mehr zu unterscheiden waren. Das umfassende Modernisierungs- und Geräuschreduzierungsprogramm wurde sogar nach der »Améthyste« benannt: **AMÉ**lioration **T**actique **HY**drodynamique **S**ilence **T**ransmission **É**coute (was übersetzt in etwa »stille, akustische, taktische, hydrodynamische Transmissions-Verbesserung« bedeutet). Durch die hydrodynamisch verbesserte, abgerundetere Rumpfform wuchs die Bootslänge von 72,1 auf 73,6 Meter. Die Boote erhielten einen neuen Bugaufsatz und einen neuen Turm aus deutlich leichterem glasfaserverstärktem Kunststoff. Sämtliche Bord- und Solartechnik wurde auf den Rüststand der »Améthyste« und der »Perle« angepasst, so dass die französische Marine ab 1995 eine homogene Flotte von sechs größtenteils gleichwertigen Jagd-U-Booten hatte.

Reparaturmaßnahmen

Im Juli 2019 traf die »Perle« zu einer Routine-Werftliegezeit in der Marinewerft von Toulon ein. Am 12. Juni 2020 brach dort ein Feuer in dem U-Boot aus, das erst nach 14 Stunden und dem Einsatz von mehreren Hundert Feuerwehrleuten gelöscht werden konnte. Die »Perle« erlitt dabei große Schäden an ihrem Bug. Nach der Schadensbewertung wurde die schwer angeschlagene »Perle« zu ihrer Bauwerft nach Cherbourg transportiert. Die französische Marine hatte entschieden, das Boot, das als letzte Einheit der Rubis-Klasse eigentlich noch einige Jahre Dienstzeit vor sich hatte, nicht zu verschrotten, sondern aufwendig wieder instand zu setzen. Hierzu wurde die fast vollständig zerstörte vordere Sektion entfernt und durch die ent-

Im Dezember 2020 begleitet die »Émeraude« (S604) bei einem französisch-japanischen Manöver den japanischen Helikopterzerstörer JS »Hyūga« (DDH-181) in der Philippinensee (Foto: US Navy/MC2 Markus Castaneda).

Die Boote der Rubis-Klasse						
Name	**Ken-nung**	**Kiellegung**	**Stapellauf**	**Indienstellung**	**Modernisierung**	**Außerdienst**
»Rubis« (ex »Provence«)	S601	11. Dez. 1976	07. Juli 1979	23. Februar 1983	1992–1993	Nov. 2022
»Saphir« (ex »Bretagne«)	S602	01. Sept. 1979	01. Sept. 1981	06. Juli 1984	1989–1991	Juli 2019
»Casabianca« (ex »Bourgogne«)	S603	19. Sept. 1981	22. Dez. 1984	13. Mai 1987	1993–1994	27. Sept. 2023
»Émeraude«	S604	Oktober 1982	12. April 1986	15. Sept. 1988	1994–1995	12. Dez. 2024
»Améthyste«	S605	31. Okt. 1983	14. Mai 1988	03. März 1992	-	-
»Perle«	S606	22. März 1987	22. Sept. 1990	07. Juli 1993	-	-

Die »Perle« – hier bei einer Testfahrt nach der Reparatur – wurde im Juli 2023 wieder in den Dienst der Marine Nationale gestellt (Foto: Naval Group).

Die »Émeraude« kämpft sich im Dezember 2020 in der Philippinensee durch stürmisches Wetter (Foto: US Navy/MC2 Markus Castaneda).

Die Mannschaft ist an Deck angetreten, als die »Améthyste« im September 2021 im U-Boot-Stützpunkt New London, Connecticut, der US Navy einläuft (Foto: US Navy/Chief Mass Communication Specialist Joshua Karsten).

Im Juni 2023 ist die Reparatur der bei einem Brand schwer beschädigten »Perle« abgeschlossen. Das Boot erhielt den Bug der bereits außer Dienst gestellten »Saphir« (Foto: Naval Group).

sprechende Rumpfpartie der im Juli 2019 außer Dienst gestellten »Saphir« ersetzt. Hierfür musste extra ein 1,4 Meter langes Rumpfmittelstück gefertigt werden, das als Adapter diente, um die beiden von zwei unterschiedlichen Booten stammenden Rumpfhälften, deren Fertigung rund neun Jahre auseinander lag, miteinander verbinden zu können. Diese aufwendige Reparatur, die in der europäischen Marinegeschichte ihresgleichen sucht (in den USA wurde vergleichbar im Jahr 2008 der Bug der USS »Honolulu« mit dem hinteren Rumpf der USS »San Francisco« nach einem großen Kollisionsschaden verbunden), brachte der »Perle« den Spitznamen »Frankenstein-Boot« ein. Ende 2021 kehrte die »Perle« schließlich für den Rest ihrer Instandsetzung wieder nach Toulon zurück. Hier ereignete sich im September 2022 ein weiteres, kleines Feuer an Bord, dessen Auswirkungen jedoch überschaubar blieben. Das Boot begann im Mai 2023 mit Testfahrten und wurde schließlich Ende Juni 2023 wieder in den Dienst der Marine Nationale gestellt. Für die aufwendige Reparatur wurden 100.000 Ingenieursstunden und 250.000 Arbeitsstunden auf der Werft benötigt sowie für den gesamten Prozess mehr als 2.000 Pläne und Designdokumente angefertigt. Über die Kosten der Reparatur, die sicherlich vergleichbar mit einem U-Boot-Neubau sein dürften, schweigt die französische Marine.

Ausblick

Die ersten vier Einheiten der Rubis-Klasse wurden in den letzten Jahren außer Dienst gestellt. Heute stehen nur noch die »Améthyste« und die runderneuerte »Perle« in den Diensten der französischen Marine. Sie sollen noch bis Ende der 2020er Jahre aktiv sein, ehe auch sie von den neuen, weitaus größeren Jagd-U-Boote der Suffren-Klasse ersetzt werden, die wir in Kapitel 4.3 betrachten.

Technische Daten Rubis-Klasse	
Bauwerft	DCN, Cherbourg, Frankreich
Verdrängung	2.400 Tonnen (aufgetaucht), 2.600 Tonnen (getaucht)
Abmessungen	Anfangs 72,1 Meter Länge, nach Umbau 73,6 Meter Länge, 7,6 Meter Breite, 6,4 Meter Tiefgang
Antrieb	1× 48-Megawatt-Druckwasserreaktor mit turboelektrischem Antrieb, 2× Turbo-Wechselstromgeneratoren treiben einen Haupt-E-Motor an, 1× Schiffswelle mit konventionellem Fünf-Blatt-Schiffspropeller
Höchstgeschwindigkeit	25 Knoten (getaucht)
Reichweite	unbegrenzt
Maximale Tauchdauer	unbegrenzt, nur abhängig von der gelagerten Verpflegung für die Besatzung
Maximale Tauchtiefe	mehr als 300 Meter
Besatzung	75 Personen
Bewaffnung	4× 533-mm-Torpedorohre, 14× F-17- oder 14× F-21-Torpedos, Exocet SM39-Seezielflugkörper, Minen
Sensoren	1× DMUX 20 aktiv/passiv-Sonar, 1× ETBF DSUV 62C Schleppsonar (passiv), 1× DSUV 22 passives Sonar mit zylindrischem Array und aktivem Wandler, 1× DRUA 33 Radar
Baukosten	ca. 850 Millionen Französische Francs pro Boot

4.3 Jagd-U-Boote der Barracuda-Klasse

Diese Aufnahme zeigt das Typboot der Barracuda-Klasse, die »Suffren« (S635) vor dem Stapellauf im Sommer 2019 in Cherbourg (Foto: Naval Group).

Dieses Foto aus dem Oktober 2020 zeigt die »Suffren« während einer Erprobungsfahrt vor der französischen Mittelmeerküste (Foto: ©Axel Manzano/Marine Nationale/Défense).

Ein Boot der Barracuda-Klasse kurz vor der Fertigstellung in der Bauhalle der Naval Group-Werft in Cherbourg (Foto: Naval Group).

Anfang des 21. Jahrhunderts machte sich das Alter der sechs Einheiten der Rubis-Klasse langsam bemerkbar. So wurde ab 2007 in Cherbourg mit dem Bau von deutlich größeren Einheiten begonnen, die die Rubis-Klasse eins zu eins ersetzen sollten und von der französischen Marine als Barracuda-Klasse bezeichnet werden.

Bereits im Oktober 1998 hatte die Delegation Générale pour l'Armement – die französische militärische Beschaffungsbehörde – mit der Planung einer neuen Klasse von nuklear angetriebenen Jagd-U-Booten begonnen.

Das Programm

Das Projektteam umfasste neben französischem Marinepersonal auch Führungskräfte und Ingenieure der Werft DCN (heute als Naval Group firmierend), dem für die Reaktortechnik verantwortlichen Konzern Technicatome und dem Commissariat à l'Énergie Atomique (der französischen Atomenergiebehörde). DCN sollte für den eigentlichen Unterseebootbau und Technicatome für die Reaktorfertigung verantwortlich sein. Die beiden Unternehmen sollten nach außen als ein Generalunternehmer auftreten und sowohl das unternehmerische Risiko wie auch die Zeitpläne gemeinsam verwalten. Die Baukosten wurden damals auf 4,9 Milliarden US-Dollar veranschlagt. Nach einer rund achtjährigen Entwicklungsphase gab die französische Regierung am 22. Dezember 2006 bei der Naval Group sechs U-Boote der Barracuda-Klasse und die zugehörigen Atomreaktoren bei der Areva-Technicatome in Auftrag. Das Auftragsvolumen belief sich nun auf 7,9 Milliarden Euro für alle sechs Boote. Gerade revolutionär mutete es an, dass bei dem Barracuda-Bauprogramm erstmals bei einem französischen Rüstungsprojekt internationale Unternehmen an Ausschreibungen als Zulieferer teilnehmen durften. Das erste Boot sollte eigentlich 2016 zu Wasser gelassen werden, aber bald nach Baustart zeigte sich, dass dieses technisch komplexeste Projekt der französischen Marinegeschichte von starken Bauverzögerungen gezeichnet sein sollte.

Eine der ersten veröffentlichten Aufnahmen der »Suffren«, die während der Probefahrten aufgenommen wurde (Foto: ©Axel Manzano/Marine Nationale/Défense).

Details

Die ersten vier Einheiten der Barracuda-Klasse wurden nach berühmten Admirälen und wichtigen Persönlichkeiten der französischen Marinegeschichte benannt, die letzten beiden Einheiten übernahmen die Namen von zwei Booten der vorangegangenen Rubis-Klasse. Nach der ersten Ankündigung, dass die erste Einheit auf den Namen »Suffren« getauft werden sollte, wurde die Klasse auch als Suffren-Klasse bekannt. Heute wird die Bootsklasse in der Literatur und im Internet sowohl als Barracuda- wie auch als Suffren-Klasse geführt. Die Einheiten sind 99,5 Meter lang und weisen eine Verdrängung von rund 5.300 Tonnen auf – damit sind sie in Bezug auf die Verdrängung mehr als doppelt so groß wie die Rubis-Klasse. Der vorne abgerundete Turm ähnelt dem der amerikanischen Virginia-Klasse. Wie bei dieser sind die vorderen Tiefenruder nicht am Turm, sondern am Bug angebracht. Auch die Anordnung der Masten, die nicht durch den Rumpf laufen, ähnelt den amerikanischen Jagd-U-Booten. Statt eines klassischen Periskops werden optoelektronische Instrumente genutzt. Die Barracuda-Klasse wird angetrieben von einem einzelnen K15-Druckwasserreaktor mit 150 Megawatt Leistung, der auf zwei Turbosätze mit jeweils 10 Megawatt Leistung wirkt. Die Turbosätze versorgen zwei Elektromotoren mit Energie. Zwei Dieselgeneratoren mit 480 Kilowatt des deutschen Unternehmens MAN stehen für den Fall eines Reaktorausfalls zur Verfügung. Die Bootsklasse verfügt über ein x-förmiges Ruder (wie es bei konventionell angetriebenen niederländischen, deutschen und japanischen Booten verbreitet ist) und einen Pump-Jet/Düsenringpropeller, der von den strategischen Raketen-U-Booten der Triomphant-Klasse übernommen wurde. Die exakte Höchstgeschwindigkeit von mehr als 25 Knoten ist geheim. Der größere an Bord zur Verfügung stehende Raum (im Vergleich zur Rubis-Klasse) ermöglicht die Mitnahme von 20 Schwergewichtstorpedos (14 bei der Rubis-Klasse) des Typs F21 Artemis. Weiterhin können Exocet SM39 Mod2-See-

Die »Duguay-Trouin« (S636), das zweite Boot der Barracuda-Klasse, läuft im März 2024 den Marinestützpunkt Brest in Nordwestfrankreich an (Fotos: ©Mélanie Denniel/Marine Nationale/Défense).

Die dritte Einheit »Tourville« (S637) bereitet sich im Juli 2024 vor Cherbourg auf die ersten statischen Tauchversuche des Bootes überhaupt vor (Foto: ©Romuald Le Hénaff/Marine Nationale/Défense).

Die »Tourville« während ihrer ersten Werfterprobungsfahrt im Sommer 2024 (Foto: ©Laurent Lecanu/Marine Nationale/Défense).

Die »Tourville« verlässt das Dock der Bauwerft in Cherbourg (Foto: Olivier Nicolas/Marine Nationale/Défense).

zielflugkörper und FG29 Seeminen mitgeführt werden. Erstmals steht mit der Missile de Croisière Naval (MdCN, zu deutsch »Marine-Marschflugkörper«) ein durch ein Turbojet-Triebwerk angetriebener Marschflugkörper mit 1.000 Kilometer Reichweite gegen Landziele zur Verfügung, der in etwa dem amerikanischen BGM-109 Tomahawk entspricht, der von britischen und amerikanischen U-Booten gestartet werden kann. Alle Waffensysteme der Barracuda-Klasse werden über die vier 533-Millimeter-Torpedorohre verschossen. Laut Pressemitteilungen der Naval Group soll die Barracuda-Klasse nur über ein Tausendstel des Geräuschpegels der Le Redoutable-Klasse erzeugen und im Vergleich zur Rubis-Klasse über zehnfach bessere Fähigkeiten zum Aufspüren gegnerischer U-Boote aufweisen. Unterbringungsmöglichkeiten für bis zu 15 Spezialkräfte bzw. Kampfschwimmer sind pro Boot vorhanden. Sie können über ein optionales Dry Deck Shelter (DDS, eine Taucherschleuse) Unterwasser aus dem U-Boot aussteigen oder mit einem neuartigen PSM3G Swimmer Delivery Vehicle – einem Tauchscooter – vom Boot in ihr Einsatzgebiet fahren. Die Barracuda-Klasse wird über vielfältige Einsatzmöglichkeiten verfügen und sowohl für Missionen gegen feindliche U-Boote und Überwasserschiffe sowie für Aufklärungseinsätze, Krisenbewältigung und Spezialeinsätze genutzt werden können. Das Typschiff »Suffren« wurde bereits im Dezember 2007 auf Kiel gelegt, lief im Juli 2019 vom Stapel und wurde im November 2020 in den Dienst der Marine Nationale gestellt. Die Erlangung der Einsatzreife konnte im Sommer 2022 gemeldet werden. Bisher wurden mit der »Duguay-Trouin« (S636, Indienst 28. Juli 2023) und der »Tourville« (S637, Indienst 16. November 2024) zwei weitere Boote der Barracuda-Klasse in den aktiven Dienst überführt. Die »De Grasse« (S638), »Rubis« (S639) und »Casabianca« sollen bis Ende der 2020er Jahre folgen. Alle Boote werden bis voraussichtlich mindestens 2060 im südfranzösischen Toulon stationiert sein.

Die »Tourville« trifft Ende November 2024 erstmals in ihrem zukünftigen Heimatstützpunkt Toulon ein. In der Nahaufnahme erkennt man die Details des Turmes (Fotos: ©Marine Herledan/Marine Nationale/Défense).

Die »Tourville« passiert in der Hafeneinfahrt von Toulon einen der drei amphibischen Träger der Mistral-Klasse der Marine Nationale (Foto: ©Thomas Bourgade/Marine Nationale/Défense).

Größenvergleich der Suffren-Klasse (unten) und der vorangegangenen Rubis-Klasse (oben). In Bezug auf die Verdrängung ist die Suffren-Klasse doppelt so groß wie die Rubis-Klasse (Grafik: Rama + Pline, CC BY-SA 2.0 fr).

Export

Für den Export konzipierte die Naval Group eine konventionell angetriebene Variante der Barracuda-Klasse, die im Jahr 2016 eine Ausschreibung der australischen Marine gewann, die auf der Suche nach einer zwölf Einheiten starken dieselelektrisch angetriebenen Jagd-U-Boot-Klasse war (der französische Entwurf hatte sich unter anderem gegen den deutschen Export-U-Boot-Typ 216 durchgesetzt). Der konventionelle Barracuda-Entwurf wurde als Shortfin Barracuda bezeichnet. Die erste Einheit sollte auf den Namen HMAS »Attack« getauft werden. Die Boote sollten in Südaustralien als französisch-australisches Gemeinschaftsunterfangen gebaut werden. Es sollte mit einem Auf-

Die Boote der Barracuda-Klasse				
Name	**Kennung**	**Kiellegung**	**Stapellauf**	**Indienstellung**
»Suffren«	S635	19. Dezember 2007	12. Juli 2019	05. November 2020
»Duguay-Trouin«	S636	26. Juni 2009	09. September 2022	28. Juli 2023
»Tourville«	S637	28. Juni 2011	20. Juli 2023	16. November 2024
»De Grasse«	S638	2015	vstl. 2025	vstl. 2026
»Rubis«	S639	2019	vstl. 2027	vstl. 2028
»Casabianca«	S640	2020	vstl. 2028	vstl. 2029

Heckansicht der »Tourville«, die bei der Ankunft in Toulon eine große französische Nationalflagge gehisst hat (Foto: ©Thomas Bourgade/ Marine Nationale/Défense).

tragswert von 37,6 Milliarden US-Dollar eines der größten internationalen Rüstungsgeschäfte in der französischen Geschichte werden. Technische Probleme, politische Ränkespiele und eine geänderte Bedrohungslage seitens der Volksrepublik China sorgten jedoch dafür, dass Australien seinen französischen U-Boot-Auftrag im September 2021 wieder annullierte und die Beschaffung von atomar angetriebenen Jagd-U-Booten mit Hilfe der USA und Großbritanniens in die Wege leitete (siehe Kapitel 8). Erfolg hingegen hatte eine nochmals weiterentwickelte konventionell angetriebene Barracuda-Klasse-Variante, den die niederländische Marine am 15. März 2024 als Nachfolger der in die Jahre gekommenen Walrus-Klasse ankündigte. Dieser als Orka-Klasse bekannte 82 Meter lange U-Boot-Entwurf konnte sich gegen konkurrierende Projekte aus Deutschland und Schweden

Grafische Darstellung der Shortfin Barracuda-Klasse, die von der Naval Group in Australien für die Royal Australian Navy gebaut werden sollte (Grafik: Naval Group).

Diese im Frühjahr 2024 veröffentlichte Grafik zeigt ein zukünftiges, konventionell angetriebenes Boot der niederländischen Orka-Klasse, die auf der Barracuda-Klasse basiert (Grafik: Ministerie van Defensie).

durchsetzen. Die vier Boote sollen die Namen »Orka«, »Zwaardvis«, »Barracuda« und »Tijgerhaai« tragen, bei der Naval Group in Frankreich gebaut und bis 2034 in Dienst gestellt werden.

Ausblick

Im internationalen Vergleich ist die französische Barracuda-Klasse immer noch ein relativ kleines Design, obwohl sie in Bezug auf die Verdrängung mehr als doppelt so groß wie ihre Vorgänger-Klasse ist. In Bezug auf die technische Ausstattung und die Bewaffnung ist sie – durch Marschflugkörperbewaffnung und die Möglichkeit Spezialkräfte per DDS oder SDV zu verbringen – jedoch auf Augenhöhe mit britischen oder amerikanischen Jagd-U-Booten. Nach dem Exporterfolg der konventionell angetriebenen Barracuda-Variante in den Niederlanden gab es kürzlich Medienspekulationen, wonach Indien Interesse an der Barracuda-Klasse haben könnte. Die Zeit wird zeigen, ob hier ein weiterer (großer) Exporterfolg erfolgen kann. Unabhängig davon, hat die französische Marine mit der Barracuda-Klasse eines der schlagkräftigsten U-Boote der NATO in Dienst. Verglichen mit den anderen Staaten der Europäischen Union, ist die Barracuda-Klasse der zweifellos leistungsfähigste U-Boot-Entwurf der europäischen Staaten der EU.

Technische Daten Barracuda-Klasse	
Bauwerft	Naval Group, Cherbourg, Frankreich
Verdrängung	4.650 Tonnen aufgetaucht, 5.300 Tonnen (getaucht)
Abmessungen	99,5 Meter Länge, 8,8 Meter Breite, 7,3 Meter Tiefgang
Antrieb	1× K15-Druckwasserreaktor mit 150 Megawatt Leistung, 2× Turbosätze mit je 10 Megawatt Leistung versorgen 2× Elektromotoren, 2× MAN-Dieselgeneratoren mit 480 Kilowatt, 1× Pump-Jet/Düsenringpropeller
Höchstgeschwindigkeit	mehr als 25 Knoten (getaucht)
Reichweite	unbegrenzt
Maximale Tauchdauer	unbegrenzt, nur abhängig von der gelagerten Verpflegung für die Besatzung
Tauchtiefe	mehr als 350 Meter
Besatzung	60 Personen
Bewaffnung	4× 533-mm-Torpedorohre, 20× F-21-Artemis-Schwergewichtstorpedos, SM39 Mod2-Seezielflugkörper, FG29 Seeminen, Missile de Croisière Naval(MdCN)-Marschflugkörper
Sensoren	1× Naval Group SYCOBS Combat Management System, 1× Sonar Suite Thales UMS-3000 Bug- und Seitensonar, 1× ETBF DSUV 62C Schleppsonar, 1× Thales SEACLEAR Sonar zur Vermeidung von Minen und Hindernissen, 1× Safran Series 10 CSR Navigationsradar, 1× NEMESIS-System für elektronische Gegenmaßnahmen
Baukosten	ca. 1,32 Milliarden Euro pro Boot

4.4 Strategische Atom-U-Boote der Le Triomphant-Klasse

Die »Le Terrible« (S619), aufgenommen im Jahr 2016 vor der Küste von Cherbourg (Foto: © DCNS).

Im März 1986 wurden von der Marine Nationale sechs 138 Meter lange, getaucht 14.335 Tonnen verdrängende strategische Raketen-U-Boote geordert, die die bisherigen sechs strategischen Boote der Le Redoutable-Klasse ersetzen sollten. In Frankreich ist diese neue Klasse als SNLE-NG (Sous-marins Nucleares Lanceurs d'Engines-Nouvelle Generation) oder auch als Le Triomphant-Klasse bekannt.

Das Typschiff »Le Triomphant« (S616) wurde 1989 bei DCN (heute Naval Group) in Cherbourg auf Kiel gelegt, 1994 vom Stapel gelassen und 1997 in Dienst gestellt. Inzwischen hatte sich die Anzahl der Boote von sechs auf vier reduziert, da die französische Marineführung nach dem Ende des Kalten Krieges kein Bedrohungsszenario mehr sah, welches den Bau und Betrieb von sechs kostenintensiven strategischen Booten rechtfertigte. Die Le Triomphant-Klasse wird von einem K15 Druckwasserreaktor mit 150 Megawatt (200.000 PS) Leistung angetrieben, unterstützt durch ein Behelfs-Dieselelektrisches System (zwei Dieselgeneratoren vom Typ SEMT Pielstick 8 PA 4V 200 SM mit 700 kW/940 PS). Ähnlich wie die aktuellen amerikanischen und britischen Boote nutzt die Klasse einen Pump-Jet/Düsenringpropeller. An Bord kann eine Besatzung von 111 Personen mehrere Monate auf Patrouille gehen, deren Dauer nur abhängig ist vom Ausgehen der Lebensmittel an Bord. Die Höchstgeschwindigkeit beträgt aufgetaucht 20 Knoten und getaucht 25 Knoten. Die maximale Tauchtiefe wird von der französischen Marine mit 400 Metern angegeben.

M45

Ursprünglich sollte die Le Triomphant-Klasse mit der neuartigen M5-Interkontinentalrakete (avisierte Reichweite 11.000 km) ausgestattet werden, die die seit 1985 an Bord der französischen strategischen Boote eingesetzte M4 (Reichweite 5.000 km) ersetzen sollte. Da die Entwicklung der M5 sich allerdings als überaus kostspielig herausstellte, wurde die Produktion in der Anfangsphase gestoppt und stattdessen eine kostengünstigere Alternative namens M45(MBS) entwickelt (Einführung 1996, Reichweite 6.000 km). Sie war mit sechs Multiple independently targetable reentry vehicles (MIRV; z. dt. unabhängig zielbarer Mehrfach-Wiedereintrittskörper) ausgestattet, die mit

In der Profilansicht werden die Unterschiede der Rumpfform der Vorgängerklasse (Le Redoutable-Klasse, oben) und der »Le Triomphant« erkennbar (Grafik: Mike1979Russia).

je einem thermonuklearen TN-71 Gefechtskopf (entwickelt von dem Commissariat a l'Energie Atomique, der französischen Behörde für Atomenergie) mit einer Sprengkraft von 110 Kilotonnen versehen waren. Diese Gefechtsköpfe wurden bei den umstrittenen französischen Atomtests im Mururoa-Atoll 1995/96 gezündet. Die Le Triomphant-Klasse konnte 16 der dreistufigen, 11,05 Meter langen M45-Raketen (alle drei Stufen von Feststoff angetrieben) in ihren Startschächten lagern. Ein erster Unterwasserstart einer M45 erfolgte im Januar von der »Le Triomphant« aus, als das Boot sich noch in seiner Erprobungsphase befand. Die Boote der Le Triomphant-Klasse sind deutlich leiser als ihre Vorgänger der Le Redoubtable-/L´Inflexible-Klassen. Genau wie die strategischen Atom-U-Boote der US Navy werden auch die Boote der Marine Nationale mit zwei Besatzungen pro Boot versehen. Während eine Besatzung mit dem Boot auf See ist, kann die andere Besatzung an Land technische Fortbildungen und Übungen absolvieren.
Das zweite Boot »Le Temeraire« (S617) wurde 1993 auf Kiel gelegt, 1998 vom Stapel gelassen und im Dezember 1999 in den Dienst der Marine Nationale gestellt. Es folgten »Le Vigilant« (Kiellegung 1996, Stapellauf 2003, Indienststellung 2004) und »Le Terrible« (Kiellegung Oktober 2000, Stapellauf 2008, Indienststellung 2010). Neben den 16 Atom-Raketen sind die Boote mit vier 533-mm-Torpedorohren versehen, durch die insgesamt zwölf L5-/F17-Torpedos mit aktiver/passiver Zielsuchlenkung sowie SM.39 Exocet-Seezielflugkörper von MBDA (ehemals EADS Aerospatiale) verschossen werden können.

Ablieferung der »Le Terrible« an die Marine Nationale im Jahr 2008 (Foto: © Guillaume Murat - Naval Group).

Start einer M51-Interkontinentalrakete von einem Boot der Le Triomphant-Klasse aus (Foto: © Marine Nationale).

Die »Le Terrible« im Jahr 2016 vor Cherbourg (Foto: © DCNS).

M51

Nur die ersten drei Boote der Le Triomphant-Klasse waren mit der M45-Rakete ausgestattet, die erst 2010 in Dienst gestellte »Le Terrible« erhielt von Beginn an die neue M51 (MSBS)-Interkontinentalrakete (Mer-Sol-Balistique-Stratégique, z. dt. etwa meeresbodengestützte strategische ballistische Waffe) mit einer Maximalreichweite von 8.000 Kilometern bei voller Beladung (zehn thermonukleare Gefechtsköpfe) und 10.000 Kilometern bei reduzierter Beladung (sechs thermonukleare Gefechtsköpfe). Die erste Version der M51 trägt sechs bis zehn MIRV-Wiedereintrittskörper mit TN-75-Gefechtsköpfen mit einer Sprengkraft von 107 Kilotonnen. Wie die vorangegangene M45 verfügt auch die zwölf Meter lange M51 über einen dreistufigen Feststoffantrieb, der von den seitlich an der europäischen Orbitalträgerrakete Ariane 5 angebrachten Feststoffboostern abgeleitet ist – entsprechend wird die M51 offiziell von Arianespace hergestellt. Die MIRV-Wiedereintrittskörper sind mit Maßnahmen zur Reduzierung des Radarquerschnittes versehen, was die Ortung durch die gegnerische Abwehr erschwert. Die einzelnen MIRVs werden nach dem Ausbrennen der obersten Raketenstufe im Weltraum auf ihre jeweilige Zielbahn gelenkt; sie treten in Zielnähe wieder in die Erdatmosphäre ein. In der Konsequenz bedeutet dies, dass man mit einer einzigen M51-Interkontinentalrakete maximal zehn individuelle Ziele mit jeweils einem Atomsprengkopf angreifen kann, bei 16 Raketen ergibt das maximal 160 Ziele pro U-Boot. Zur Verwirrung der gegnerischen Abwehr können neben den eigentlichen Gefechtskörpern auch Täuschkörper abgesetzt werden. Im Jahr 2015 wurde die neue Version M51.2 eingeführt, deren Gefechtsköpfe über eine Sprengkraft von 150 Kilotonnen verfügen. Im Jahr 2025 soll eine weiterentwickelte Version M51.3 folgen, die auf der nächsten Generation der strategischen französischen U-Boote zum Einsatz kommen soll.

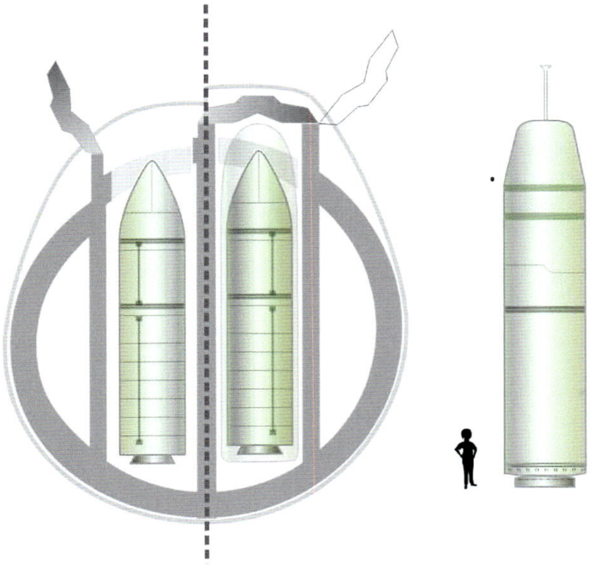

Grafische Darstellung der M45 in der Le Redoutable-Klasse (links) und der M51 in der Le Triomphant-Klasse (rechts, Grafik: Dake, CC BY-SA 3.0).

Einsatzprofil

Wie schon die Vorgängerklasse ist auch die Le Triomphant-Klasse auf der Halbinsel Île Longue in der Bucht von Brest in der westlichen Bretagne stationiert. Die vier Boote sind Teil der FOST (Force océanique stratégique – der ozeanischen Komponente der nuklearen Abschreckung). Diese ist wiederum Teil der Force de dissuasion – der französischen Abschreckungskräfte -, zu der auch eine luftgestützte Komponente mit Rafale F3-Kampfjets in Verbindung mit Marschflugkörpern mit nuklearem Gefechtskopf gehört. Kern des französischen Abschreckungskonzeptes ist die ständige Präsenz eines einsatzbereiten und voll bewaffneten Bootes der Le Triomphant-Klasse auf

Heckansicht der »Le Temairaire« (S617), aufgenommen am 20. Juli 2018 im Stützpunkt von Brest (Foto: ©Jonathan Bellenand/Marine Nationale/Défense).

Seit einigen Jahren dienen auch weibliche Marineangehörige an Bord der Atom-U-Boote, hier eine Korvettenkapitänin auf »Le Vigilant« (S618) im März 2018 (Foto: ©Loïc Bernardin/Marine Nationale/Défense).

Detailaufnahme des Turmes eines Bootes der Le Triomphant-Klasse beim Verlassen des Stützpunktes von Brest im September 2018 (Foto: ©Thomas Trebern/Marine Nationale/Défense).

See, während die anderen Boote verschiedene Wartungs- und Ausbildungszyklen durchlaufen. So soll – ähnlich wie bei der ebenfalls aus vier U-Booten bestehenden strategischen britischen Flotte – eine konstante Zweitschlagfähigkeit gewährleistet sein. Das bedeutet, dass im Falle eines nuklearen Angriffs auf Frankreich oder die NATO von See aus von dem Boot der Le Triomphant-Klasse eine Ladung von bis zu 160 Atomsprengköpfen auf den Angreifer abgeschossen werden kann. Da die Position des Bootes dem Angreifer nicht bekannt ist, er dieses also im Gegensatz zu den Landzielen nicht zerstören kann, muss er damit rechnen, dass er im Falle eines Nuklearangriffes ebenfalls nicht überleben wird. Dieses Abschreckungskonzept der strategischen französischen U-Bootwaffe ist unverrückbarer Teil französischer Politik, an dem nach derzeitigen Planungen bis mindestens zum Jahr 2090 festgehalten werden soll. In bestimmten Ausnahmesituationen kann die Marine Nationale die Anzahl der Boote auf Patrouillenfahrt auch erhöhen, was im März 2022 als direkte Folge des Ukrainekrieges geschah. Kurzfristig verstärkten zwei zusätzli-

Zu Wartungszwecken befindet sich ein Gerüst um den Turm des Bootes (Foto: ©Clarisse Dupont/Marine Nationale/Défense).

Am 06. Januar 2021 wird ein Boot der Le Triomphant-Klasse vom U-Boot-Stützpunkt l'île longue zum Stützpunkt Brest überführt (Foto: ©Clarisse Dupont/Marine Nationale/Défense).

Ein Boot der Le Triomphant-Klasse, aufgenommen am 16. April 2019 während einer längeren Wartungsperiode auf dem U-Boot-Stützpunkt l'île longue (Foto: ©Loïc Bernardin/Marine Nationale/Défense).

Die Boote der Le Triomphant-Klasse				
Name	**Kennung**	**Kiellegung**	**Stapellauf**	**Indienstellung**
»Le Triomphant«	S616	06. September 1989	26. März 1994	23. März 1997
»Le Téméraire«	S617	18. Dezember 1993	21. Januar 1998	23. Dezember 1999
»Le Vigilant«	S618	Januar 1996	19. September 2003	26. November 2004
»Le Terrible«	S619	24. Oktober 2000	21. März 2008	20. September 2010

Modell eines U-Bootes der Le Triomphant-Klasse, präsentiert in einer meereskundlichen Ausstellung in Paris (Foto: Tangopaso/ Gemeinfrei).

che Boote der Le Triomphant-Klasse das bereits auf See eingesetzte Boot. Somit waren erstmals seit über dreißig Jahren wieder drei strategische französische Boote gleichzeitig auf See, was ein starkes Signal an Russland senden sollte.

Die »Le Vigilant« aufgenommen während des Überwassertransits in das Einsatzgebiet (Foto: Marine Nationale/CC BY-SA 3.0).

Technische Daten Le Triomphant-Klasse	
Verdrängung	12.640 Tonnen (an der Oberfläche), 14.335 Tonnen (getaucht)
Abmessungen	138 Meter Länge, 12,5 Meter Breite, max. 10,6 MeterTiefgang
Antrieb	Druckwasserreaktor K15, Pump-Jet/Düsenringpropeller, 2× SEMT Pielstick 8PA4V200 SM Dieselgeneratoren
Höchstgeschwindigkeit	20 Knoten (aufgetaucht), 25 Knoten (getaucht)
Tauchtiefe	regulär 300 Meter, maximal 400 Meter
Besatzung	15 Offiziere, 96 Mannschaften
Bewaffnung	16× M45- oder M51-Interkontinentalraketen mit 6 bis 10× TN 75 Thermonuklearem Gefechtskopf, 4× 533-mm Torpedorohre für F17-Torpedos oder Exocet SM39-Seezielflugkörper zur Schiffsbekämpfung
Sensoren	Sonar DMUX 80, Sonar DUUX 5, Sonar DSUV 61B Niederfrequenz, Racal Decca Radar (Navigation), SET (Système d'exploitation Tactique – taktisches operationelles System)

4.5 Zukünftige Raketen-U-Boote SNLE 3G

Grafische Darstellung des SNLE 3G, des strategischen Bootes der nächsten Generation (Grafik: © Naval Group).

Detailansicht des Turms der neuen Bootsklasse aus einer Videopromotion der Naval Group (Grafik: © Naval Group).

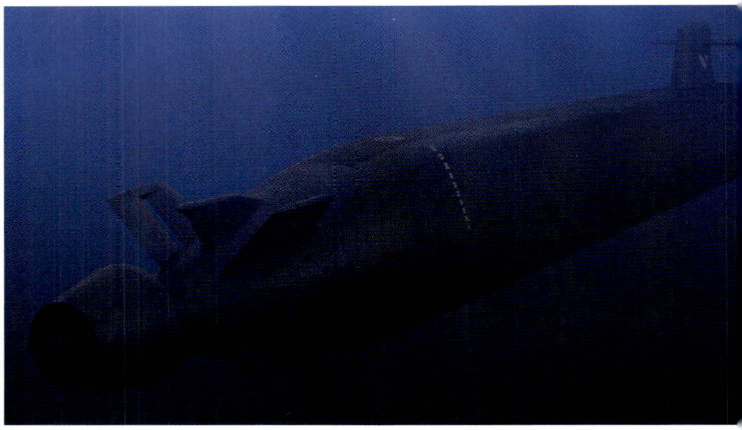

Heckansicht des SNLE 3G. Man erkennt das X-förmige Ruder (Grafik: © Naval Group).

Zur Sicherstellung der strategischen U-Bootkomponente hat die französische Regierung die Entwicklung des SNLE 3G (Sous-Marin Nucléaire Lanceur d'Engins de Troisieme Génération – z. dt. Ballistisches Raketen-U-Boot der dritten Generation) in Auftrag gegeben.

Diese neue Bootsklasse ist Teil der französischen Militärplanung (LPM) für die Jahre 2024 bis 2030. Sie soll ab 2035 in den Dienst der Marine Nationale gestellt werden und die Le Triomphant-Klasse ersetzen. Das Projekt wurde am 18. Februar 2021 von der französischen Verteidigungsministerin Florence Parly offiziell angekündigt.

Das Programm

Momentan sind wieder vier Boote geplant; aufgrund der derzeitigen politischen Entwicklungen und neuer Bedrohungsszenarien in Europa ist eine Aufstockung auf fünf oder sechs Boote allerdings durchaus denkbar. Der Baustart des ersten SNLE 3G-Bootes war ursprünglich für 2023 geplant. Nicht bekannte Gründe verzögerten diesen aber bis zum 20. März 2024, als die Naval Group den Fertigungsbeginn der ersten Einheit des SNLE 3G bekannt gab. Der Bau wird wieder auf der Naval Group-Werft in Cherbourg erfolgen. Hier fand auch die feierliche Zeremonie zum Baustart statt im Beisein von u. a. Emmanuel Chiva, dem Generalbevollmächtigten für die französische Rüstung, Admiral Nicolas Vaujour (Stabsschef der Marine Nationale) sowie den Geschäftsführern der Naval Group, Eric

Grafische Darstellung eines Bootes der SNLE 3G-Klasse im Überwassertransit hinter einer französischen Fregatte (Grafik: © Naval Group).

Konstruktionsbeginn der ersten SNLE 3G-Einheit am 20. März 2024 auf der Naval Group-Werft in Cherbourg (Foto: © Naval Group).

Pommellet, und der TechnicAtome, Loïc Rocard. Das Projekt SNLE 3G steht unter der Oberaufsicht der Direction générale de l'armement (der französischen Rüstungsbehörde). Neben dem eigentlichen Bau der U-Boote durch die Naval Group wird TechnicAtome (Société technique pour l'énergie atomique) wie bei allen französischen Marineprojekten mit Nuklearantrieb die Fertigung und die Inbetriebnahme der Atomreaktoren der Boote managen. Für den Bau jedes einzelnen Bootes der Klasse werden derzeit 20 Millionen Arbeitsstunden veranschlagt. Am Bauprogramm werden 200 Zulieferfirmen und 3.000 Personen beteiligt sein. Die Thales Group soll ein Sonarsystem entwickeln, welches ein Bugsonar und seitlich am Rumpf angebrachte Sonarflächen umfassen wird. Da das System so große Datenmengen liefern wird, die von einzelnen Personen nicht mehr sinnvoll verarbeitet werden können, soll Künstliche Intelligenz die Datenverarbeitung unterstützen. Bisher werden die Entwicklungs- und Baukosten aller vier Boote auf 40 Milliarden Euro veranschlagt. Es ist geplant, dass die Boote einige technische Neuerungen von den sich derzeit im Zulauf in die französische Flotte befindenden neuen Jagd-U-Booten der Barracuda-Klasse (siehe Kapitel 4.3) übernehmen. Darunter fallen eine X-förmige Ruderkonfiguration, der K22-Druckwasserreaktor und eine verbesserte akustische Schalldämpfung. Das Grundlayout soll ähnlich wie das der Le Triomphant-Klasse sein, allerdings sollen die neuen Boote mit 150 Metern Gesamtlänge und einer Verdrängung von getaucht 15.000 Tonnen etwas größer als ihre Vorgänger werden. Als nukleares Trägersystem sind ebenfalls 16 M51-Interkontinentalraketen an Bord des SNLE 3G vorgesehen.

Ausblick

Die derzeitige französische Nukleardoktrin sieht den Betrieb der seegestützten französischen Komponente der nuklearen Abschreckung bis mindestens zum Jahr 2090 vor. Aufgrund des im Februar 2022 begonnenen russischen Angriffskrieges gegen die Ukraine und der Ungewissheit in Bezug auf die Schutzmachtstellung der USA für die europäischen NATO-Verbündeten (US-Präsident Trump hatte wiederholt gedroht, das Sicherheitsbündnis zu verlassen), wurden mehrfach eine stärkere europäische Anbindung der französischen nuklearen Abschreckung an andere europäische Nationen diskutiert. Frankreich hat jedoch deutlich klargestellt, dass diese nukleare Abschreckung immer unter voller französischer Kontrolle stehen wird. Offen zeigte man sich aber für eine prinzipiell stärkere Beteiligung der europäischen Partner an dieser Abschreckung. Von verschiedenen Politikern und Think-Tank wurde mehrfach in den Raum geworfen, dass andere europäische Staaten bzw. die EU ein oder zwei zusätzliche französische Raketen-U-Boote finanzieren und dadurch die EU-Länder unter den französischen Nuklearschirm »schlüpfen« könnten. Derzeit wird weiterhin eine engere Kooperation zwischen Frankreich und Großbritannien im Bereich der U-Boot-gestützten Abschreckung diskutiert; so könnten beispielsweise zukünftige Patrouillenfahrten zwischen beiden Ländern abgestimmt werden (was bisher nicht erfolgt), um zu gewährleisten, dass immer mindestens zwei europäische Raketen-U-Boote mit Nuklearbewaffnung auf Patrouille sind.

Technische Daten SNLE 3G	
Bauwerft	Naval Group, Cherbourg, Frankreich
Verdrängung	ca. 15.000 Tonnen (getaucht)
Abmessungen	150 Meter Länge, 12,5 Meter Breite, vstl 10,6 Meter Tiefgang
Antrieb	1× Druckwasserreaktor K22, 1× Pump-Jet/Düsenringpropeller
Höchstgeschwindigkeit	vstl. bis 25 Knoten (getaucht)
Tauchtiefe	vstl. bis 400 Meter
Besatzung	100 Personen
Sensoren	1× Sonarsystem der Thales Group
Bewaffnung	16× M51-Interkontinentalraketen mit 6 bis 10× TN 75 Thermonuklearem Gefechtskopf, vstl. 4× 533-mm Torpedorohre zum Abschuss von Torpedos oder Seezielflugkörpern

5. Russland

5.1 Entwicklung der russischen/ sowjetischen Atom-U-Boote

Die deutschen U-Boote des Typs XXI bildeten nach dem Zweiten Weltkrieg die Grundlage der sowjetischen U-Bootentwicklung (Foto: Gemeinfrei).

Während für die US Navy die eigene U-Boot-Flotte nach dem Zweiten Weltkrieg nur ein – aber ein wichtiger – Pfeiler ihrer militärischen Macht bildete, waren U-Boote der sowjetischen Marine in ihren verschiedensten Ausführungen DAS Mittel zur Abschreckung westlicher Seestreitkräfte.
Daher war eine der wichtigsten Aufgaben der Seeverbände der NATO im Kalten Krieg die Jagd auf sowjetische Unterseeboote und im Falle, dass der Konflikt »heiß« geworden wäre, deren Vernichtung durch konventionelle oder Atomwaffen. Gegen Ende der 1980er Jahre war die sowjetische U-Bootflotte bestehend aus mehreren hundert dieselelektrisch und atomar angetriebenen Unterseebooten ihren westlichen Pendants zahlenmäßig um ein Vielfaches überlegen. Die sowjetische Marineführung hat dabei stets auf beide Antriebsvarianten gesetzt und so standen zum Ende des Kalten Krieges Jagd-U-Boote und Marschflugkörper-U-Boote (die keine westlichen Gegenstücke hatten) mit beiden Antriebssystemen in Dienst, zu denen noch eine große Teilflotte strategischer Raketen-U-Boote dazukamen, darunter sechs Einheiten des Projektes 941, besser bekannt als Typhoon-Klasse – mit 175 Metern Länge und getaucht 48.000 Tonnen Verdrängung die größten jemals gebauten Unterseeboote, die im Westen erst durch den amerikanischen Spielfilm »Jagd auf Roter Oktober« aus dem Jahr 1990 wirklich bekannt wurde. Nach dem Zusammenbruch der Sowjetunion am 26. Dezember 1991 gingen fast alle konventionell angetriebenen U-Boote der Sowjetmarine in den Besitz der russischen Marine über, mit Ausnahme einiger dieselelektrisch angetriebener Jagd-U-Boote der Schwarzmeerflotte, die an die Ukraine transferiert wurden. Sämtliche sowjetischen Atom-U-Boote wurden von Russland übernommen, das sich aufgrund seiner riesigen Landesfläche, der Größe seiner Bevölkerung und seiner kulturellen Identität als Rechtsnachfolger der Sowjetunion betrachtete. Hinzu kam, dass sich sämtliche ehemals sowjetische Werftanlagen, Ausbildungszentren und Stützpunkte für Atom-U-Boote auf russischem Gebiet befanden.

Über 200 auf dem deutschen Typ XXI basierende Boote der Whiskey-Klasse dienten in den 1950er Jahren als Grundstock der sowjetischen U-Bootflotte (Foto: Vitaly V. Kuzmin/CC BY-SA 4.0).

Die konventionellen Anfänge

Vor dem Zweiten Weltkrieg griff die Sowjetunion hauptsächlich auf amerikanische, italienische und deutsche Unterseebootentwürfe zur Entwicklung ihrer U-Boot-Waffe zurück. Insbesondere die S-Klasse, die aus politischen und rechtlichen Gründen über die niederländische »Dummy-Firma« NV Ingenieurskantoor voor Scheepsbouw (IvS) vertrieben, tatsächlich aber von der Deutschen Schiff- und Maschinenbau Aktiengesellschaft (Deschimag) in Bremen entwickelt worden war, erzielte im Zweiten Weltkrieg große Erfolge für die Sowjetmarine. Die S-Klasse war konstruktiv mit dem deutschen Typ IX der Kriegsmarine verwandt und war in den 1930er Jahren konzipiert worden, als die Sowjetunion und Nazideutschland bei der Waffenproduktion noch zusammenarbeiteten. Sie wurde während des Krieges in großen Stückzahlen auf sowjetischen Werften gefertigt. Deutsche U-Bootdesigns sollten auch nach dem Zweiten Weltkrieg eine tragende Rolle in der sowjetischen Unterseebootentwicklung spielen. Gegen Ende des Krieges erlangten die Sowjets die Kontrolle über die Danziger U-Bootwerft der Schichau-Werke. Hier hatte man sich in den letzten Kriegsjahren auf die in Sektionsbauweise gefertigten Hochsee-U-Boote des Typs XXI spezialisiert. Bei diesen damals revolutionären Booten handelte es sich aufgrund der wesentlich längeren Tauchzeiten und der auf Unterwasserfahrt hin optimierten Rumpfform um die ersten U-Boote der Welt, die diesen Namen tatsächlich verdienten. Diese sogenannten Elektroboote konnten mehrere Tage getaucht fahren und ihre Batterien im getauchten Zustand per Schnorchel aufladen. Die Sowjetmarine konnte durch die Fertigstellung mehrerer Typ XXI-Boote nach Kriegsende erste Erfahrungen im modernen U-Boot-Bau sammeln. Der Typ XXI bildete die Entwicklungsgrundlage für mehr als dreihundert sowjetische Nachkriegs-U-Boote der Whiskey-(Projekt 613), Zulu- (Projekt 611), Romeo-(Projekt 633), Foxtrott-(Projekt 641) und Tango-(Projekt 641B)Klassen, die teilweise (auch für den Export) bis in die 1980er Jahre in der Sowjetunion und als Lizenzbauten in der Volksrepublik China bis Anfang des 21. Jahrhunderts gebaut wurden. Auf sechs Booten der Zulu-Klasse wurden ab Mitte der 1950er Jahre Umbaumaßnahmen implementiert, um Ballistische Raketen des sowjetischen Typs R11 abschießen zu

Die bis Anfang der 1980er Jahre gefertigten Boote der Tango-Klasse stellen den Entwicklungs-Endpunkt der deutschen U-Boot-Technologie in der Sowjetunion dar (Foto: US Navy).

Die Boote der Juliett-Klasse waren konventionell bewaffnete Marschflugkörperträger (Foto: US Navy).

können. Es handelte sich bei diesen als Zulu IV und Zulu V bezeichneten Einheiten um die ersten Raketen-U-Boote der Sowjetmarine. Die aus der Zulu-Klasse abgeleitete Foxtrott-Klasse bildete die Entwicklungsgrundlage für die 23 Boote der Golf-(Projekt 629) Klasse, die ab 1958 in Dienst gestellt wurden (sie waren von Beginn als Ballistische Raketenträger konzi-

Die konventionell angetriebenen Boote der Golf-Klasse waren die ersten mit Ballistischen Raketen bewaffneten sowjetischen U-Boote. Die Abschussrohre befanden sich im Turm (Foto: US Navy).

piert). Sie konnte über drei Abschussrohre im Turm drei Ballistische Raketen des Typs R11-FM mit Reichweite zwischen 170 und 270 Kilometer verschießen, allerdings nur im aufgetauchten Zustand. Analog zu den umgebauten Zulu-Booten für Ballistische Raketen experimentierte die sowjetische Marine mit Booten der Whiskey-Klasse, die für den Abschuss von SS-N-3 Shaddock-Marschflugkörpern umgebaut wurden. Ab 1963 stießen dann 16 von Beginn an als Marschflugkörperträger konzipierte Boote der Juliett-(Projekt 651) Klasse zur Sowjetflotte, die an die nuklear angetriebene Echo-Klasse angelehnt waren, jedoch über einen konventionellen Dieselantrieb verfügen (ein Boot kann heute als Museumsschiff in Peenemünde besichtigt werden).

Jagd-U-Boote

Zwischen 1957 und 1963 wurden insgesamt 14 Einheiten der November-Klasse (Projekte 627, 627A und 645) für die Sowjetmarine gebaut, bei denen es sich um die ersten nuklear angetriebenen U-Boote außerhalb der USA handelte. Die 107 Meter langen Boote, die getaucht rund 4.750 Tonnen verdrängten, standen bis Ende der 1980er Jahre in den Diensten der sowjetischen Marine. Sie wurden von zwei WM-A-Kern-

Bei der November-Klasse handelte es sich um die ersten nuklear angetriebenen Jagd-U-Boote der Sowjetmarine (Foto: pliskin1/Gemeinfrei).

reaktoren angetrieben, die auf zwei Wellen wirkten. Das Antriebskonzept der mit acht 533-mm-Torpedorohren versehenen Boote war wenig zuverlässig und sie machten aufgrund von mehreren spektakulären Schiffs- sowie Reaktorunfällen in den westlichen Medien Furore. Die erste Einheit »Leninski Komsomol« (K-3) ist seit Juli 2023 als Museumsschiff in Kronstadt bei Sankt-Petersburg ausgestellt. Ab dem Jahr 1967 wurden insgesamt 48 Boote verschiedener Ausführungen der Victor-Klasse (Projekt 671) in Dienst gestellt, von denen im Jahr 2025 noch zwei Einheiten im Dienst der russischen Marine stehen (sieh Kapitel 5.2). Konstruktionstechnisch bilden sie die zweite Generation sowjetischer Atom-Jagd-U-Boote. Bereits zur dritten Generation gehörten die sieben Einheiten der Alfa-Klasse (Projekt 705 Lira), die zwischen 1968 und 1981 für die Sowjetmarine gefertigt und Mitte der 1990er Jahre aus den Diensten der russischen Marine ausgeflottet wurden. Aufbauend auf Erfahrungen mit dem Einzelboot der Papa-Klasse – ein 1970 in Dienst gestellter Marschflugkörperträger des Projektes 661 Antschar – bestand der Rumpf der Boote der Alfa-Klasse aus dem widerstandsfähigen, aber sehr schwer zu bearbeitenden Material Titan. Es sollte größere Tauchtiefen von bis zu (unbestätigten) 800 Metern ermöglichen. Auffällig war der auf große Unterwassergeschwindigkeiten hin optimierte Rumpf, der den relativ kleinen Booten mit nur 81 Metern Länge und einer getauchten Verdrängung von ca. 3.600 Tonnen eine herausragende Höchstgeschwindigkeit im getauchten Zustand von bis zu 41 Knoten ermöglichte. Zur Erreichung dieser waren die Boote mit einem mit Flüssigmetall gekühlten OK-550-Atomreaktor mit 155 MW Leistung und einem turbo-elektrischen Antrieb auf einer Welle ausgerüstet, der zwar äußerst effektiv, aber sehr laut arbeitete. Laut verschiedener Aussagen von U-Boot-Offizieren des Kalten Krieges sollen die Boote bei Vollast vom russischen Nordmeer bis zu den Bermuda-Inseln vor der US-Ostküste zu hören gewesen sein. Die mit sechs Torpedorohren bewaffneten Alfa-Boote kamen mit einer kleinen Besatzung von lediglich 32 Mann aus. Die hohen Geschwindigkeiten sollten das Abfangen gegnerischer U-Boote bereits beim Verlassen der NATO-Heimatbasen ermöglichen. Wegweisend war auch die im Turm der Boote angebrachte Rettungskapsel, die das Überleben der gesamten Besatzung im Katastrophenfall ermöglichen sollte und seit der Alfa-Klasse zum festen Bestandteil der meisten sowjetischen/russischen U-Bootklassen zählt. Auf die Alfa-Klasse folgten vier Boote der Sierra-Klassen (Projekte 945 und 945A), die – ebenfalls über einen Titanrumpf verfügend – zwischen 1984 und 1993 in Dienst gestellt wurden und heute noch bei der russischen Nordflotte aktiv sind (siehe Kapitel 5.3). Die hydrodynamisch optimierte Rumpfform der Alfa-Klasse diente als Grundlage für den Rumpf der Akula-Klasse (Projekt 971), die bereits der vierten Generation sowjetisch/russischer Atom-U-Boote zugerechnet wird. Die Akula-Klasse wurde bis ins 21. Jahrhundert gebaut und bildet das heutige Rückgrat der russischen Jagd-U-Boot-Flotte. Diese Klasse – bei der aus Kostengründen auf das Baumaterial Titan verzichtet wurde – stellen wir Ihnen in Kapitel 5.4 vor. Eine Sonderstellung nahm das einzelne Unterseeboot »Komsomolez« (K-278, Projekt 685 Plawnik, NATO-Bezeichnung Mike-Klasse) ein, das als Erprobungsboot für neue Technologien im April 1978 in Sewerodwinsk auf Kiel gelegt und Ende 1984 in Dienst gestellt wurde. Das 110 Meter lange und getaucht 8.500 Tonnen verdrängende Boot mit Titanrumpf hält den Tiefenrekord für militärische U-Boote mit einer erreichten Tauchtiefe von 1.020 Metern. Im Gegensatz zur Alfa-Klasse wurde die »Komsomolez« nur von einem einzigen Reaktor angetrieben, was dem Boot eine reduzierte Höchstgeschwindigkeit von »nur« rund 30 Knoten verlieh. Das Boot kam am 07. April 1989 zu zweifelhaftem Ruhm, als es nach Ausbruch eines Feuers an Bord im Nordmeer, 180 Kilometer südwestlich der norwegischen Bäreninsel, auf eine Tiefe von über 1.700 Meter versank. Dabei starben 42 von 69 Besatzungsmitgliedern. An Bord der »Komsomolez« befanden sich

Die Alfa-Klasse war auf große Unterwassergeschwindigkeiten hin optimiert und wies eine hierfür optimale Rumpfform auf (Foto: US Navy).

Beim Bau der Alfa-Klasse wurde das Material Titan verwendet, was den Rumpf deutlich belastbarer als den vergleichbarer Boote machte, aber die Produktionskosten massiv erhöhte (Foto: US Navy).

Die »Komsomolez« (K-278/Mike-Klasse) war ein Einzelboot, das den Tieftauchrekord für militärische U-Boote mit 1.020 Metern hält. Das Boot ist 1989 nach einem Unfall gesunken (Foto: US Navy).

Die Echo-Klasse war ein mit Marschflugkörpern bewaffnetes Atom-U-Boot der ersten Generation (Foto: US Navy).

zwei Torpedos mit Nuklearsprengkopf, die bis heute ungeborgen sind. Norwegische und russische Behörden untersuchen seit dem Unglück das Wrack und seine an Bord befindliche Bewaffnung jährlich auf Strahlungswerte. Laut offiziellen Angaben sind bisher nur Mengen an Radioaktivität ausgetreten, die innerhalb zulässiger gesetzlicher Normen sind. Ob das allerdings dauerhaft so bleibt, ist umstritten.

Marschflugkörper-U-Boote

Während die NATO-Marinen bis heute hauptsächlich zwei Arten von Atom-U-Booten bauen – Jagd-U-Boote zum Aufspüren von gegnerischen U-Booten und Schiffen sowie Träger von strategischen (Langstrecken-) Atomraketen – entwickelte die Sowjetunion Bootsklassen, die als Träger von präzisen Marschflugkörpern (Cruise-Missiles) mit einer Reichweite von mehreren Hundert Kilometern ausgelegt waren, die neben Landzielen in modifizierter Form auch gegen feindliche Schiffe eingesetzt werden konnten. Im Gegensatz zu den Raketen-U-Booten, deren Ballistische Raketen mehrere Tausend Kilometer Reichweite aufweisen, müssen diese Marschflugkörper-U-Boote getaucht vor feindlichen Küsten operieren, um mit den Marschflugkörpern als Präzisionswaffen ausgewählte Ziele zu vernichten (die Marschflugkörper können dabei konventionell oder nuklear bewaffnet sein), oder sich unbemerkt in die Nähe eines feindlichen Flottenverbandes bringen. Zwischen 1961 und 1968 stellte die Sowjetmarine fünf je 111 Meter verdrängende Marschflugkörperboote der Echo I-Klasse (Projekt 659) und 29 Einheiten der mit 115 Metern Länge leicht größeren Echo II-Klasse (Projekt 675) in Dienst, die teilweise bis zum Jahr 1994 als aktiv in der russischen Marine gelistet wurden. Neben Torpedorohren unterschiedlicher Durchmesser waren sie auf dem Rumpfrücken mit Startanlagen für P-5 Pjatjorka (NATO-Bezeichnung SS-N-3A Shaddock) und P-6 Progress (NATO-Bezeichnung SS-N-3C Shaddock) ausgestattet. Die von zwei Druckwasserreaktoren betriebenen Boote verfügten in den 1960er Jahre über nur relativ ungenaue Feuerleitsysteme, weshalb einige Einheiten bereits nach wenigen Jahren zu Jagd-U-Booten oder – nach der Einführung von strategischen Raketen-U-Booten in ausreichender Zahl – als reine Träger von Anti-Schiffswaffen umgerüstet wurden. Die auf die Echo-Klasse nachfolgende, 1970 in Dienst gestellte K-178 (1978 umbenannt in K-222) des Projekts 661 Antschar/Papa-Klasse blieb ein Einzelboot. Das von zwei Reaktoren angetriebene 106 Meter lange und getaucht

Das einzelne Boot K-222 (Papa-Klasse) hält mit 44,7 Knoten den offiziellen Geschwindigkeitsrekord von Atom-U-Booten (Foto: US Navy).

Start eines Marschflugkörpers des Typs P-6 (NATO-Bezeichnung SS-N-3A) von einem Boot der Echo II-Klasse (Foto: C.I.A./Gemeinfrei).

7.000 Tonnen verdrängende Boot diente als Träger von zehn P-70 Ametist-Seezielflugkörpern (NATO-Bezeichnung SS-N-7 Starbright), die erstmalig für einen sowjetischen Marschflugkörper im getauchten Zustand des Bootes gestartet werden konnten. Bekannt wurde die einzelne Einheit der Papa-Klasse durch das Erreichen der größten jemals bei einem U-Boot

Die 17 Einheiten der Charlie-Klasse gehörten zur zweiten Generation sowjetischer Atom-U-Boote mit Marschflugkörperbewaffnung (Foto: US Navy).

Die Hotel-Klasse war die erste sowjetische Atom-U-Boot-Klasse mit ballistischer Raketenbewaffnung. Die Raketen wurden aus Startschächten im verlängerten Turm aus abgeschossen (Foto: US Navy).

Die insgesamt 35 Einheiten der Yankee-Klasse verfügten erstmals in der Sowjetmarine über Raketenabschussrohre auf dem Rumpfrücken (Foto: Royal Navy).

gemessenen Unterwassergeschwindigkeit von 44,7 Knoten, was umgerechnet 82,7 km/h entspricht. Das von der sowjetischen Marineführung als nicht gelungener Schiffsentwurf (trotz Geschwindigkeitsrekord) gewertete Papa-Klasse-Einzelboot sowie die nachfolgende, in Serie gefertigte Charlie-Klasse (Projekt 670/670M) gehören zur zweiten Generation atomar angetriebener Marschflugkörper-U-Boote. Die 95 und 103 Meter langen (beim verbesserten Projekt 670M) und getaucht zwischen 4.300 und 5.100 Tonnen verdrängenden 17 Einheiten wurden zwischen 1967 und 1980 in Dienst gestellt und wurden von einem Druckwasserreaktor angetrieben, der auf eine Welle wirkte. Die Boote konnten verschiedene Marschflugkörper und Anti-Schiffsraketen verschießen und standen teilweise bis Mitte der 1990er Jahre in Dienst. Das Konzept der Marschflugkörper-U-Boote wurde weiter mit den riesigen, bis in die 1990er Jahre gebauten Booten der Oscar-Klasse (Projekt 949 Granit und Projekt 949A Antey) weiter verfeinert, die wir im Kapitel 5.5 genauer betrachten. Bei der ab 2013 in Dienst gestellten Jasen-Klasse (Projekt 885/885M) wurden die Eigenschaften eines großen Marschflugkörper-U-Bootes mit denen eines wendigen Jagd-U-Bootes kombiniert (siehe Kapitel 5.6.).

Raketen-U-Boote

Bereits im August 1956 begannen die Entwicklungsarbeiten an der Hotel-Klasse (Projekt 658) als direkte Reaktion auf die kurz zuvor gestartete Entwicklung der amerikanischen George Washington-Klasse, bei der es sich um die erste Klasse von Unterseebooten mit Ballistischer Raketenbewaffnung handelte. Die insgesamt acht zwischen November 1960 und Dezember 1962 in Dienst gestellten, je 114 Meter langen und getaucht ca. 5.500 Tonnen verdrängenden Boote basierten technisch auf den ersten sowjetischen Atom-Jagd-U-Booten der November-Klasse, die um die Raketen-Schächte der konventionell angetriebenen, vorangegangenen Golf-Klasse ergänzt wurde. Während ihrer Dienstzeit wurden die von zwei Druckwasserreaktoren angetriebenen Boote mehrfach für den Einsatz unterschiedlicher ballistischer Raketen modifiziert. Sie mussten stets zum Abschuss der Raketen aus den Abschussrohren im U-Boot-Turm aufgetaucht an der Oberfläche liegen, was sie verwundbar machte. Die Hotel-Klasse war noch als Erstschlagwaffe gegen die NATO geplant worden. Nach der Änderung der sowjetischen Nukleardoktrin hin zu landgestützten atomaren Erstschlagwaffen und seegestützten Zweitschlagwaffen – strategischen Raketen-U-Booten – wurden keine weiteren Einheiten der Hotel-Klasse mehr gebaut. Die Standardwaffe dieser Bootsklasse war je drei Raketen des Typs R-13 (NATO-Bezeichnung SS-N-4 Sark) mit je 650 Kilometer Reichweite pro Boot. Zur zweiten Generation sowjetischer strategischer Raketen-U-Boote gehören die zwischen 1964 und 1974 gebauten 35 Einheiten der Yankee-Klasse (Projekt 667 Nawaga) in acht Unterversionen. Sie sind die ersten solchen Boote in der

Eine Einheit der riesigen Typhoon-Klasse im Bau. Man erkennt die zwei Druckkörper des Bootes (Foto: Archiv Verfasser).

Zwei Einheiten der Typhoon-Klasse in ihrem Heimatstützpunkt auf der nordrussischen Kola-Halbinsel (Foto: Archiv Verfasser).

heute üblichen Bauweise mit 12 oder 16 Raketenschächten im erhöhten Rumpfrücken – eine Bauweise, die so auch bei amerikanischen, indischen und chinesischen Raketen-U-Booten zu finden ist. Die 128 Meter langen, getaucht mehr als 10.000 Tonnen verdrängenden Boote wurden von zwei OK-700-Druckwasserreaktoren angetrieben und waren mit verschiedenen Versionen der R-27 (NATO-Bezeichnung Serb) mit bis zu 3.600 Kilometer Reichweite und ein bis drei Nuklearsprengköpfen auf der Raketenspitze bewaffnet. Sämtliche Boote der Yankee-Klasse wurden bis 1995 außer Dienst gestellt. Sie bildeten jedoch die technische Grundlage für 34 Boote der Delta-Klasse (Projekt 667B), die in vier Untervarianten bis 1990 gebaut wurde und auch heute noch das Rückgrat der russischen strategischen U-Bootflotte bildet (sieh Kapitel 5.7). Bereits 1972 begannen die Planungen zu einer neuen Klasse strategischer Raketen-U-Boote, die mit 172 Metern Länge und einer getauchten Verdrängung von 48.000 Tonnen sämtliche jemals zuvor konzipierten U-Boote der Menschheitsgeschichte in den Schatten stellen sollte: Die Typhoon-Klasse (Projekt 941 Akula). Die Boote (eigentlich Unterwasserschiffe) waren aufgrund der Verwendung von zwei nebeneinander liegenden Druckkörpern mehr als 23 Meter breit und verfügten über Abschusssilos für 20 dreistufige Langstreckenraketen des Typs R-39 »Rif« (NATO-Bezeichnung SS-N-20 Sturgeon) mit je zehn einzelnen 100-Kilotonnen-Nuklearsprengköpfen auf der Spitze und einer operativen Reichweite von mindestens 8.300 Kilometern. Dies bedeutete, dass die Typhoon-Klasse ihre Raketen auf NATO-Ziele in Europa und Nordamerika abfeuern konnte, ohne die sowjetischen bzw. später russischen Heimatgewässer zu verlassen. Am Bau der Typhoon-Klasse waren mehr als 100 sowjetische Betriebe beteiligt und pro Boot wurden mehr als 9.000 Tonnen Titan verarbeitet. Die letzte, insgesamt sechste Einheit der Klasse wurde im Dezember 1989 in Dienst gestellt und ein siebtes unfertiges Boot nach dem Zusammenbruch der Sowjetunion verschrottet. Fünf Einheiten der Typhoon-Klasse wurden bis 2013 aus dem Dienst der russischen Nordflotte gestellt. Die letzte Einheit »Dmitri Donskoj« (TK-208) diente noch bis Februar 2023 als Erprobungsträger für modernisierte und neu entwickelte Raketen. Russland konnte sich den Bau und den Betrieb weiterer Einheiten der Typhoon-Klasse nicht leisten und legte – nach mehreren Fehlstarts – im November die erste Einheit der Borei-Klasse (Projekt 955) auf Kiel, die nach langen Bauverzögerungen im Januar 2013 in den Dienst der Nordflotte gestellt wurde. Weitere 13 Einheiten stehen mittlerweile im Dienst, sind im Bau oder in der Planung. Mit 170 Meter Länge und einer getauchten Verdrängung von 24.000 Tonnen sowie 16 Abschussschächten für Ballistische Raketen des Typs RSM-56 Bulawa, R-30 (NATO-Bezeichnung SS-N-32) zählen sie immer noch zu den größten und schlagkräftigsten Unterseebooten, die jemals gebaut wurden (mehr dazu in Kapitel 5.8).

Fazit

Die Entwicklung sowjetischer Atom-U-Boote während des Kalten Krieges genoss bei der sowjetischen Marine oberste Priorität. Dadurch entstand eine Vielzahl unterschiedlicher Designs in großen Stückzahlen, von denen einige zu den größten, schnellsten oder tiefst tauchenden militärischen Unterseebooten zählten, die je gebaut wurden. Ohne westliche Entsprechung entstanden und entstehen auch mehrere atomar angetriebene Special Mission-Unterseeboote, bemannte Tiefseefahrzeuge und Erprobungsträger, die wir in den Kapiteln 5.9 bis 5.12 näher betrachten.

Die letzte aktive Einheit der Typhoon Klasse »Dmitri Donskoj« (TK-208) aufgenommen bei einer Parade im Jahr 2019 (Foto: Mil.ru).

5.2 Jagd-U-Boote der Victor-Klasse

Ein Boot des Projektes 671 der ersten Ausführung (Victor I) aufgenommen von einem amerikanischen U-Jagdflugzeug (Foto: US Naval Aviation Museum).

Heckansicht eines Bootes der dritten Ausführung Projekt 671RTM. Im tropfenförmigen Zylinder über der Heckflosse ist das passive Schleppsonar Barrakuda untergebracht (Foto: US Navy).

Zwischen 1957 und 1963 hat die sowjetische Marine 14 Einheiten ihrer ersten nuklear angetriebenen Jagd-U-Boot-Klasse – dem Projekt 627 Kit (Nato-Bezeichnung: November-Klasse) – in Dienst gestellt.
Diese Boote der November-Klasse basierten in Bezug auf die Rumpfform noch teilweise auf Entwicklungen aus dem Zweiten Weltkrieg, während bei der US Navy bereits Jagd-U-Boote mit tropfenförmigem Rumpf (Skipjack-, Thresher-Klassen) in Dienst gingen.

Neue Rumpfform
Um höhere Geschwindigkeiten zu erreichen, orientierten sich die Schiffskonstrukteure des Malakhit Marine Engineering Bureau in Leningrad bei der Rumpfform der nächsten sowjetischen Jagd-U-Bootsklasse an zeitgenössischen amerikanischen Entwürfen. Diese neuen Boote des Projektes 671 Jorsch (Barsch, NATO-Bezeichnung Victor I-Klasse) in Zweihüllenkonstruktion wurden ab 1959 entwickelt und ab 1963 auf der Admiralitätswerft in Leningrad gebaut. Von dieser ersten Variante der Victor-Klasse wurden bis 1977 insgesamt 15 Einheiten gefertigt. Jedes war mit sechs 533-mm-Torpedorohren zum Abschuss von Typ-53-Torpedos, SS-N-15-U-Jagd-Raketen und Minen bewaffnet (24 Torpedos/Raketen oder 48 Minen). Die Boote waren 92,5 Meter lang und mit einer Maximalgeschwindigkeit von 31 Knoten vier Knoten schneller als ihre amerikanischen Gegenstücke der Sturgeon-Klasse; sie waren jedoch deutlich lauter. Zur Anwendung kam erstmals ein Antriebskonzept bestehend aus zwei OK-300-4-Druckwasserreaktoren mit circa 150 Megawatt Gesamtleistung, die nebeneinander statt hintereinander angeordnet waren. Diese Antriebsplatzierung sorgte für eine kürzere Bootslänge von rund 15 Metern im Vergleich zur Vorgängerklasse und wurde bei zahlreichen weiteren sowjetischen U-Boot-Entwürfen übernommen.

Verbesserungen
Mit zahlreichen Verbesserungen ausgestattet waren die sieben Boote des Projektes 671RT Sjomga (Lachs, NATO-Bezeichnung: Victor II-Klasse), die zwischen 1974 und 1978 in Dienst gestellt wurden. Drei Einheiten wurden bei der Admiralitätswerft in Leningrad und vier Einheiten bei Krasnoje Sor-

Profilzeichnung der Viktor III-Klasse / Projekt 671RTM (Grafik: Mike 1979 Russia, CC BY-SA 3.0).

Im Jahr 1983 musste ein Victor III-Boot aufgrund des in der Schraube verhedderten Schleppsonarkabels auftauchen. Es wurde schließlich unter den Augen eines US-Zerstörers abgeschleppt (Foto: US Navy).

mowo in Gorki gebaut. Die Boote waren mit 101,8 Metern rund 10 Meter länger als ihre Vorgänger. Neben verbesserten Feuerleitsystemen und einer neuen Torpedorohrkonfiguration bestehend aus vier 533- und zwei 650-Millimeter-Rohren waren die Victor II-Einheiten mit einem schwingungsdämpfenden Rahmen versehen, auf dem Turbinen, Turbogenerationen und alle Zusatzaggregate angebracht waren. Dadurch konnte eine deutliche Geräuschreduzierung erreicht werden. Neben der Bewaffnung der Vorgängerversion konnten bei der Victor II erstmals nuklear bestückte Raketen des Typs RPK-6 Wodopad (NATO-Bezeichnung: SS-N-16 Stallion) zur Bekämpfung von gegnerischen U-Booten verschossen werden.

Endgültige Version

Zwischen 1977 und 1992 wurden weitere 27 Einheiten des Projektes 671RTM Schtschuka (Hecht, NATO-Bezeichnung Victor III-Klasse) in Dienst gestellt, die bei der Admiralitätswerft (13 Einheiten) und in Komsomolsk am Amur im Fernen Russischen Osten (14 Einheiten) gebaut wurden. Sie wurden nochmals auf dann insgesamt 107,1 Meter verlängert sowie mit einer weiter reduzierten Geräuschdämmung und neuer Bordelektronik ausgestattet. Die Victor III-Boote sind ebenfalls in der Lage, nuklear bewaffnungsfähige Raketen des Typs RPK-2 Wijuga (NATO-Bezeichnung: SS-N-15 Starfish) und SS-N-16 Stallion zur Bekämpfung gegnerischer U-Boote zu verschießen. Die letzten fünf Einheiten gehören einer nochmals verbesserten Version Projekt 671RTMK an und können Marschflugkörper des Typs RK-55 Granat (NATO-Bezeichnung: SS-N-21 Sampson) abschießen (vergleichbar dem amerikanischen Tomahawk-Marschflugkörper), der mit einem Nuklearsprengkopf auf der Spitze ausgestattet werden kann. Neu bei den Victor III-Booten war das erstmals in der Sowjetmarine eingesetzte Schleppsonar Barrakuda, welches in einem tropfenförmigen Zylinder auf der Heckflosse sitzt. Das passive Sonar wird an einem mehrere Hundert Meter langen Kabel hinter dem U-Boot hergezogen, sodass die Eigengeräusche des Bootes das Sonar nur geringfügig stören. Das System hat sich bewährt und wurde bei zahlreichen Nachfolgeklassen übernommen. Heute sind noch zwei Einheiten der Victor III-Klasse im Dienst der Nordflotte: die im Mai 1990 in Dienst gestellte K-138 »Obninsk« und die im September 1992 in Dienst gestellte K-448 »Tambow«. Diese beiden Boote dürften in der näheren Zukunft – nach dem Zulauf weiterer Einheiten der Yasen-Klasse (siehe Kapitel 5.6) – außer Dienst gestellt werden.

Technische Daten Victor III-Klasse / Projekt 671RTM	
Bauwerft	Admiralswerft Leningrad und Leninski Komsomol, Komsomolsk am Amur, Sowjetunion
Verdrängung	6.990 Tonnen (aufgetaucht), 7.250 Tonnen (getaucht, möglicherweise höher)
Abmessungen	107,1 Meter Länge, 10,8 Meter Breite, 7,8 Meter Tiefgang
Antrieb	2× OK-300-Druckwasserreaktoren mit insgesamt 150 MW, 2× elektrische Manövrierantriebe mit je 275 PS, 1× Schiffswelle, 2× gegenläufige Schiffspropeller
Höchstgeschwindigkeit	11,5 Knoten (aufgetaucht), 31 Knoten (getaucht)
Reichweite	unbegrenzt
Maximale Tauchdauer	unbegrenzt, nur abhängig von der gelagerten Verpflegung für die Besatzung
Tauchtiefe	Max. 400 bis 600 Meter
Besatzung	102 Personen
Bewaffnung	4× 533-mm-Torpedorohre, 2× 650-mm-Torpedorohre, 24× Torpedos, 36× Minen (maximal), SS-N-15 Starfish und SS-N-16 Stallion Anti-U-Boot-Raketen, SS-N-21 Sampson-Marschflugkörper (nur Boote des Projektes RTMK)

5.3 Jagd-U-Boote der Sierra-Klasse

Die damals nagelneue erste Einheit K-239 aufgenommen am 01. November 1984 von einem Flugzeug der US Navy aus (Fotos: US Navy).

Ab 1963 wurden in der Sowjetunion Atom-U-Boote aus Titan gefertigt. Auf ein experimentelles Boot des Projektes 661 Anchar (NATO-Bezeichnung: Papa-Klasse) folgten zwischen 1968 und 1981 sieben Einheiten des Projektes 705 Lira (NATO-Bezeichnung: Alfa-Klasse).

Titan als Baumaterial hat den Vorteil, dass es besonders leicht und druckfest ist sowie über eine geringere magnetische Signatur als Stahl verfügt. Dadurch fällt es einem Gegner deutlich schwerer, aus Titan gebaute U-Boote zu orten. Auch können Tauchtiefen von bis zu 750 Metern erreicht werden, die mit U-Booten mit Stahlrumpf nicht erreicht werden können. NATO-Marinen schreckten aufgrund des deutlich größeren Aufwandes und der massiven Kosten von der Titan-U-Boot-Fertigung zurück. Die Sowjetunion bzw. das heutige Russland verfügt über große Vorkommen des Metalls im Ural, weshalb sie nicht auf teure Importe angewiesen waren und sind.

Forderungen

Mitte der 1970er Jahre liefen in den USA die ersten Einheiten der Los Angeles-Klasse vom Stapel, die damals zu den fortschrittlichsten Jagd-U-Booten der Welt zählten. Um der L.A.-Klasse ein sowjetisches Pendant entgegenzusetzen, beauftragte die sowjetische Admiralität die drei Konstruktionsbüros Rubin (Rubin Design Bureau), Malachit (Malakhit Marine Engineering Bureau) und Lasurit (Lazurit Central Design Bureau) mit der Entwicklung von Entwüfen. Während Rubin den Auftrag zum Bau eines Einzelbootes des Projektes 685 Plawnik (NATO-Bezeichnung: Mike-Klasse) erhielt (das 1983 vom Stapel gelaufene Boot K-278 »Komsomolez« ist 1989 nach einem Feuer an Bord gesunken), konnte sich Lasurit einen Auftrag für zwei Boote sichern. Sowohl der Rubin- wie auch der Lasurit-Entwurf nutzten einen Titanrumpf. Der Lasurit-Entwurf trägt den Projektnamen 945 Barrakuda (NATO-Bezeichnung: Sierra I-Klasse) und orientiert sich in der Auslegung an der vorangegangenen Alfa-Klasse des konkurrierenden Malachit-Konstruktionsbüros.

Die Boote

Die Sierra I-Klasse in Zweihüllen-Konstruktionsbauweise ist ausgestattet mit einem einzelnen OK-650A Druckwasserreaktor mit 190 Megawatt Leistung auf eine Welle wirkend, zwei Dieselhilfsmotoren mit je 1.002 PS Leistung und vier 533-Millimeter- und vier 650-Millimeter Torpedorohren. Die Länge der Sierra I-Klasse, die für 61 Besatzungsmitglieder ausgelegt ist, beträgt 107,16 Meter. Die Boote konnten eine Tauchtiefe von bis zu 600 Metern erreichen, waren aufgetaucht bis zu 12 Knoten und getaucht bis 35 Knoten schnell. Wie die Alfa-Klasse auch war die Sierra I-Klasse mit einer Rettungskapsel im Turm für die gesamte Besatzung ausgestattet. Die erste Einheit K-239 wurde am 25. Juli 1977 auf der Werft 112 in Gorki (heute Nischni Nowgorod) auf Kiel gelegt, am 29. Juli 1982 vom Stapel gelassen

Die K-534 »Nischni Nowgorod« aufgenommen im Dezember 2013 bei der Rückkehr zur Heimatbasis (Foto: Mil.ru).

Profilzeichnung eines Bootes des Projektes 945A Kondor / Sierra II-Klasse (Grafik: Mike 1979 Russia, CC BY-SA 3.0).

und am 29. Juni 1984 in den Dienst der Nordflotte gestellt. In den 1990er Jahren erhielt das Boot den Namen »Karp« (Karpfen). Die zweite Einheit K-276 wurde am 21. April 1984 in Gorki auf Kiel gelegt, am 26. Juli 1986 vom Stapel gelassen und am 30. Dezember 1987 in den Dienst der Nordflotte gestellt. Medial bekannt wurde die K-276 durch die Kollision mit dem amerikanischen U-Boot USS »Baton Rouge« (SSN-689, Los Angeles-Klasse) am 11. Februar 1992, bei der beide Boote beschädigt wurden. Nach der Reparatur erhielt K-276 den Namen »Krab« (Krabbe) im Jahr 1993, der 1996 in »Kostroma« geändert wurde. Sowohl K-239 »Karp« wie auch K-276 »Kostroma« befinden sich seit dem Jahr 2020 in der Reserveflotte.

Verbesserte Version

Das Lasurit-Konstruktionsbüro suchte noch während der Bauphase der ersten beiden Einheiten nach Verbesserungsmöglichkeiten und erhielt zu deren Umsetzung einen Folgeauftrag über zwei weitere Einheiten, die die Projektbezeichnung 945A Kondor (NATO-Bezeichnung: Sierra II-Klasse) tragen. Bei den beiden Booten wurde der Rumpf um drei Meter verlängert und ein größerer Turm (fünf Meter länger als bei der Sierra I-Klasse) auf diesem aufgesetzt. Ein vergrößerter Zylinder auf der Heckflosse soll ein leistungsfähigeres Schleppsonar als bei den ersten beiden Booten beherbergen. Angetrieben wird das Sierra II von einem OK-650B-Druckwasserreaktor mit 190 Megawatt Leistung, der auf eine Welle mit einem Sieben-Blatt-Propeller wirkt. Die Besatzung stieg auf 72 Personen an. Die Sierra II-Boote sind in der Lage Marschflugkörper des Typs S-10 Granat (NATO-Bezeichnung: SS-N-21 Sampson) zu verschießen. Die 650-Millimeter-Torpedorohre wurden eliminiert, dafür

Die K-336 »Pskow« aufgenommen im Jahr 2015 (Foto: Mil.ru).

die Anzahl der 533-Millimeter-Rohre von vier auf sechs und die mitgeführten Torpedos von 28 auf 36 Stück erhöht. Die Sierra II-Klasse ist mit zwei Rettungskapseln für die Besatzung ausgestattet. Die erste Einheit der Sierra II-Klasse mit der Kennung K-534 wurde am 15. Februar 1986 in Gorki auf Kiel gelegt, am 08. Juli 1989 vom Stapel gelassen und am 26. Dezember 1990 in den Dienst der Nordflotte gestellt. 1993 erhielt das Boot den Namen »Subatka«, wurde aber 1996 aufgrund einer Städtepatenschaft in »Nischni Nowgorod« umbenannt. Die zweite Einheit K-336 wurde am 29. Juli 1989 auf Kiel gelegt, am 28. Juni 1992 vom Stapel gelassen und am 14. Dezember 1993 in den Dienst der russischen Nordflotte gestellt. 1993 erhielt das Boot den Namen »Okun«, wurde jedoch wie ihre Schwesterboote 1996 umbenannt und erhielt den neuen Namen »Pskow«. Sowohl K-534 »Nischni Nowgorod« und K-336 »Pskow« stehen heute noch im aktiven Dienst.

Streichung

Im März 1990 war in Gorki ein weiteres, verbessertes Boot mit der Kennung K-123 auf Kiel gelegt worden, welches die Projektbezeichnung 945AB Mars (NATO-Bezeichnung: Sierra III-Klasse) trug. Diese unfertige Einheit wurde aber nach dem Ende der Sowjetunion im November 1993 bei einem Grad der Fertigstellung von 30 Prozent gestrichen. Was mit dem Rumpf dieses Bootes geschah, ist bis heute unklar.

Technische Daten Sierra II-Klasse / Projekt 945A Kondor	
Bauwerft	Krasnoje Sermowo, Sawod 112, Nischni Nowgorod (ehemals Gorki), Sowjetunion
Verdrängung	7.600 Tonnen (aufgetaucht), 9.100 Tonnen (getaucht)
Abmessungen	110 Meter Länge, 14,2 Meter Breite, 8,8 Meter Tiefgang
Antrieb	1× OK-650B-Druckwasserreaktor mit 190 Megawatt Leistung, wirkend auf 1× Welle mit 1× Sieben-Blatt-Propeller, 2× Dieselhilfsmotoren mit je 1.002 PS Leistung
Höchstgeschwindigkeit	12 Knoten (aufgetaucht), 35 Knoten (getaucht)
Reichweite	unbegrenzt
Maximale Tauchdauer	unbegrenzt, nur abhängig von der gelagerten Verpflegung für die Besatzung
Tauchtiefe	600 Meter
Besatzung	72 Personen
Bewaffnung	6× 533-mm-Torpedorohre, 36× Torpedos, 42 Minen, SS-N-15 Starfish und SS-N-16 Stallion Anti-U-Boot-Raketen, SS-N-21 Sampson-Marschflugkörper

5.4 Jagd-U-Boote der Akula-Klasse

Heckansicht der K-331 »Magadan« am Tag der russischen Marine im Sommer 2009. Das Boot wird vermutlich an Indien verleast werden (Foto: Alex omen, CC BY 3.0).

Die K-391 »Bratsk« war 1987 in Dienst gestellt und 2023 in die Reserveflotte überführt worden (Foto: Sammlung Verfasser).

Die hohen Baukosten und die technisch komplizierte Fertigung der vier Jagd-U-Boote der Sierra I- & II-Klassen (Projekt 945(A), siehe Kapitel 5.3) schlossen einen Serienbau dieses Schiffsentwurfes in großen Stückzahlen aus.
Dieser Schiffsentwurf sollte allerdings die technische Grundlage für eine Nachfolgeklasse bilden, die zwar die generelle Auslegung der Sierra-Klasse übernahm, aus praktischen und Kostengründen jedoch wieder in traditioneller Stahlbauweise entstehen sollte. Obwohl die Sierra-Boote vom konkurrierenden Lasurit-Konstruktionsbüro entworfen worden waren, erhielt im Jahr 1976 das Malachit-Konstruktionsbüro den Zuschlag zur Entwicklung der neuen Boote, die den Projektnamen 971 Schtschuka-B (Hecht-B) erhielten. In offiziellen NATO-Dokumenten wird die Bootsklasse als Akula-Klasse bezeichnet, was sich im Nachhinein als etwas unglücklich erwies, denn in Russland werden die riesigen strategischen Raketen-U-Boote der Typhoon-Klasse (NATO-Bezeichnung) offiziell als Akula-Klasse (Akula bedeutet Hai auf Russisch) bezeichnet. Verwechslungen waren und sind also vorprogrammiert.

K-322 »Kaschalot« aufgenommen im Januar 1994 von einem Aufklärungsflugzeug der US Navy (Foto: US Navy).

Der Schiffsentwurf

Neben der preisgünstigeren Serienfertigung durch Verwendung von Stahl, sollte die Akula-Klasse über eine im Vergleich zu allen sowjetischen Vorgängerklassen deutlich reduzierte Geräuschabstrahlung verfügen. Um diesbezüglich mit der amerikanischen Los Angeles-Klasse gleichziehen zu können, konnten in einer groß angelegten sowjetischen Spionageaktion in den USA technische Details der L.A.-Klasse in Besitz genommen werden. Der japanische Elektronikkonzern Toshiba und die norwegische Rüstungsfirma Kongsberg lieferten zusätzlich Anfang der 1980er Jahre unter Umgehung aller westlichen Handelsstandards moderne Schiffbauanlagen, die es der Sowjetunion ermöglichten, mit großer Präzision besonders leise Schiffspropeller zu fertigen. Die neuen Boote der Akula-Klasse fielen bei ungefähr gleichen Abmessungen wie die Sierra-Klasse aufgrund der Stahlbauweise wesentlich schwerer als diese aus – so stieg die getauchte Verdrängung auf rund 12.770 Tonnen an. Auch musste der Rumpf deutlich dicker gebaut werden, da man die gleiche Tauchtiefe wie die Sierra-Klasse erreichen wollte.

Baubeginn

Aus praktischen Gründen sollten die Boote für die Nordflotte in der Werft 402 in Sewerodwinsk und die Boote für die Pazifikflotte bei der Werft 199 in Komsomolsk am Amur im Fernen Osten gefertigt werden. Die ersten ab 1983 auf Kiel gelegten und ab 1984 in Dienst gestellten Boote der Akula-Klasse in Zweihüllenkonstruktion mit schallabsorbierenden Kacheln über dem Rumpf waren 110,3 Meter lang und wurden von einem OK-650B-Druckwasserreaktor mit 190 Megawatt Leistung angetrieben, der über eine Dampfturbine auf eine Welle mit Sieben-Blatt-Propeller wirkte. Ein Manövriersystem mit zwei seitlich ausfahrbaren Impellern ermöglichte präzise Manöver in engem Fahrwasser. Wie die Sierra-Klasse verfügte auch die Akula-Klasse über eine Rettungskapsel für die gesamte Besatzung. Zu den Aufgaben der Akula-Klasse zählten neben dem Aufspüren und Jagen gegnerischer Über- und Unterwasserschiffe auch Aufklärungsaufgaben, das Minenlegen und die Eskorte von eigenen sowjetischen strategischen Raketen-U-Booten, die sich nicht effektiv gegen potenziell angreifende NATO-U-Boote zur Wehr setzen konnten. Die Bootsklasse war mit je vier 533-Millimeter- und vier 650-Millimeter-Torpedorohren sowie der Lagermöglichkeit für 40 Torpedos oder 40 Minen ausgestattet. Weiterhin war sie in der Lage SS-N-15 Starfish- und SS-N-16 Stallion-Anti-U-Boot-Raketen und SS-N-21 Sampson- und SS-N-27 Sizzler-/SSN-N-30A-(Kalibr) Marschflugkörper zu verschießen.

Verbesserungen

Bereits nach wenigen Einheiten begann man mit unterschiedlichen Ausstattungen der Akula-Boote zu experimentieren. So

Man erkennt die Mündungsklappen am Bug der K-317 »Pantera«, hier aufgenommen im Jahr 2016 (Foto: Mil.ru).

Eine schneebedeckte K-328 »Leopard« im Januar 2008 im Heimatstützpunkt (Foto: Лобанов Вячеслав, CC BY 3.0).

Die K-157 »Wepr« wurde 1995 als vorletzte Einheit der Akula-Klasse in Dienst gestellt (Foto: Курганов Илья Сергеевич, CC BY-SA 3.0).

Die Boote der Akula-Klasse / Projekt 971 Schtschuka-B						
Name	**Kennung**	**Bauwerft**	**Kiellegung**	**Indienststellung**	**Status**	**Bemerkungen**
»Akula«	K-284	Werft 199	1983, Sept	1984, Dez.	außer Dienst 2001	–
»Delfin«	K-263	Werft 199	1984, Mai	1985, Dez.	außer Dienst 2011, Abbruch 2018-2019	umbenannt in »Barnaul« 1997
»Kaschalot«	K-322	Werft 199	1986, Juni	1986	außer Dienst, Abbruch 2020	war vorgesehen für Leasing an Indien, nicht verwirklicht
»Kit«	K-391	Werft 199	1988, Feb.	1987	außer Dienst 2023	umbenannt in »Bratsk« am 1. Sept. 1997
»Narwal«	K-331	Werft 199	1988, Dez.	1989	aktiv	umbenannt in »Magadan« 1997, vorgesehen für Vermietung an Indien
»Wolk«	K-461	Werft 402	1987, Jan.	1992, Nov.	aktiv	Modernisierung bis 2028
»Bars«	K-480	Werft 402	1985, Feb.	1989, Dez.	außer Dienst 2002	1997 umbenannt in »Weißer Leopard«; geriet während der Abbrucharbeiten 2010 in Brand, Teile für Bau der SSBN der Borei-Klasse genutzt
»Pantera«	K-317	Werft 402	1986, Feb.	1990, Dez.	aktiv	von 2000 bis 2007 repariert und modernisiert
»Morsch«	K-419	Werft 199	1991, Juli	1992, Dez.	aktiv	umbenannt in »Kusbass« 1998, erstes Boot der Akula II-Klasse
»Drakon«	K-295	Werft 199	1993, Nov.	1995, Dez.	aktiv	umbenannt in »Samara« 1999, in Modernisierung
»Nerpa« bis 01/2012	K-152	Werft 199	1993, April	2007, Dez.	verleast an Indien, Rückgabe Juni'21, außer Dienst 2023	Im Januar 2012 an Indien übergeben, um dort als »Chakra« für zehn Jahre Dienst zu tun.
»Leopard«	K-328	Werft 402	1988, Okt.	1992, Juni	aktiv	in Modernisierung
»Tigr«	K-154	Werft 402	1989, Sept	1994, Dez.	aktiv	–
»Wepr«	K-157	Werft 402	1990, Juli	1995, Dez.	aktiv	Von 2012 bis 2020 inaktiv aufgrund Reparaturarbeiten und Modernisierung
»Gepard«	K-335	Werft 402	1991, Sept.	2001, Dez.	aktiv	auch als »Akula-III-Klasse« bezeichnet
»Kuguar«	K-337	Werft 402	1992, Aug.	–	abgewrackt	Bauteile wurden für das SSBN K-535 »Juri Dolgoruki« verwendet
»Rys«	K-333	Werft 402	1993, Aug	–	abgewrackt	Bauteile wurden für das SSBN K-550 »Alexander Newski« verwendet
»Irbis«	K-xxx	Werft 199	1994	–	Baustillstand	Weiterbau für Indien war vorgesehen, Status unklar

waren bspw. K-317 »Panther« und K-480 »Leopard« mit Sensorik zur Ortung des Kielwassers gegnerischer Schiffe ausgestattet, andere hatten 533-Millimeter-Rohre zum Abschuss von akustischen Täuschkörpern. Einige Boote wurden daher im Westen als verbesserte Akula-Klasse eingestuft, obwohl sie in der Sowjetunion durchgängig als Projekt 971 bezeichnet wurden. Je nach Quelle werden die ersten acht Boote der Akula-Klasse einem ersten Baulos zugeordnet, welches zwischen 1984 und 1992 in Dienst gestellt wurde und als Akula I-Klasse bezeichnet wird. Danach wurden sieben weitere Boote zwischen 1992 und 2001 in Dienst gestellt, die – je nach Quelle – zum zweiten und dritten Baulos gehören und allgemein aufgrund leicht vergrößerter Abmessungen und verbesserter Geräuschdämmung teilweise oder komplett der Akula II-Klasse zugerechnet werden. Drei weitere Bootsrümpfe verblieben unfertig auf den Werften, von denen zwei gestrichen und als Material-Grundlage für den Bau von Raketen-U-Booten der Borei-Klasse (siehe Kapitel 5.8) genutzt wurden. Unter den neueren Akula-Booten nehmen die zwischen 2012 und 2021 an Indien verleaste und im Jahr 2023 wieder außer Dienst gestellt K-152 »Nerpa« (siehe Kapitel 6.2) und die K-335 »Gepard« jeweils eine Sonderstellung ein. Bei der »Gepard« fallen der vergrößerte Turm und ein deutlich kleinerer Schleppsonarzylinder auf der Heckflosse ins Auge. Über die entsprechen-

Die »Gepard« in den Heimatgewässern des russischen Nordmeeres (Foto: Sammlung Verfasser).

den, geänderten technischen Spezifikationen sind im Westen keine handfesten Informationen vorhanden. In manchen Quellen wird die »Gepard« als Akula III-Klasse-Boot bezeichnet.

Schlussbetrachtung

In den vergangenen zwei Jahrzehnten machten die Boote der Akula-Klasse immer wieder durch Operationen in der Nähe von NATO-Anrainerstaaten inklusive der US-Ostküste und des Golfs von Mexiko Schlagzeilen. Dabei konnten sie sich auch teilweise der Ortung durch die US Navy entziehen. Laut verschiedener amerikanischer Quellen sollen die Akula-Boote je nach Versionen ähnlich leise wie die amerikanischen Boote der Los Angeles- und Seawolf-Klassen operieren. Die Boote bilden auf absehbare Zeit das Rückgrat der russischen nuklear angetriebenen Jagd-U-Bootflotte.

Die letztgebaute Einheit K-335 »Gepard« verfügt über einen größeren Turm und einen kleineren Heckzylinder (Foto: Sammlung Verfasser).

Technische Daten Akula II-Klasse / Projekt 971 Schtschuka-B	
Bauwerft	Werft 199, Komsomolsk am Amur; Werft 402, Sewerodwinsk, Sowjetunion/Russische Föderation
Verdrängung	8.470 Tonnen (aufgetaucht), 13.800 Tonnen (getaucht)
Abmessungen	113 Meter Länge, 15,4 Meter Breite, 9,7 Meter Tiefgang
Antrieb	1× OK-650B-Druckwasserreaktor mit 190 Megawatt Leistung auf 1× Welle mit 1× Sieben-Blatt-Propeller wirkend, 2× OK-300 ausfahrbare elektrisch angetriebene Impeller zum Manövrieren für max. 5 Knoten Fahrt, 2× Typ AT-300-Dieselgeneratoren für Notfallbetrieb
Höchstgeschwindigkeit	10 Knoten (aufgetaucht), 33 Knoten (getaucht)
Reichweite	unbegrenzt
Maximale Tauchdauer	unbegrenzt, nur abhängig von der gelagerten Verpflegung für die Besatzung
Besatzung	62 Personen
Tauchtiefe	Max. 600 Meter
Bewaffnung	4× 533-mm-Torpedorohre, 4× 650-mm-Torpedorohre, 40× Torpedos, 40 Minen, SS-N-15 Starfish- und SS-N-16 Stallion- Anti-U-Boot-Raketen, SS-N-21 Sampson- und SS-N-27 Sizzler-/SSN-N-30A-Marschflugkörper

5.5 Cruise-Missile U-Boote der Oscar-Klasse

Die K-525 »Archangelsk« war die erste Einheit der Oscar I-Klasse (Foto: US Navy).

Die K-410 »Smolensk« ist eines der Boote der Oscar II-Klasse (Foto: Mil.ru).

Im Gegensatz zur Flottenpolitik westlicher Marinen, bei denen das Konzept von Marschflugkörpern als U-Boot-Hauptbewaffnung lange vernachlässigt wurde, kam ihm bei der Sowjetmarine eine tragende Rolle zu.
Bereits in den 1950er Jahren wurden konventionelle Diesel-U-Boote des Projektes 613 (NATO-Bezeichnung: Whiskey-Klasse) zu Trägern von Marschflugkörpern umgerüstet. Anfang der 1960er Jahre folgten erste als SSGN klassifizierte Atom-U-Boote mit Marschflugkörperbewaffnung des Projektes 659 (NATO-Bezeichnung: Echo I-Klasse), die in der Lage waren, aufgetaucht sechs Marschflugkörper des Typs P-5 Pjatjorka (NATO-Bezeichnung: SS-N-3A Shaddock) gegen Landziele in mehreren Hundert Kilometern Entfernung abzufeuern.

Weiterentwicklungen

Weitere verbesserte Marschflugkörper-U-Boote der Projekte 675 (NATO: Echo II-Klasse), 661 (Papa-Klasse) und 670 (Charlie I- und Charlie II-Klassen) sowie umgebaute Raketen-U-Boote des Projektes 667 (Yankee-Klasse) folgten. Für die Planer der sowjetischen Marine stellten die immer zahlreicher in Dienst gestellten großen Flugzeugträger der US Navy (»Enterprise«, Forrestal- und Kitty-Hawk- sowie Nimitz-Klassen) eine immer größer werdende Gefahr da. Deshalb wurde das Rubin-Konstruktionsbüro im September 1970 damit beauftragt, eine Gegenwaffe in Form eines Atom-U-Bootes zu entwickeln, dessen Primärbewaffnung aus einer großen Zahl Marschflugkörper besteht, die in getauchtem Zustand auf amerikanische Flugzeugträger abgeschossen werden sollten. Neben dem eigentlichen U-Boot wurde auf Grundlage dieser Anforderung der zehn Meter lange Marschflugkörper/Seezielflugkörper P-700 Granit (NATO-Bezeichnung: SS-N-19 Shipwreck) entwickelt, der in der Lage ist, einen 750-kg-Sprengkopf mit bis zu zweieinhalbfacher Schallgeschwindigkeit in einem Radius von bis zu 625 Kilometern ins Ziel zu führen (neben den U-Booten wurde der Flugkörper auch Teil der Bewaffnung auf großen sowjetischen Überwasserschiffen).

Oscar I

Sowjetische Militärstrategen hatten errechnet, dass 24 Marschflugkörper in einer Salve die besten Chancen hätten, die Flugabwehr der US Navy (teilweise) zu überwinden und in genügender Anzahl in der Lage wären, einen Flugzeugträger zu versenken. Aus diesem Grund wurde das den P-700 tragende U-Boot mit je zwölf einzelnen Abschussrohren pro Rumpfseite ausgestattet (jeder Marschflugkörper in einem eigenen Abschussrohr). Das Boot selbst trug die Projektbezeichnung 949 Granit (NATO-Bezeichnung: Oscar I-Klasse), war 143 Meter lang und aufgrund der äußeren Abschussrohre 18 Meter breit. Die Unterwasserverdrängung betrug 22.500 Tonnen. Zwei OK-650-Druckwasserreaktoren mit je 190 MW Leistung wirkten auf zwei Schiffswellen mit gegenläufigen Propellern. Zu Defensivzwecken waren vier 533-Millimeter- und zwei 650-Millimeter-Torpedorohre zum Abschuss von Torpedos und Anti-U-Boot-Raketen an Bord. Zwei Einheiten der Oscar I-Klasse wurden 1975 und 1979 auf Kiel gelegt sowie 1980 und 1983 in Dienst gestellt. Beide Einheiten sind seit 1996 außer Dienst.

Oscar II

Bereits während des Baues der ersten beiden Einheiten wurde die Oscar-Klasse zum Projekt 949A Antey (NATO-Bezeichnung: Oscar II-Klasse) weiterentwickelt. Der Hauptunterschied zu den ersten beiden Booten sind eine größere Länge von 155 Metern durch die Einfügung einer weiteren Rumpfsektion. Weiterhin wurden zahlreiche Maßnahmen zur Schallreduktion eingeführt. Die Heckflosse fiel deutlich stromlinienförmiger aus und die Oscar II-Boote nutzen Siebenblatt- statt Vierblattpropeller. Je nach Quelle sind die Boote der Oscar II-Klasse mit einer einzelnen Rettungskapsel für die gesamte Mannschaft ausgestattet. Das erste Boot der überarbeiteten Version wurde im Juli 1982 auf Kiel gelegt, gefolgt von 13 weiteren Kiellegungen bis April 1994. Elf Boote wurden bis Dezember 1996 in Dienst gestellt und die restlichen drei begonnenen Boote aufgrund nicht ausreichender Finanzmittel wieder gestrichen. Eine dieser drei unfertigen Einheiten wurde nach langwierigem Bau im Juli 2022 als Spezial-U-Boot in Dienst gestellt, die anderen beiden wahrscheinlich abgebrochen und Komponenten möglicherweise zum Bau anderer U-Boote verwendet. Traurige Berühmtheit erlangte die Bootsklasse durch den Unfall der K-141 »Kursk« am 12. August 2000 (bei dem auch erstmals die Weltöffentlichkeit Notiz von der Oscar II-Klasse nahm). Die Suche nach Lebenszeichen von der U-Boot-Besatzung hatte im Sommer 2000 die Welt in Atem gehalten. Insgesamt fanden 118 russische Seeleute wahrscheinlich durch die Explosion eines Torpedos im vorderen Teil des Bootes den Tod. Die besonders tragische Note des Unglücks ist die Verweigerung der russischen Seite, Hilfe durch westliche Marinen bei der Bergung der Crew anzunehmen, was nicht zuletzt auch das Vertrauen der russischen Bevölkerung in die russische Marine nachhaltig erschütterte. Die »Kursk« wurde im Oktober 2001 von einer niederländischen Bergungsfirma gehoben und anschließend verschrottet. Der Turm des Bootes steht heute als Teil eines Denkmals an das Unglück in Murmansk.

Modifikationen

Im Jahr 2011 begann das Konstruktionsbüro Rubin mit der Entwicklung einer umfangreichen Modernisierung des Projektes 949A. Im September 2015 kündigte der russische Verteidigungsminister Schoigu die Grundsanierung und Mo-

Auf dieser Aufnahme aus dem Jahr 1986 kann man die seitlichen Klappen auf den Abschussrohren erkennen (Foto: US Navy).

Die K-186 »Omsk« im Jahr 2007 bei einer Marineparade (Foto: Alex omen, CC BY 3.0).

Die K-150 »Tomsk« vor der winterlichen Kulisse der russischen Pazifikküste (Foto: Mil.ru).

Die Boote der Oscar-Klasse / Projekt 949 Granit und 949A Antey						
Name	**Ken-nung**	**Projekt**	**Kiellegung**	**Indienststel-lung**	**Flotte**	**Status und Bemerkungen**
»Archan-gelsk«	K-525	949	25. Juli 1975	30. Dez. 1980	Nordflotte	Verschrottet 2005
»Murmansk«	K-206	949	22. Apr. 1979	30. Nov. 1983	Nordflotte	Verschrottet 2005, »ex-Minskiy Komsomolets«
»Krasnodar«	K-148	949A	22. Juli 1982	30. Sept. 1986	Nordflotte	Verschrottet 2014
»Krasnojarsk«	K-173	949A	04. Aug. 1983	31. Dez. 1986	Pazifikflotte	Verschrottet 2016/17
»Irkutsk«	K-132	949A/ 949AM	08. Mai 1985	30. Dez. 1988	Pazifikflotte	Aktiv nach 2022 abgeschlossener Überholung
»Woronesch«	K-119	949A	25. Feb. 1986	29. Dez. 1989	Nordflotte	In der Reserve seit 2020
»Smolensk«	K-410	949A	09. Dez. 1986	22. Dez. 1990	Nordflotte	Aktiv nach 2013 abgeschlossener Überholung
»Tschelja-binsk«	K-442	949A/ 949AM	21. Mai 1987	28. Dez. 1990	Pazifikflotte	In der Modernisierung seit 2016
»Twer«	K-456	949A	09. Feb. 1988	18. Aug. 1992	Pazifikflotte	Aktiv. »ex-Kasatka, Vilyuchinsk«
»Orel«	K-266	949A/ 949AM	19. Jan. 1989	30. Dez. 1992	Nordflotte	Aktiv nach 2017 abgeschlossener Überholung, »ex-Sewerodwinsk«
»Omsk«	K-186	949A	13. Juli 1989	15. Dez. 1993	Pazifikflotte	Aktiv nach 2008 abgeschlossener Überholung
»Tomsk«	K-150	949A	27. Aug. 1991	30. Dez. 1996	Pazifikflotte	Aktiv nach 2019 abgeschlossener Überholung
»Kursk«	K-141	949A	22. März 1992	30. Dez. 1994	Nordflotte	Unfall am 12. August 2000, verschrottet
»Belgorod«	K-329	09852	20. Dez. 2012	08. Juli 2022	Nordflotte	Spezial-U-Boot, ursprünglich im Juli 1992 auf Kiel gelegt, nach Umkonstruktion neue Kiellegung Dezember 2012
»Wolgograd«	K-135	949A	02. Sept. 1993	–	–	Unvollendet
»Barnaul«	K-160	949A	Apr. 1994	–	–	Unvollendet

In der Frontalansicht wird die außergewöhnliche Breite der Oscar II-Klasse deutlich – hier bei der K-266 »Orel« (Foto: Mil.ru).

dernisierung von drei Einheiten an, die den Booten die neue Projektbezeichnung 949AM zuwies und die Dienstzeit um weitere 20 Jahre verlängerte. Es soll sich dabei um die Boote K-132 »Irkutsk«, K-442 »Tscheljabinsk« und K-266 »Orel« handeln. Die Modernisierung umfasst nicht zuletzt eine neue Bewaffnung in Form von bis zu 72 Marschflugkörpern Kalibr-PL (NATO-Bezeichnung: SS-N-27 Sizzler), die durch die Torpedorohre verschossen werden und Seezielflugkörper P-800 Oniks (NATO-Bezeichnung: SS-N-26 Strobile), die ohne größere Modifikationen in den seitlichen Abschussrohren gelagert werden können. Weiterhin wurden zur besseren Manövrierbarkeit zwei Bugstrahlruder eingebaut, die elektronischen Systeme vollständig überarbeitet (darunter ein neues Führungs- und Waffeneinsatzsystem sowie neue Sonare und Radare), die Rettungskapsel mit einer Außenkamera versehen (wahrscheinlich als Reaktion auf die Katastrophe der »Kursk«), die Reaktorkühlung verbessert und weitere geräuschdämmende Maßnahmen umgesetzt. Technologisch sollen die Boote dadurch auf den Stand der nachfolgenden Jasen-Klasse (Projekt 885/M, siehe Kapitel 5.6) angehoben werden.

Bei der K-329 »Belgorod« handelt es sich um ein auf der Oscar II-Klasse basierendes Spezial-U-Boot (Foto: Archiv Verfasser).

Belgorod

Am 20. Dezember 2012 wurde der Kiel des unfertigen Oscar II-Bootes K-329 »Belgorod« bei Sewmasch in Sewerodwinsk bereits ein zweites Mal gelegt (erste Kiellegung war im Juli 1992). Die »Belgorod« wurde als Spezial-U-Boot bzw. Mutterschiff für bemannte Tiefseeunterseeboote (bspw. Projekte 18511 Paltus-Klasse oder 10831 »Loscharik«, siehe Kapitel 5.11) und unbemannte Unterwasserfahrzeuge weitergebaut. Weiterhin soll die »Belgorod« als Trägerboot für den 24 Meter langen, atomar angetriebenen Hochgeschwindigkeitstorpedo Poseidon (NATO-Bezeichnung: Kanyon) dienen. Der Stapellauf der umgerüsteten »Belgorod« erfolge am 23. April 2019, gefolgt von ausgiebigen Seeerprobungen und der Indienststellung am 08. Juli 2022. Aufgrund der nicht mehr benötigten bzw. vorhandenen seitlichen Abschussrohre ist die »Belgorod« nur noch 15 statt 18 Meter breit. Ihre Länge erhöhte sich jedoch auf 184 Meter, was sie zum längsten jemals gebauten Unterseeboot macht. Die Ausstattung der »Belgorod« ist ein russisches Staatsgeheimnis und es existieren nur wenige aussagefähige Fotoaufnahmen von ihr.

Profilzeichnung der Oscar I-Klasse, von der nur zwei Boote gebaut wurden (Grafik: Mike 1979 Russia, CC BY-SA 3.0).

Profilzeichnung der Oscar II-Klasse, von der elf Einheiten gebaut wurden (Grafik: Mike 1979 Russia, CC BY SA 3.0).

Technische Daten Oscar II-Klasse / Projekt 949A Antey	
Bauwerft	Sewmasch, Sewerodwinsk, Sowjetunion bzw. Russische Föderation
Verdrängung	24.000 Tonnen (getaucht)
Abmessungen	155 Meter Länge, 18,2 Meter Breite, 9 Meter Tiefgang
Antrieb	2× OK-650M.02-Druckwasserreaktoren mit je 190 MW Leistung, 2× Dampfturbinen auf 2× Schiffswellen mit je einem Sieben-Blatt-Propeller wirkend
Höchstgeschwindigkeit	15 Knoten (aufgetaucht), 32 Knoten (getaucht)
Reichweite	unbegrenzt
Maximale Tauchdauer	unbegrenzt, nur abhängig von der gelagerten Verpflegung für die Besatzung
Tauchtiefe	600 Meter
Besatzung	107 Personen
Bewaffnung	4× 533-mm-Torpedorohre, 2× 650-mm-Torpedorohre, RPK-2 Wijuga (NATO-Bezeichnung: SS-N-15 Starfish) Anti-U-Boot-Raketen oder RPK-6 Wodopad (NATO-Bezeichnung: SS-N-16 Stallion), 24× Seezielflugkörper P-700 Komplex Granit (NATO-Bezeichnung: SS-N-19 Shipwreck) oder nach Modernisierung bis 72× Marschflugkörper Kalibr-PL (NATO-Bezeichnung: SS-N-27 Sizzler) oder Seezielflugkörper P-800 Oniks (NATO-Bezeichnung: SS-N-26 Strobile)

5.6 Cruise-Missile U-Boote der Jasen-Klasse

Stapellauf der K-560 »Sewerodwinsk« am 15. Juni 2010 (Foto: Kremlin.ru).

Indienststellungszeremonie der »Sewerodwinsk« am 17. Juni 2014 (Foto: Mil.ru).

Nach dem Zusammenbruch der Sowjetunion Anfang der 1990er Jahre kamen die meisten von Russland fortgeführten Rüstungsprojekte in finanzielle Schwierigkeiten, gefolgt von langjährigen Verzögerungen oder oftmals sogar Projekteinstellungen.

Der Bau von atomar angetriebenen U-Booten genoss in der neu entstandenen Russischen Föderation weiterhin hohe Priorität, weshalb der Bau der meisten begonnenen Einheiten der Oscar- und Akula-Klassen weitergeführt wurde. Die Umsetzung neuer Bootsentwürfe kam jedoch ins Straucheln und nahm erst im zweiten Jahrzehnt des 21. Jahrhunderts wirklich Fahrt auf.

Nachfolger

Die Entwicklung einer U-Boot-Klasse, die sowohl die Jagd-U-Boote der Victor III-Klasse und letztendlich auch die modernere Akula-Klasse sowie die mit Marschflugkörpern ausgestattete Oscar-Klasse ersetzen sollte, begann schon im Jahr 1977. Dieser Entwicklungsauftrag ging an das Malachit-Konstruktionsbüro, welches in den vorangegangenen Jahrzehnten bereits für die Schiffsentwürfe der Jagd-U-Boote der Victor-, Alfa- und Akula-Klassen verantwortlich zeichnete. Ursprünglich als reines Jagd-U-Boot konzipiert, wurden die Entwicklungsarbeiten im Jahr 1985 beendet und der neue Bootstyp war reif für den Bau der ersten Einheit. Allerdings änderte die sowjetische Marineführung das Einsatzkonzept hin zu einem Mehrzweck-U-Boot, welches neben der klassischen Torpedobewaffnung und Anti-U-Boot-Raketen nun auch mit Marschflugkörpern bewaffnet werden sollte. Die Umkonstruktion des vorhandenen Bootsentwurfes dauerte mehrere Jahre. Als die erste Einheit des als Projekt 885 Jasen (zu deutsch »Esche«, NATO-Bezeichnung: Graney) bezeichneten Entwurfes am 21. Dezember 1993 bei Sewmasch in Sewerodwinsk auf Kiel gelegt wurde, hatte der ursprüngliche Auftraggeber – die Sowjetunion – aufgehört zu existieren. An ihren Platz war die neu gegründete Russische Föderation getreten, die neben riesigen innenpolitischen auch mit massiven finanziellen Problemen zu kämpfen hatte. Ursprünglich hätte das Boot im Jahr 1998 vom Stapel laufen sollen, 1996 wurde jedoch der Bau eingestellt, da die russische Marine über keine finanziellen Ressourcen hierfür verfügte. Im Jahr 2003 wurde von der russischen Regierung der Weiterbau des inzwischen auf den Namen K-560

Die »Sewerodwinsk« aufgenommen im März 2016 (Foto: Минобороны России/Олег Кулешов, CC BY-SA 4.0).

Eine offizielle Jasen-Aufnahme des Konstruktionsbüros Malachit (Foto: Malakhit Design Bureau).

»Sewerodwinsk« getauften Bootes forciert. In der Zeit, in der das Boot unfertig auf der Helling lag, wurde der Schiffsentwurf weiter verändert, was letztlich den Weiterbau nach dem erneuten Produktionsstart erschwerte, weshalb der Stapellauf erst am 15. Juni 2010 vollzogen wurde, fast 17 Jahre nach der Kiellegung. Als Typschiff einer neuen Klasse wurde die »Sewerodwinsk« intensiven Tests unterzogen. Am 26. November 2012 wurde erstmals ein P-800 Oniks-Seezielflugkörper von der »Sewerodwinsk« abgeschossen. Die Indienststellung geschah schließlich am 17. Juni 2014.

Die »Sewerodwinsk« im Jahr 2018 im Heimatstützpunkt bei der Nordflotte (Mil.ru).

Das Boot

Die »Sewerodwinsk« ist 139 Meter lang und ist das erste russische U-Boot, das nicht als Zweihüllen- sondern als Einhüllenboot konzipiert ist. Beim Rumpfbau wurde niedermagnetischer Stahl verwendet. Erstmals bei einem russischen U-Boot wurde in den Bug der »Sewerodwinsk« ein kugelförmiges MGK-600 Irtysch-Amfora-Bugsonar mit sphärischer Auffassfähigkeit verbaut. Zum Sonarsystem gehören neben dem Bugsonar seitliche Sonarflächen am Rumpf und ein Schleppsonar. Im Bereich zwischen Turm und Heck befinden sich insgesamt acht Abschussrohre in zwei Reihen für P-800 Oniks-Seezielflugkörper oder Kalibr-Marschflugkörper; in jedem Abschussrohr können maximal drei Flugkörper gelagert werden. Insgesamt zehn 533-Millimeter-Torpedorohre sind hinter dem Bug (im Bug selbst befindet sich das Sonar) in den Rumpfseiten angebracht (ähnlich wie bei modernen amerikanischen U-Booten). Aufgrund einer großen Automatisierung kommt das Boot mit einer Besatzung von lediglich 90 Personen aus. Die »Sewerodwinsk« wird von einem OK-650W-Druckwasserreaktor mit 195 MW Leistung angetrieben, der auf zwei Dampfturbinen und eine Schiffswelle mit einem klassischen Schiffspropeller wirkt – das Boot verfügt nicht über einen Pumpjet/Düsenringpropeller, wie er häufig bei modernen westlichen Booten aber auch bei den strategischen U-Booten der russischen Borei-Klasse

Die zweite Einheit K-561 »Kasan« vor winterlicher Kulisse im Jahr 2021 (Foto: Mil.ru).

Die Boote der Jasen-Klasse / Projekt 885(M)					
Name	**Kennung**	**Projekt**	**Kiellegung**	**Indienststellung**	**Bemerkungen**
»Sewerodwinsk«	K-560	885	21. Dezember 1993	17. Juni 2014	aktiv, Nordflotte
»Kasan«	K-561	885M	24. Juli 2009	07. Mai 2021	aktiv, Nordflotte
»Nowosibirsk«	K-573	885M	26. Juli 2013	21. Dezember 2021	aktiv, Pazifikflotte
»Krasnojarsk«	K-571	885M	27. Juli 2014	11. Dezember 2023	aktiv, Pazifikflotte
»Archangelsk«	K-564	885M	19. März 2015	27. Dezember 2024	aktiv, Nordflotte
»Perm«	-	885M	29. Juli 2016	-	im Bau, angeblich modifiziert als Träger von SS-N-33 Zirkon-Hyperschallwaffen
»Uljanowsk«	-	885M	28. Juli 2017	-	im Bau, möglicherweise Spezial-U-Boot
»Woronesch«	-	885M	20. Juli 2020	-	im Bau, soll mit Kalibr-Marschflugkörpern ausgestattet werden
»Wladiwostok«	-	885M	20. Juli 2020	-	im Bau, soll mit Kalibr-Marschflugkörpern ausgestattet werden
»Bratsk«	-	885M	vstl. 2025	-	geplant
-	-	885M	-	-	geplant
-	-	885M	-	-	geplant

Die dritte Einheit K-573 »Nowosibirsk« und das vierte Boot K-571 »Krasnojarsk« stehen beide im Dienst der Pazifikflotte. Die Aufnahme entstand am 16. Oktober 2024 in Rybachi (Foto: Russian MOD).

zu finden ist. In Bezug auf die Geräuschemissionen der »Sewerodwinsk« (und ihrer nachfolgenden Schwesterschiffe) soll es sich laut Aussagen verschiedener westlicher Marinen um die leisesten Unterseeboote aus russischer Produktion überhaupt handeln.

Weitere Einheiten

Im Jahr 2011 orderte die russische Marine vier weitere Boote der Jasen-Klasse, bei denen der Schiffsentwurf nochmals überarbeitet wurde. Das Resultat ist das Projekt 885M, bei dem der Rumpf etwas stromlinienförmiger ausfällt. Im Gesamten wurde die Bootslänge auf 130 Meter verkleinert und laut mehrerer russischen Quellen die Besatzungsstärke auf nur noch 64 Personen und die Anzahl Torpedorohre auf acht reduziert. In den folgenden Jahren wurden sieben weitere Einheiten des Jasen-Entwurfes (die NATO-Bezeichnung Graney wird auch in der westlichen Literatur wenig benutzt) bestellt – die Gesamtstärke der Klasse wird nach dem jetzigen Stand also zwölf Einheiten betragen. Nach der »Sewerodwinsk« wurden bisher drei weitere Einheiten der Jasen-Klasse in Dienst gestellt: K-560 »Kasan«, K-573 »Nowosibirsk« und K-571 »Krasnojarsk«. Eine fünfte Einheit, K-564 »Archangelsk« wurde am 27. Dezember 2024 in Dienst gestellt. Weitere Einheiten – noch ohne Kennnummer – sind im Bau: »Perm«, »Uljanowsk«, »Woronesch« und »Wladiwostok«. Die zehnte Jasen-Einheit namens »Bratsk« soll im Jahr 2025 auf Kiel gelegt werden, gefolgt von zwei weiteren Booten, für die noch kein Konstruktionszeitrahmen und keine Namen bekannt wurden. Laut verschiedener Quellen sollen erst die späteren Boote mit dem Kalibr-Marschflugkörper ausgestattet werden, der bei zahlreichen russischen Überwasserschiffklassen zur Standardbewaffnung gehört. Unklarheit herrscht bei der »Perm« und der »Uljanowsk« bezüglich der Bewaffnung. So soll die »Perm« zusätzlich mit SS-N-33 Zirkon-Hyperschallwaffen ausgestattet werden. Noch kurioser ist die Lage bei der »Uljanowsk«, die in verschiedenen Flottenlisten und russischsprachigen Medien der Chabarowsk-Klasse zugeschrieben wird (siehe Kapitel 5.10) und auch die entsprechende Projektnummer 09853 zu-

Die bisher neueste Einheit K-564 »Archangelsk« während der Seeerprobungen im Juni 2024 (Foto: Archiv Verfasser).

Profilzeichnung des ursprünglichen Projektes 885 »Sewerodwinsk« (Grafik: Mike Russia 1979, CC BY-SA 4.0).

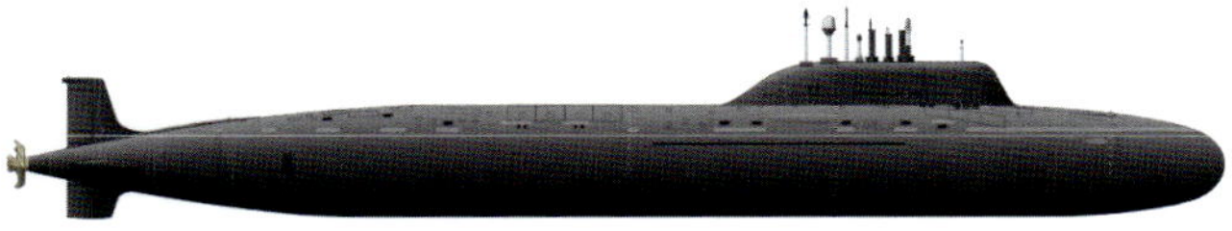

Profilzeichnung der Boote des überarbeiteten Projektes 885M (Grafik: Mike Russia 1979, CC BY-SA 4.0).

gewiesen bekommt. Denkbar ist, dass das Schiffsdesign der »Uljanowsk« zwar der Jasen-Klasse entstammt, dieses einzelne Boot jedoch zum Träger der atomar angetriebenen Unterwasserdrohne Poseidon umfunktioniert wurde. Möglicherweise sind mehr Rückschlüsse nach dem erfolgtem Stapellauf des Bootes möglich (projektiert 2025/26).

Ergänzungsbeschaffung

Da die Jasen-Klasse mit angeblichen Baukosten von 3,5 Milliarden US-Dollar pro Boot zu den teuersten russischen U-Bootdesigns überhaupt zählt, mehren sich in der russischen Marine die Stimmen, die die Fertigung eines kostengünstigeren U-Bootes in größerer Stückzahl forcieren. Deshalb arbeitet das Malachit-Konstruktionsbüro an einem deutlich kleineren U-Boot, das die Projektbezeichnung 545 Laika oder Husky trägt. Es soll sich in Bezug auf die Rumpfform und die generelle Auslegung um eine verkleinerte Version der Jasen-Klasse handeln. So weit bekannt, wurde aber bisher noch keine einzige Einheit fest geordert. Das Konstruktionsbüro Malachit rechnet bei Auftragsvergabe mit der Kiellegung der ersten Einheit um das Jahr 2027.

Technische Daten Jasen-Klasse / Projekt 885M	
Bauwerft	Sewmasch, Sewerodwinsk, Russische Föderation
Verdrängung	8.600 Tonnen (aufgetaucht), 13.800 Tonnen (getaucht)
Abmessungen	130 Meter Länge, 11,5 Meter Breite, 8,4 Meter Tiefgang
Antrieb	1× OK-650W-Druckwasserreaktor mit 195 MW auf 2×Dampfturbinen und 1× Schiffswelle wirkend
Höchstgeschwindigkeit	20 Knoten (aufgetaucht), 35 Knoten (getaucht)
Reichweite	unbegrenzt
Maximale Tauchdauer	unbegrenzt, nur abhängig von der gelagerten Verpflegung für die Besatzung
Tauchtiefe	650 Meter
Besatzung	90 Personen, je nach Quelle nur 64 Personen
Bewaffnung	10× oder 8×533-mm-Torpedorohre, 32 (8×4) P-800 Oniks Seezielflugkörper

5.7 Raketen-U-Boote der Delta-Klasse

Aufnahme eines Bootes der Delta I-Klasse aus dem Jahr 1977. Im »Raketenbuckel« war Platz für zwölf R29-Interkontinentalraketen (Foto: US Navy).

Die Boote der Delta II-Klasse konnten bereits 16 verbesserte R29K tragen (Foto: US Navy).

Bei den strategischen Atom-U-Booten mit Ballistischen Raketen der Projekte 667B Murena, 667BD Murena-M, 667BDR Kalmar und 667BDRM Delfin (NATO-Bezeichnung: Delta I bis IV-Klassen) handelt es sich um Weiterentwicklungen der strategischen Raketen-U-Boote des Projektes 667A Nawage (NATO-Bezeichnung: Yankee-Klasse).
Die Yankee-Klasse war der erste sowjetische U-Boot-Typ, bei dem die Ballistischen Raketen nicht im Turm, sondern in 16 Abschusssilos im Rumpfrücken gelagert waren. Als Raketenbewaffnung der Yankee-Klasse wurden überwiegend R-27/ auch als RSM-25 bezeichnete Mittelstreckenraketen (SS-N-6, NATO-Codename Serb) genutzt. Insgesamt 34 Einheiten der Yankee-Klasse wurden zwischen 1964 und 1974 für die sowjetische Nord- und Pazifikflotten gebaut.

Delta I

Da die Reichweite der R-27-Rakete nur bei maximal 3.000 Kilometern lag, mussten die Boote der Yankee-Klasse ihre strategischen Patrouillen in relativer Nähe zu den amerikanischen Küsten durchführen, um im Ernstfall ihre Raketen auf das amerikanische Festland abschießen zu können. Diese notwendige Nähe zu den amerikanischen Gewässern setzte die Yankee-Klasse einem hohen Risiko aus, durch amerikanische Jagd-U-Boote entdeckt zu werden. Die nachfolgende Delta-Klasse (ebenfalls eine Zweihüllenkonstruktion) nutzte die größere zweistufige Ballistische Interkontinentalrakete R-29 (NATO-Bezeichnung: SS-N-8 Sawfly) mit einer Reichweite von 7.700 Kilometern, was Patrouillenfahrten in den arktischen Gewässern ermöglichte, in relativer Nähe zu den russischen Heimatstützpunkten. Wie bei der vorangegangenen Yankee-Klasse wurden insgesamt 34 Boote der Delta-Klasse in den Ausführungen I bis IV (Bauzeitraum zwischen 1972 und 1990) bei Sewmasch in Sewerodwinsk und der Werft 199 in Komsomolsk am Amur gefertigt. Den Anfang machten 18 Einheiten des Projektes 667B Murena / Delta I-Klasse mit 139 Metern Länge, 12 Metern Breite und 9 Metern Tiefgang, angetrieben von zwei Druckwasserreaktoren, die über zwei Dampfturbinen auf zwei Schiffswellen wirkten. Als Hauptbewaffnung trugen die Delta I-Boote sowohl die ursprüngliche R-29 (NATO-Bezeichnung SS-N-8 Sawfly mod 1) wie auch die 1974 eingeführte verbesserte Version R-29D (NATO-Bezeichnung SS-N-8 Sawfly mod 2) mit einer vergrößerten Reichweite von 9.100 Kilometern. Neben zwölf Abschussschächten für die R-29 waren die Boote mit vier 533-Millimeter-Torpedorohren und zwei 400-Millimeter-Torpedorohren bewaffnet. Die letzte Einheit K-447 »Kislowodsk« wurde am 05. März 2004 aus der russischen Marine ausgemustert.

Delta II

Vom Projekt 667BD Murena-M / Delta II-Klasse wurden nur vier Einheiten in den 1970er Jahren gebaut. Sie sollten durch die Verlängerung um 16 Meter (auf dann 155 Meter Länge) die Schlagkraft des Bootsentwurfes erhöhen. Das zusätzliche Rumpfsegment in den Abteilungen 4 und 5 der Boote ermöglichte die Unterbringung von vier zusätzlichen Raketensilos. Weiterhin wurden die Delta II-Boote mit neuen geräuschdämmenden Maßnahmen wie schalldämmenden Beschichtungen des Rumpfes und der Lagerung der Dampfturbinen auf einem vibrationsdämpfenden Fundament versehen. Als erste sowjetischen Unterseebote waren die Einheiten der Delta II-Klasse in der Lage, per Wasserelektrolyse aus Meerwasser und elektrischem Strom Sauerstoff für die Atemluft herzustellen. Als Hauptbewaffnung der Delta II-Klasse diente die 1978 eingeführte, verbesserte R-29K (NATO-Bezeichnung: SS-N-18 Stingray mod 1/2), die statt einem insgesamt drei Nuklearsprengköpfe auf drei unabhängigen MIRVs (Multiple independently targetable reentry vehicle = unabhängig zielbarer Mehrfach-Wiedereintrittskörper) tragen konnte. Bis zum Jahr 1996 wurden alle vier Delta II-Klasse Boote ausgemustert.

Die K-433 »Svyatoy Georgiy Pobedonosets« aufgenommen im Jahr 2016 als eine der letzten noch in Dienst stehenden Einheiten der Delta III-Klasse (Foto: Mil.ru).

Künstlerische Darstellung eines Unterwasserstarts einer R29R-Interkontinentalrakete von einem Delta III-Boot aus (Grafik: Edward L. Cooper, gemeinfrei).

Die K-84 »Jekaterinburg« kurz vor der Wiederindienststellung nach der Modernisierung 2011 bis 2014. Das mittlerweile in Reserve liegende Boot war die zweite Delta IV-Einheit (Foto: Swjosdotschka-Werft).

Liste der aktiven Boote der Delta-Klassen						
Name	Kennung	Werft	Kiellegung	Indienststellung	Flotte	Status
»Orenburg«	BS-136 (ex K-129)	(*)	09. April 1979	05. Nov.1981	Nordflotte	Akiv, Delta III-Klasse, umgebaut zum Mutterschiff für Tiefseeunterseeboote, Projekt 09786
»Werchoturje«	K-51	(*)	23. Feb. 1981	28. Dez. 1984	Nordflotte	Aktiv, Modernisierung 2010–12,
»Jekaterinburg«	K-84	(*)	17. Feb. 1982	30. Dez. 1985	Nordflotte	In Reserve seit 2020, Modernisierung 2011–14, Brandschaden am 29. Dez. 2011
»Podmoskowje«	BS-64 (ex K-64)	(*)	18. Dez. 1982	23. Dez. 1986	Nordflotte	Aktiv, Umbau 2002–2016 zum Mutterschiff für Tiefseeunterseeboote, Projekt 09787
»Tula«	K-114	(*)	22. Feb. 1984	30. Ok.t 1987	Nordflotte	Aktiv, Modernisierung 2014–2017
»Brjansk«	K-117	(*)	20. Apr. 1985	30. Sep. 1988	Nordflotte	Aktiv, Modernisierung 2002–08
»Karelija«	K-18	(*)	07. Feb. 1986	10. Okt. 1989	Nordflotte	Aktiv, Modernisierung 2004–10
»Nowomoskowsk«	K-407	(*)	02. Feb. 1987	27. Nov. 1990	Nordflotte	Aktiv, Modernisierung 2008–2012

(*) Sevmasch, Sewerodwinsk

Die K-114 »Tula« wird nach der Modernisierung 2017 aus der Halle der Swjosdotschka-Werft gezogen (Foto: Swjosdotschka-Werft).

Die K-117 »Brjansk« läuft nach einer Patrouille im Jahr 2013 in den Heimatstützpunkt ein (Foto: Mil.ru).

Delta III

Ab 1972 wurde das Projekt 667BDR Kalmar / Delta III-Klasse vom Konstruktionsbüro Rubin in Leningrad entwickelt. Insgesamt 18 Einheiten wurden zwischen 1974 und 1982 auf der Sewmasch-Werft gebaut. Als Bewaffnung dienten 16 der 1979 eingeführten, deutlich vergrößerten Interkontinentalraketen der Version R-29R (NATO-Bezeichnung: SS-N-18 Stingray mod 3.), die bis zu 7 MIRV mit je einem Sprenkopf an der Spitze tragen konnten. Erstmals konnten bei der Delta III-Klasse die Raketen in Salven gestartet werden, anstatt durch zeitaufwendige Einzelstarts. Im Gegensatz zu den Vorgängerklassen war die Delta III-Klasse nur mit vier 533-Millimeter-Torpedorohren zum Selbstschutz vor gegnerischen Jagd-U-Booten ausgestattet (Lagermöglichkeit an Bord für 16 Torpedos), die 400-Millimeter-Rohre entfielen. Bis auf die zum Mutterschiff für Tiefseeunterseeboote umgebaute BS-136 »Orenburg« sind seit 2024 alle Boote der Delta III-Klasse außer Dienst gestellt.

Delta IV

Zwischen 1984 und 1990 stellte die Sowjetmarine sieben Einheiten des Projektes 667BDRM Delfin / Delta IV-Klasse in den Dienst der Nordflotte, die alle von der nachfolgenden russischen Marine übernommen und weiterbetrieben wurden. Ursprünglich waren nach der Delta III-Klasse keine weiteren Boote des Projektes 667 mehr geplant, da in der Zwischenzeit mit dem Projekt 941 (NATO-Bezeichnung: Typhoon-Klasse) ein wesentlich größeres strategisches Raketen-U-Boot in der Entwicklung war. Da aufgrund der astronomischen Baukosten und des großen Bauaufwandes nur wenige Typhoon-Boote gebaut wurden, waren diese wenigen Einheiten sehr anfällig für eine potenzielle Zerstörung durch NATO-U-Boote zu Beginn eines atomaren Konfliktes. In solch einem Fall wäre die Sowjetunion ohne nukleare Zweitschlagfähigkeit gewesen. Aus diesem Grund wurden ergänzend weitere Boote des Delta-Entwurfes in Form der rundum modernisierten Delta IV-Klasse geordert. Am 10. September 1975 wurde die Delta IV-Klasse beim Konstruktionsbüro Rubin in Auftrag gegeben. Fast alle technischen Komponenten wurden auf den neuesten Stand gebracht und auf maximale Geräuschdämmung ausgelegt. Die Boote wurden um 12 Meter auf insgesamt 167 Meter Länge vergrößert. Als Hauptbewaffnung dient die neue dreistufige Interkontinentalrakete RSM-54/R-29RM (NATO-Bezeichnung: SS-N-23 Skiff), die auch nach dem Zerfall der Sowjetunion von Russland weiterproduziert wurde und die in der neueren Version RMU2 bis zu zwölf Nuklearsprengköpfe tragen kann. Mit der RSM-54 wurde bei einem Teststart eine Reichweite von mehr als 11.500 Kilometern nachgewiesen. Bis auf die im Dezember 2011 bei einem Feuer schwer beschädigte und im Jahr 2020 in die Reserve überführte K-84 »Jekaterinburg« befinden sich noch alle Delta IV-Boote im aktiven Dienst der russischen Marine.

Die BS-136 »Orenburg« ist ein Delta III-Klasse-Boot, dass zum Mutterschiff für Tiefseeunterseeboote umgebaut wurde. Man beachte den flachen Rumpfrücken ohne Raketensilos (Foto: Archiv Verfasser).

Die BS-64 »Podmoskowje« ist das zweite Boot der Delta-Klasse, das zu einem Mutterschiff für Tiefseeunterseeboote umgerüstet wurde (Foto: Swjosdotschka-Werft).

Orenburg

Als Mutterschiffe für atomar angetriebene Tiefseeunterseeboote der Projekte 10831 und 18551 (siehe Kapitel 5.11) wurden zwei Einheiten der Delta-Klasse im Auftrag des Hauptdirektorates für Tiefseeforschung GUGI umgebaut. Das ist zum einen die Anfang der 1980er Jahre in Dienst gestellte K-129 der Delta III-Klasse. Sie wurde zwischen 1994 und 2002 zum Projekt 09786 umgebaut. Dabei wurden die Raketensektion ausgebaut und ein neues Rumpfsegment eingebaut, was die Bootslänge auf 173 Meter erhöhte. Neben der Fähigkeit als Träger von Tiefsee-U-Booten wurde das Boot mit neuen Sonaranlagen, Propellergondeln zum Manövrieren und zusätzlichen Arbeitsstationen ausgestattet. Das Boot erhielt die neue Kennung BS-136 und den Namen »Orenburg«. Die Verdrängung stieg auf 11.600 Tonnen (aufgetaucht) bzw. 15.100 Tonnen (getaucht).

Podmoskowje

Das zweite zum Mutterschiff für Tiefseeunterseeboote umgebaute Delta-Klasse-U-Boot ist die 1986 vom Stapel gelaufene K-64 der Delta IV-Klasse. Nachdem 1999 eine fällige Reparatur gestrichen wurde, sollte das Boot eigentlich verschrottet werden. Man entschied sich jedoch zum Umbau und entfernte im Jahr 2002 den Rumpfteil, der die Raketensilos beherbergte. Ähnlich wie bei BS-136 »Orenburg« wurde auch bei K-64 eine neukonstruierte mittlere Rumpfsektion zwischen Bug und Heck eingefügt. Das vollständig auf der Swjosdotschka-Werft modernisierte Boot wurde am 11. August 2015 im Auftrag der GUGI wieder in Dienst gestellt, auf den Namen »Podmoskowje« getauft und mit der neuen Kennung BS-64 versehen. Die »Podmoskowje« mit neuer Projektbezeichnung 09787 wurde während ihres mehrjährigen Umbaus mit Propellergondeln am Bug und Heck ausgestattet, um präzises Manövrieren zu ermöglichen, und mit zahlreichen neuen Arbeitsstationen versehen, deren Funktionen streng geheim sind.

Technische Daten Delta IV-Klasse / Projekt 667BDRM Delfin	
Bauwerft	Sewmasch, Sewerodwinsk, Sowjetunion/Russische Föderation
Verdrängung	11.700 Tonnen (aufgetaucht), 18.200 Tonnen (getaucht)
Abmessungen	167 Meter Länge, 11,7 Meter Breite, 8,8 Meter Tiefgang
Antrieb	2× OK-700A-Druckwasserreaktoren mit 180 Megawatt Leistung, 2× Dampfturbinen wirkend auf 2× Schiffswellen mit je einem Fünf-Blatt-Propeller, 2× DG-460-Dieselmotoren
Höchstgeschwindigkeit	14 Knoten (aufgetaucht), 24 Knoten (getaucht)
Reichweite	unbegrenzt
Maximale Tauchdauer	unbegrenzt, nur abhängig von der gelagerten Verpflegung für die Besatzung
Tauchtiefe	320 Meter
Besatzung	135 Personen
Bewaffnung	4× 533-mm-Torpedorohre, 16× Ballistische Raketen R-29RM (NATO-Bezeichnung SS-N-23 Skiff mit mehr als 11.500 Kilometer Reichweite)

5.8 Die Raketen-U-Boote der Borei-Klasse

Das Typschiff K-535 »Juri Dolgoruki«, aufgenommen im Oktober 2015 (Foto: Mil.ru, CC BY 4.0).

Beim zweiten Boot der Borei-Klasse, der K-550 »Alexander Newski«, erkennt man sehr gut den ausgeprägten »Raketenbuckel« (Foto: Mil.ru, CC BY 4.0).

Die Entwicklung der strategischen Raketen-U-Boote läuft in den wenigen Ländern, die über solche Waffensysteme verfügen, nicht kontinuierlich, sondern in Zyklen. Obwohl erste Überlegungen zur Konzeption einer neuen Klasse von strategischen Booten bereits in den 1980er Jahren – also noch zu Sowjetzeiten – begannen, starteten die russischen U-Bootentwickler mit ernsten Entwürfen erst in den 1990er Jahren.

Da die russische Marine zu diesem Zeitpunkt über äußerst knappe Finanzmittel verfügte, nahm sie als Grundlage für die neuen Boomer die unfertigen Rümpfe von nicht mehr fertiggestellten Akula-Jagdbooten. Als Hauptwaffe hätte ursprünglich die R-39UTTCh Grom (NATO-Bezeichnung Bark) zum Zug kommen sollen, eine Weiterentwicklung der U-Boot-gestützten ballistischen Interkontinentalrakete R-39/SS-N-20. Mehrere Fehlstarts führten allerdings zu einer Streichung des Projektes, der Entwicklung einer kleineren U-Boot-gestützten Interkontinentalrakete des Typs R-30/RSM-56 Bulawa (NATO-Bezeichnung SS-N-32) und einer Umkonstruktion der bereits begonnenen Boote (dabei wurde der ursprüngliche Projektname von 935 auf 955 geändert, NATO-Bezeichnung Borei-Klasse).

Die Ausstattung

Federführend bei der Entwicklung der Borei-Klasse war das Rubin Design Bureau in Sankt-Petersburg; alle Boote entstanden und entstehen im Gegensatz zu vorherigen U-Boot-Klassen exklusiv bei Sewmasch im hohen russischen Norden. Die Boote der Borei-Klasse verdrängen aufgetaucht rund 14.700 Tonnen und getaucht circa 24.000 Tonnen. Die 170 Meter langen, 13,5 Meter breiten Fahrzeuge verfügen über einen maximalen Tiefgang von 10 Metern. Sie werden von einem OK-650W-Druckwasserreaktor angetrieben, der auf eine GT3A-Dampfturbine wirkt. Erstmals in der russischen Marine kommt bei einem Atomboot ein Pump-Jet/Düsenringpropeller zum Einsatz. An Bord der Borei-Klasse ist Platz für 107 Personen, die wie bei der russischen (bzw. zuvor der sowjetischen) U-Boot-Waffe üblich, mit relativ hohem Komfort ausgestattet ist. So soll es an Bord der Boote sogar ein Dampfbad geben (bekanntermaßen hatte die vorhergehende riesige Typhoon-Klasse einen kleinen Swimmingpool an Bord). Die maximale Tauchtiefe der Borei-Klasse wird in Russland mit 480 Metern angegeben, die getauchte Höchstgeschwindigkeit soll bei 29 Knoten liegen. In 16 Raketenschächten ist die

11,5 Meter lange, dreistufige Bulawa-Rakete mit einer Reichweite von mehr als 9.000 Kilometern gelagert, die jeweils mit bis zu sechs Nukleargefechtsköpfen mit einer Sprengkraft von jeweils bis zu 150 Kilotonnen versehen ist. Zur Selbstverteidigung ist die Borei-Klasse mit sechs Torpedorohren mit einem Durchmesser von 533 Millimetern ausgestattet, durch die theoretisch auch S-10 Granat Marschflugkörper (NATO-Bezeichnung SS-N-21 Sampson) verschossen werden könnten.

Die ersten Boote

Das erste Boot der Borei-Klasse, die K-535 »Juri Dolgoruki«, trägt den Namen des Gründers von Moskau aus dem 12. Jahrhundert. Zu der Namensehre soll es angeblich deswegen gekommen sein, weil Ende der 1990er/Anfang der 2000er Jahre Sewmasch die Werftarbeiter nicht bezahlen konnte und die Moskauer Regierung mit Gehaltszahlungen aushalf. Die »Legende« besagt, dass dies für die Marine der Grund gewesen sei, das Boot »Juri Dolgoruki« zu nennen. Die »Dolgoruki« wurde bereits am 02. November 1996 auf Kiel gelegt – Grundlage des Rumpfes war die nicht fertiggestellte K-337 »Kuguar« der Akula-Klasse. Nach immensen Bauverzögerungen erfolgten der Stapellauf am 12. Februar 2008 und die Indienststellung am 10. Januar 2013. Die »Juri Dolgoruki« ist bei der Nordflotte in Murmansk (31. U-Boot-Division/12. U-Bootgeschwader) stationiert. Die Kiellegung des zweiten Bootes K-550 »Alexander Newski« wurde erst am 19. März 2004 vollzogen, gefolgt vom Stapellauf am 13. Dezember 2010 und der Indienststellung am 23. Dezember 2013. Rumpfgrundlage der »Alexander Newski« war die unvollendete Akula K-333 »Rys«; stationiert ist das Boot bei der Pazifikflotte unweit von Wladiwostok (25. U-Boot-Division/16. U-Bootgeschwader). Das dritte Boot K-551 »Wladimir Monomach« ist ebenfalls im Pazifik stationiert. Bei der Fertigung der »Monomach« wurden Teile der K-480 »Ak Bars« verbaut; die Kiellegung geschah am 19. März 2006, gefolgt vom Stapellauf am 30. Dezember 2012 und der Indienststellung am 19. Dezember 2014.

Neukonstruktion

Nach der Fertigstellung der »Wladimir Monomach« standen keine unfertigen Rumpfsegmente von vorzeitig gestrichenen Akula-Jagd-U-Booten mehr zur Verfügung, weshalb alle nachfolgenden Boote vom Kiel an vollständig als strategische Boote gefertigt wurden. Deshalb änderte sich ab dem am 30. Juli 2012 auf Kiel gelegten Boot Nr. 4 die Bezeichnung von Projekt 955 in Projekt 955A (Borei-A). Auffällig ist, dass diese neueren Boote ein wesentlich stromlinienförmigeres Äußeres haben, mit einem nicht so deutlich ausgeprägten »Raketenbuckel« und einem neuen Turm. Auch am Pump-Jet und am Ruder sollen Änderungen vorgenommen worden sein. Vor dem Erscheinen des vierten Bootes wurde darüber spekuliert, dass beim Projekt 955A erstmals 20 statt 16 Raketenschächte ver-

Die dritte Einheit K-551 »Wladimir Monomach«, aufgenommen im September 2016 im fernen russischen Osten (Foto: Mil.ru, CC BY 4.0).

Die vierte Einheit K-549 »Knjas Wladimir« ist der Prototyp des Projektes 955A. Es fällt die wesentlich stromlinienförmigere Rumpfform auf (Foto: HoteitH, CC BY-SA 4.0).

Bei den Booten des Projektes 955A ist der »Raketenbuckel« wesentlich weniger ausgeprägt (Foto: R.F.).

Der Turm des Projektes 955A (hier zu sehen bei der »Knjas Wladimir«) ist ebenfalls stark verändert im Vergleich zum Turm des Projektes 955 (Foto: Mil.ru, CC BY 4.0).

Die im Dezember 2021 in Dienst gestellte K-552 »Knjas Oleg« ist die fünfte Borei-Einheit und das erste Serienboot des Projektes 955A (Foto: Mil.ru, CC BY 4.0).

Das sechste Boot K-553 »Generalissimus Suworow« läuft am 25. Dezember 2021 bei der Sewmasch-Werft vom Stapel (Foto: R.D.).

Die »Generalissimus Suworow« erreicht im Oktober 2023 die Halbinsel Kamchatka im Fernen Russischen Osten, um ihren Dienst in der Pazifikflotte anzutreten (Foto: Mil.ru).

baut würden, dies wurde allerdings beim Stapellauf der K-549 »Knjas Wladimir« am 17. November 2017, dem 955A-Prototypen, widerlegt, denn sie verfügt – wie alle bisher nachfolgenden Boote auch – ebenfalls nur über 16 Startschächte. Die »Knjas Wladimir« (zu Deutsch Prinz Wladimir) wurde am 12. Juni 2020 in den Dienst der Nordflotte gestellt. Das erste Serienboot des Projektes 955A ist die K-552 »Knjas Oleg«, die am 27. Juli 2014 auf Kiel gelegt wurde, am 16. Juli 2020 vom Stapel lief und am 21. Dezember 2021 an die Pazifikflotte übergeben und in Dienst gestellt wurde. Hier verrichtet ebenfalls Borei Nr. 6, die am 26. Dezember 2014 auf Kiel gelegte, am 25. Dezember 2021 vom Stapel gelaufene und am 29. Dezember 2022 offiziell ausgelieferte K-553 »Generalissimus Suworow«, ihren Dienst. Vier weitere Boote des Projektes 955A wurden bisher auf Kiel gelegt: K-554 »Imperator Alexander III« (Kiellegung 18. Dezember 2015, Stapellauf 29. Dezember 2022, Indienststellung 11. Dezember 2023, aktiv in der Pazifikflotte), K-555 »Knjas Poscharski« (Kiellegung: 23. Dezember 2016, Stapellauf 03. Februar 2024, Indienststellung 2024/25, voraussichtlich zukünftig in der Nordflotte aktiv) sowie in einer Doppelkiellegung am 23. August 2021 die »Knjas Potemkin« und die »Dmitri Donskoi« (beide noch ohne Kennung). Auf

Unterwasserstart einer Ballistischen Rakete des Typs RSM-56 Bulawa von der »Juri Dolgoruki« im Jahr 2017 (Foto: Mil.ru, CC BY 4.0).

Die »Imperator Alexander III« am 16. März 2024 in der Endausrüstung bei der Bauwerft (Foto: Mil.ru).

diese bisher 10 Boote der Projekte 955 und 955A sollen laut Informationen der russischen Nachrichtenagentur TASS vom 28. Dezember 2021 zwei weitere, noch namenlose Boote des Projektes 955A folgen, die 2024/25 bei Sewmasch auf Kiel gelegt werden sollen. Laut einem weiteren TASS-Beitrag vom 27. März 2024 soll es sich dabei um zwei grundlegend modernisierte Einheiten handeln, die den Projektnamen 955AM tragen (weitere Einzelheiten über den Umfang der Modernisierungsmaßnahmen sind derzeit nicht bekannt).

Weiterentwicklungen

Ursprünglich sollte das Projekt 955A zum Projekt 955B weiterentwickelt werden, bei dem neue Technologien zur Geräuschreduzierung sowie ein neuer Pump-Jet zum Einsatz kommen sollten. Aufgrund von zu hohen Entwicklungskosten werden aber alle bisher geplanten weiteren Borei-Boote Nachbauten der »Knjas Oleg« und somit dem Projekt 955A bzw. dessen (vermutlich moderaten) Modernisierung 955AM angehörend sein. Um die Borei-Fertigungslinie nach dem Bauende der strategischen Boote weiter auszulasten, gibt es Überlegungen, den Schiffsentwurf als Marschflugkörper-Boot (SSGN) weiter zu produzieren. Ein solcher Bootsentwurf – der konzeptionell den vier zum Marschflugkörperträger umgerüsteten amerikanischen Booten der Ohio-Klasse ähnelt – trägt die vorläufige Projektbezeichnung Borei-K. Interessanterweise soll die russische Bootsklasse, die derzeit unter der größten Geheimhaltung steht, konstruktiv auf der Borei basieren. Dem Spezialboot des Projektes 09851, auch als Chabarowsk-Klasse (siehe Kapitel 5.10) bekannt, wurde bisher nur wenig me-

Großer Bahnhof beim Stapellauf der achten Einheit K-555 »Knjas Poscharski« am 03. Februar 2024 (Foto: Mil.ru).

Kiellegung des siebten Bootes K-554 »Imperator Alexander III« am 18. Dezember 2015 (Foto: R.D.).

Die Einheiten der Borei-Klasse / Projekt 955					
Name	**Kennung**	**Projekt**	**Kiellegung**	**Indienststellung**	**Bemerkungen**
»Juri Dolgoruki«	K-535	955	02. November 1996	10. Januar 2013	Nordflotte
»Alexander Newski«	K-550	955	19. März 2004	23. Dezember 2013	Pazifikflotte
»Wladimir Monomach«	K-551	955	19. März 2006	19. Dezember 2014	Pazifikflotte
»Knjas Wladimir«	K-549	955A	30. Juli 2012	12. Juni 2020	Nordflotte
»Knjas Oleg«	K-552	955A	27. Juli 2014	21. Dezember 2021	Pazifikflotte
»Generalissimus Suworow«	K-553	955A	26. Dezember 2014	29. Dezember 2022	Pazifikflotte
»Imperator Alexander III.«	K-554	955A	18. Dezember 2015	11. Dezember 2023	Pazifikflotte
»Knjas Poscharski«	K-555	955A	23. Dezember 2016	vstl. 2025	im Bau, Nordflotte
»Knjas Potemkin«	-	955A	23. August 2021	-	im Bau, Nordflotte
»Dmitri Donskoi«	-	955A	23. August 2021	-	im Bau, Nordflotte
-	-	955AM	2024/25	–	in Planung
-	-	955AM	2024/25	–	in Planung

Schematische Darstellung des Projektes 955 (Grafik: Mike1979 Russia, CC BY-SA 4.0).

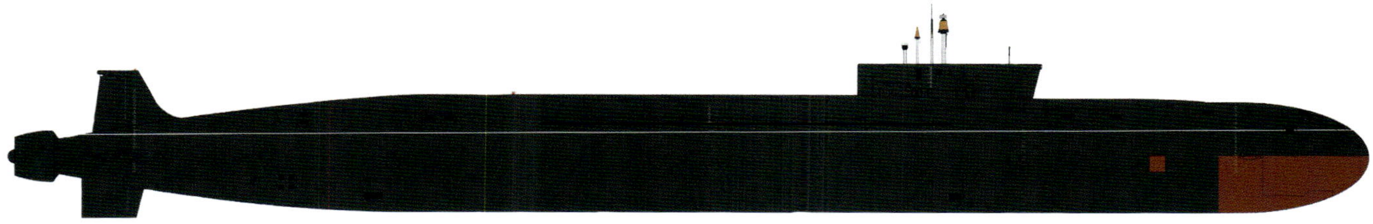

Profil der ersten drei Boote des ursprünglichen Projektes 955 (Grafik: Mike1979 Russia, CC BY-SA 3.0).

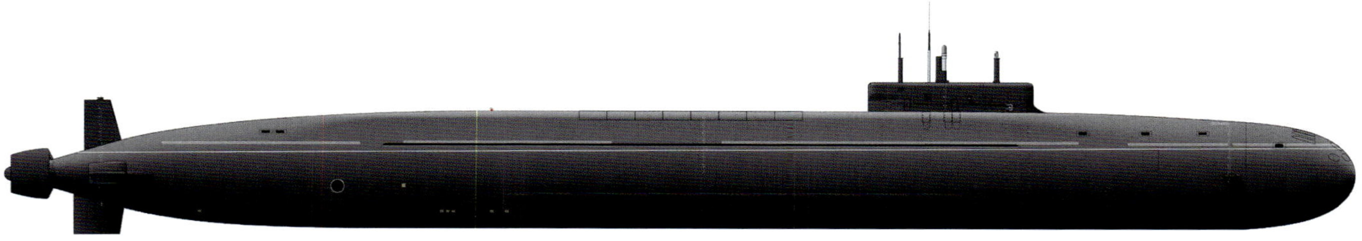

Profil der Neukonstruktion Projekt 955A, dem alle Boote der Borei-Klasse ab der vierten Einheit angehören (Grafik: Mike1979 Russia, CC BY-SA 3.0).

Die »Wladimir Monomach« vor russischer Winterkulisse (Foto: R.D.).

Seitenansicht eines Bootes des Projektes 955A vor einer strategischen Patrouillenfahrt (Foto: R.D.).

diale Aufmerksamkeit zuteil. Bei ihm soll es sich um eine verkürzte Borei-Klasse (ohne Raketensegment) handeln, welches für den Abschuss der mehr als 20 Meter langen Unterwasserdrohne Poseidon (NATO Bezeichnung Kanyon) ausgelegt ist.

Technische Daten Borei-Klasse/Projekt 955	
Bauwerft	Sewmasch, Sewerodwinsk, Russische Föderation
Verdrängung	14.700 Tonnen (aufgetaucht), 24.000 Tonnen (getaucht)
Abmessungen	70 Meter Länge, 13,5 Meter Breite, 10 Meter Tiefgang
Antrieb	1× OK-650W-Druckwasserreaktor auf 1× GT3A-Dampfturbine wirkend, 1× Pump-Jet/Düsenringpropeller
Höchstgeschwindigkeit	29 Knoten (getaucht)
Reichweite	unbegrenzt
Maximale Tauchdauer	unbegrenzt, nur abhängig von der gelagerten Verpflegung für die Besatzung
Tauchtiefe	max. 480 Meter
Besatzung	107 Personen
Bewaffnung	6× 533-mm-Torpedorohre, 16× Ballistische Raketen Typ R-30/RSM-56 Bulawa (NATO-Bezeichnung SS-N-32)
Baukosten	ca. 713 Millionen US Dollar pro Boot

5.9 Special Mission U-Boote der Uniform-Klasse

Eines der wenigen veröffentlichten Bilder eines Bootes des Projektes 1910 (Foto: Archiv Verfasser).

Für Spezialaufgaben in der Tiefsee und auf dem Meeresboden entwickelte die Sowjetunion in den 1970er Jahren die Atom-U-Boote des Projektes 1910 Kaschalot (NATO-Bezeichnung: Uniform-Klasse).
Die Entwicklung der autonom operierenden Uniform-Klasse geschah parallel zu der Konzeption der von einem Mutterschiff (einem größeren Atom-U-Boot) getragenen Boote des Projektes 1851 Nelma (NATO-Bezeichnung: X-Ray-Klasse, siehe Kapitel 5.11)

Eckdaten

Insgesamt drei Boote wurden vom Hauptdirektorat für Tiefseeforschung (Main Directorate of Deap-Sea Research, GUGI) der UdSSR bei der Admiralitätswerft in Leningrad in Auftrag gegeben, nachdem der sowjetische Ministerrat im Jahr 1972 die Entscheidung zum Bau von »atomar angetriebenen, autonomen Tiefseestationen« getroffen hatte. Für die Entwicklung der Boote wurde das Konstruktionsbüro Volna ausgewählt sowie die Projektnummer 1910 und der Name Yauza zugewiesen, der später in Kaschalot (Pottwal) geändert wurde. Als Chefkonstrukteur fungierte anfangs E. S. Korsukow, ehe vom

Heckansicht eines Projekt-1910-U-Bootes. Der Bootstyp kann in Tiefen bis über 1.000 Meter vordringen (Foto: Archiv Verfasser).

Ministerium für Schiffbau ein eigenes Entwicklungsbüro unter Leitung von Yu. M. Konowalow ins Leben gerufen wurde. Im Jahr 1974 wurden mehrere sowjetische Konstruktions- und Entwicklungsbüros – darunter auch Volna – miteinander verschmolzen und dadurch das Malachit-Konstruktionsbüro in seiner jetzigen Form gegründet. Malachit war von da an für die Umsetzung des Projektes 1910 verantwortlich.

Die Boote

Zwischen Oktober 1977 und November 1988 wurden drei Einheiten des Projektes 1910 in Leningrad auf Kiel gelegt und bis Februar 1994 waren alle drei Boote im Dienst bei der russischen Nordflotte. Manche Quellen sprechen davon, dass die dritte Einheit unvollendet blieb bzw. nie in Dienst gestellt wurde (der Verfasser hält dies jedoch für unwahrscheinlich). Die 69 Meter langen Boote der Uniform-Klasse werden von einem 1,5-Megawatt-Druckwasserreaktor angetrieben, der auf zwei Dampfturbinen wirkt (Gesamtleistung des Antriebes laut russischen Quellen 10.000 PS). Der Rumpf ist wie bei einigen Jagd-U-Booten aus Titan gefertigt, um hohe Tauchtiefen von über 1.000 Meter erreichen zu können. Die Uniform-Klasse ist

Die Boote der Uniform-Klasse / Projekt 1910 Kaschalot

Kennung	Werft-nr.	Kiellegung	Stapellauf	Indienststellung
AS-13	1401	20. Okt. 1977	25. Nov. 1982	31. Dez. 1986
AS-15	1402	23. Feb. 1983	29. April 1988	30. Dez. 1991
AS-33	1403	28. Nov. 1988	23. Nov. 1993	16. Feb. 1994

Das Boot mit der Kennung AS-15 aufgenommen im September 2017 auf dem Weg zu einem Werftaufenthalt (Foto: Archiv Verfasser).

die erste sowjetische Atom-U-Boot-Klasse bei der eine Einhüllenkonstruktion zur Anwendung kam (wie sie bei westlichen U-Booten üblich ist). Aufgrund einer großen Automatisierung soll die Stammbesatzung aus nur elf Personen bestehen (andere Quellen sprechen von 36 Mann Besatzung). Es ist davon auszugehen, dass je nach Mission zusätzliche Wissenschaftler und Spezialisten eingeschifft werden. Laut russischen Quellen gehören zur Ausstattung der Boote eine Taucherschleuse, eine Dekompressionskammer, verschiedene Greifarme und ausfahrbare Stützen (zum Aufsetzen auf dem Meeresgrund) sowie sechs ausfahrbare Azipod-Propellergondeln für präzises Manövrieren in Grundnähe und zum Halten der Position. Je drei schwenkbare Propeller sind am Bug und am Heck montiert und ermöglichen feine Kursänderungen sowohl horizontal wie auch vertikal. Aufgrund der für ein Atom-U-Boot riesigen Tiefen, in denen die Uniform-Klasse operieren muss, und des hierzu nötigen dicken Außenrumpfes, beträgt der Innendurchmesser lediglich sechs Meter (bei einer Bootsbreite von sieben Metern). Die Mannschaft ist auf zwei Decks untergebracht und der Atomreaktor mit Maschinenraum befindet sich in einem abgetrennten hinteren Bereich, zu dem die Besatzung keinen direkten Zugang hat.

Für ein Atom-U-Boot ist die Uniform-Klasse relativ kompakt – wie hier gut erkennbar anhand der Größe der Besatzungsmitglieder (Foto: Archiv Verfasser).

Einsatzprofil

Die Boote des Projekts 1910 sind von einer großen »Geheimniskrämerei« umgeben und über ihre Einsätze sind keinerlei Informationen verfügbar. Bekannt ist nur, dass sie im Oblast Murmansk in der Marinebasis Olenya Guba beheimatet sind, wo auch andere Spezial-Tiefsee-U-Boote (siehe Kapitel 5.11) der GUGI stationiert sind.

Technische Daten Uniform-Klasse / Projekt 1910 Kaschalot	
Bauwerft	Admiralitätswerft Leningrad, Sowjetunion
Verdrängung	1.300 Tonnen (aufgetaucht), 1.580 Tonnen (getaucht)
Abmessungen	69 Meter Länge, 7 Meter Breite, 5,2 Meter Tiefgang
Antrieb	1× Druckwasserreaktor mit 1,5 MW, 2× Dampfturbinen, 1× Elektromotor (gesamte Antriebsleistung 10.000 PS), 1× Schiffswelle, 1× Schiffspropeller
Höchstgeschwindigkeit	10 Knoten (aufgetaucht), 30 Knoten (getaucht)
Reichweite	unbegrenzt
Maximale Tauchdauer	unbegrenzt, nur abhängig von der gelagerten Verpflegung für die Besatzung
Tauchtiefe	Mehr als 1.000 m
Besatzung	11 Personen oder 36 (je nach Quelle)
Bewaffnung	Keine bekannt

5.10 Special Mission U-Boote der Chabarowsk-Klasse

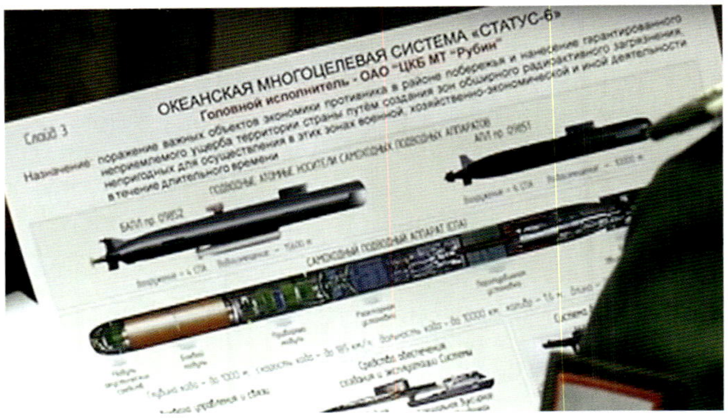

Am 09. November 2015 zeigte der TV-Sender NTV ein Dokument mit der »Chabarowsk« oben rechts, links daneben die K-329 »Belgorod« und darunter der Aufbau der Poseidon-Unterwasserdrohne (Foto: Screenshot russisches Fernsehen NTV).

Die »Chabarowsk« (wie alle modernen russischen Atom-U-Boote) wird bei der Sewmasch-Werft in Sewerodwinsk gebaut (Foto: Sewmasch).

Unter allen bisher entwickelten sowjetischen und russischen U-Boot-Klassen nimmt die Chabarowsk-Klasse (Projekt 09851) eine Sonderstellung als der geheimnisumwittertste U-Boot-Typ aus russischer Produktion ein.

Die Chabarowsk-Klasse ist so geheim, dass bisher nicht einmal offiziell bekannt ist, ob das Typschiff »Chabarowsk« sich noch im Bau befindet oder bereits vom Stapel gelaufen ist und sich womöglich schon in der Erprobungsphase befindet.

Im Jahr 2017 tauchte dieses Foto in russischsprachigen Internetforen auf, welches den Turm der im Bau befindlichen »Chabarowsk« zeigen soll (Foto: Archiv Verfasser).

Status unklar

Laut verschiedener Quellen sollte das am 27. Juli 2014 in der Bauhalle 1 bei der Sewmasch-Werft in Sewerodwinsk auf Kiel gelegte Boot erst im Juni 2020, dann im Herbst 2021 und schließlich 2022 vom Stapel laufen. Unbestätigten Meldungen zufolge soll die »Chabarowsk« seit Herbst 2022 bereits Seeerprobungen durchführen. Wahrscheinlicher ist jedoch, dass das Boot bisher noch nicht zu Wasser gelassen wurde, denn es gab keine Stapellaufzeremonie (die die russische Marine auch bei Atom-U-Booten gerne medienwirksam mit höchsten Politikern und sogar kirchlichem Beistand inszeniert) und auf Satellitenbildern ist das Boot bisher ebenfalls nicht gesichtet worden (soweit anhand frei zugänglicher Informationen erkennbar). Man kann davon ausgehen, dass sich die U-Boot-Bauhalle der Sewmasch-Werft unter konstanter Beobachtung durch westliche Aufklärungssatelliten befindet und man hätte es gemerkt, wenn ein neues U-Boot die Halle verlassen hätte.

Spezifikationen

Wenig konkrete Informationen sind über das Projekt 09851 bzw. die Chabarowsk-Klasse bekannt. Entwickelt wurde das Projekt 09851 vom Rubin Konstruktionsbüro in St. Petersburg. Die meisten Quellen sprechen davon, dass es sich um eine

Modifikation der strategischen Raketen-U-Boote der Borei-Klasse (Projekt 955A, ebenfalls ein Design des Rubin-Konstruktionsbüros, siehe Kapitel 5.8) handeln soll, bei der das mittlere Rumpfstück fehlt, in dem bei den regulären Borei-Booten die Ballistischen Raketen in Abschussschächten gelagert sind. Stattdessen sollen die »Chabarowsk« und ihre potenziellen Schwesterschiffe als Träger für insgesamt sechs autonome Unterwasserdrohnen des Typs Poseidon (Grau-Index 239, NATO-Bezeichnung Kanyon) dienen. Die »Chabarowsk« wäre dann nach dem Versuchs-Boot B-90 »Sarow« (siehe Kapitel 5.12) und dem Mutterschiff für Tiefseeunterseebote K-329 »Belgorod« (ein modifiziertes Boot des Projektes 949A / Oscar II-Klasse, siehe Kapitel 5.5) das dritte U-Boot, das die rund 24 Meter lange Unterwasserdrohne mit Nuklearantrieb (die mit einem Nuklearsprengkopf bestückt werden kann und deshalb in Russland auch als Nukleartorpedo bezeichnet wird) aufnehmen kann. Es wird davon ausgegangen, dass die »Chabarowsk« in der Lage ist, ebenfalls Seezielflugkörper und Marschflugkörper zu starten. Die Poseidon-Unterwasserdrohnen sollen in der Bugpartie gelagert sein, während klassische Torpedos über seitliche Torpedorohre verschossen werden sollen. Die Länge der »Chabarowsk« wird von Marineanalysten auf ca. 120 Meter und die Verdrängung auf aufgetaucht ca. 10.000 Tonnen geschätzt. Unbestätigten Meldungen zufolge soll die »Chabarowsk« Teil einer neuen mit der Poseidon ausgestatteten U-Boot-Division auf der Halbinsel Kamtschatka sein, die 2024/25 aufgestellt werden soll. Die bisher einzige offizielle Grafik der »Chabarowsk« konnte die russische Öffentlichkeit am 09. November 2015 in einer Fernsehdokumentation über zukünftige Waffensysteme auf dem russischen TV-Kanal NTV sehen. Im Jahr 2017 tauchte dann in russischen Internetforen ein Foto auf, welches den Turm der zukünftigen »Chabarowsk« im Bau zeigen soll sowie die Aufnahme einer Werftplakette, die die Kiellegung des Bootes im Juli 2014 dokumentieren soll.

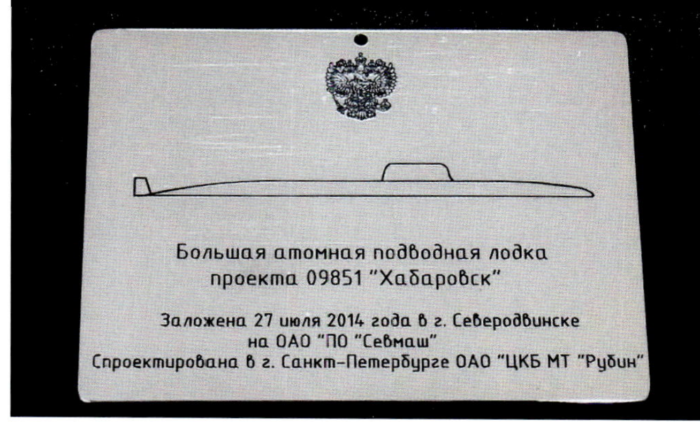

Die Werftplakette soll die Kiellegung der »Chabarowsk« am 27. Juli 2014 dokumentieren (Foto: Archiv Verfasser).

U-Boot-Pin der »Chabarowsk«, wie er wahrscheinlich von der Besatzung getragen wird (Foto: Archiv Verfasser).

Weitere Einheiten

Laut verschiedenen russischen Quellen soll die russische Marine vier Einheiten des Projektes 09851 bei Sewmasch geordert haben. Bereits am 28. Juli 2017 wurde ein weiteres Boot mit dem Namen »Uljanowsk« auf Kiel gelegt. Es ist nicht klar, ob es sich bei der zukünftigen »Uljanowsk« um ein weiteres Boot des »Chabarowsk«-Entwurfes handelt, oder um eine modifizierte Einheit der Jagd-U-Boote der Yasen-Klasse (Projekt 885M, siehe Kapitel 5.6). Denn je nach Quelle gehört die »Uljanowsk« entweder zum Projekt 09853 (sie wäre dann eine Weiterentwicklung der »Chabarowsk« / des Projektes 09851) oder zur Yasen-Klasse (wenn auch stark modifiziert).

Technische Daten Chabarowsk-Klasse / Projekt 09851	
Bauwerft	Sewmasch-Werft, Sewerodwinsk, Russische Föderation
Verdrängung	10.000 Tonnen (aufgetaucht)
Abmessungen	ca. 120 Meter Länge, 10 Meter Breite, 10 Meter Tiefgang
Antrieb	1× Druckwasserreaktor, 1× Schiffswelle, 1× Schiffspropeller oder 1× Pumpjet / Düsenringpropeller
Höchstgeschwindigkeit	unbekannt
Reichweite	unbegrenzt
Maximale Tauchdauer	unbegrenzt, nur abhängig von der gelagerten Verpflegung für die Besatzung
Tauchtiefe	laut russischen Quellen maximal 520 Meter
Besatzung	geschätzt 100 Personen
Bewaffnung	6× autonome Unterwasserdrohne Poseidon (2M39 / NATO-Bezeichnung: Kanyon), Torpedos, Seezielflugkörper, Marschflugkörper

5.11 Tiefsee-U-Boot »Loscharik«

Eines der wenigen veröffentlichten Fotos eines Bootes des Projektes 18511 (Foto: Archiv Verfasser).

Ein Boot des Projektes 18511 vermutlich aufgenommen im Stützpunkt Olenya Guba (Foto: Archiv Verfasser).

So stellten sich US-Geheimdienste in den 1980er Jahren die Boote der Projekte 1851 und 18511 vor (Grafik: US Government).

Neben den autonom operierenden Special Mission U-Booten der Uniform-Klasse (Projekt 1910 Kaschalot, siehe Kapitel 5.9) wurden in der Sowjetunion weitere kleine Atom-U-Boote für Tiefseeeinsätze entwickelt, die von einem als Mutterschiff dienenden größeren Atom-U-Boot ins Zielgebiet getragen werden. Erstmals nahmen westliche Geheimdienste im Jahr 1984 von einem nuklear angetriebenen kleinen U-Boot Notiz, das laut russischen Quellen bereits 1971 entwickelt, welches aber erst 1981 bei der Admiralitätswerft in Leningrad auf Kiel gelegt wurde.

X-Ray und Paltus

Das vom Malachit-Konstruktionsbüro – das auch schon für die tieftauchenden Boote des Projektes 1910 verantwortlich war – entwickelte Boot war im September 1983 vom Stapel gelaufen und wurde Ende 1986 in Dienst gestellt. Es trägt die Projektbezeichnung 1851 Nelma (NATO-Bezeichnung: X-Ray) und weist eine Länge von ungefähr 40 Metern auf. Das einzelne Boot des Projektes 1851 hatte die Kennung AS-23 und es konnte von einem umgebauten Cruise-Missile-U-Boot der Echo II-Klasse (Projekt 675, alle mittlerweile außer Dienst) getragen werden. In den 1990er Jahren kamen zwei weitere Kleinst-Atom-U-Boote zur sowjetischen Nordflotte: AS-21 (Kiellegung 26. Dezember 1984, Stapellauf 29. April 1991, Indienststellung 28. Dezember 1991) und AS-35 (Kiellegung 20. Dezember 1989, Stapellauf 29. September 1994, Indienststellung 12. Oktober 1995). Diese beiden neuen, ebenfalls auf der Admiralitätswerft in Leningrad/St. Petersburg gebauten Boote gehören zum Projekt 18511 Halibut (NATO-Bezeichnung: Paltus-Klasse), bei dem es sich um eine Modifikation des Projektes 1851 handeln soll. Über die genauen Unterschiede der beiden Projekte ist nichts bekannt. Verschiedene Illustrationen westlicher Geheimdienste zeigen die Tiefseeboote der beiden Projekte mit je zwei Greifarmen am Bug, zur Entnahme von Objekten vom Meeresgrund. Die erreichbaren Tauchtiefen der Boote sollen bei über 1.000 Metern liegen. Die Besatzungen werden als Hydronauten bezeichnet und setzen sich aus erfahrenen U-Boot-Fahrern (bis zum Zerfall der Sowjetunion mussten sie Mitglied in der Kommunistischen Partei der Sowjetunion sein) mit mindestens fünf Jahren Dienstzeit auf U-Booten zusammen. Die medizinischen Anforderungen sollen ebenso hoch sein wie für die Kosmonauten des russischen Raumfahrtprogrammes. Alle drei Boote sind in Olenya Guba im hohen russischen Norden beheimatet und operieren im Auftrag des russischen Hauptdirektorates für Tiefseeforschung (GUGI).

Loscharik

In den 1980er Jahren entwickelte das Malachit-Konstruktionsbüro einen Nachfolger der Projekte 1851 und 18511, der ebenfalls von einem Mutter-U-Boot transportiert werden, aber deutlich größer als die Vorgängerklassen ausfallen sollte. Das einzige in Dienst stehende, 70 Meter lange und getaucht 2.100 Tonnen verdrängende Boot mit der Kennung AS-31 gehört zum Projekt 10831 Kalitka (NATO-Bezeichnung: Norsub-5), das gemeinhin unter dem Namen »Loscharik« bekannt ist, angelehnt

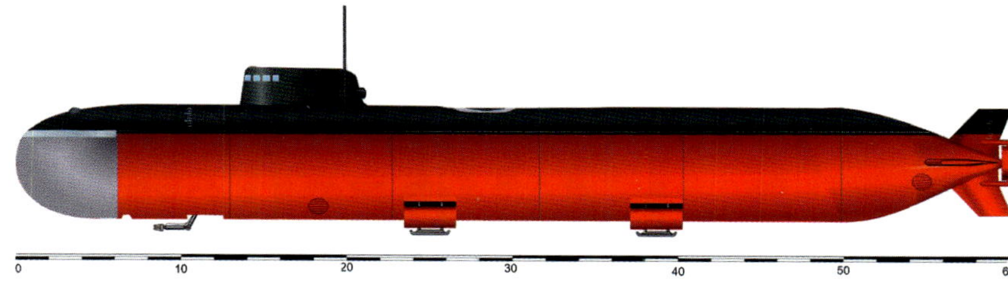

Spekulative grafische Darstellung der »Loscharik«. Man beachte die Greifarme und die Landebeine (Grafik: Heribeto Arribas Abato, CC BY-SA 4.0).

Eines der wenigen bekannten Fotos des einzelnen Bootes AS-31 »Loscharik« (Foto: Archiv Verfasser).

an ein Zeichentrickpferd einer russischen TV-Kinderserie. Es gibt bezüglich der Baudaten von AS-31 je nach Quelle widersprüchliche Angaben, wahrscheinlich wurde das Boot am 16. Juli 1990 auf Kiel gelegt, am 05. August 2003 (nach langer Bauverzögerung) vom Stapel gelassen und um das Jahr 2008 in Dienst gestellt und ist seitdem ebenfalls im geheimnisumwitterten Stützpunkt in Olenya Guba stationiert. Ein zweites Boot soll je nach Quelle 1991 oder sogar erst 2012 auf Kiel gelegt, dann aber wieder abgebrochen worden sein. AS-31 soll mit einer Dekompressionskammer, Taucherschleuse, Landefüßen zum Aufsetzen auf dem Meeresboden, Greifarmen und sechs Azipod-Propellergondeln für horizontales und vertikales Manövrieren ausgestattet sein. Laut einigen russischen Quellen soll »Loscharik« in der Lage sein, auf Tiefen von über 3.000 Meter zu tauchen, andere sprechen sogar von 6.000 Metern. Im Innenbereich soll »Loscharik« aus sieben aneinandergereihten Kugeln aus Titan mit je sechs Metern Durchmesser zusammengesetzt sein, die entlang der Längsachse aufgereiht sind (solche kugelförmigen Anordnungen werden häufig bei Tiefseeunterseebooten verwendet, da sie großem Druck standhalten können). Aufgrund der stromlinienförmigen Außenhülle sieht »Loscharik« für einen Beobachter, der nichts über das Boot weiß, wie ein normales Unterseeboot aus. Als Träger-Mutterschiffe der »Loscharik« dienen heute sowohl die K-129 »Orenburg« (konvertierte Delta III-Klasse), die BS-64 »Podmoskownyje« (umgebaute Delta IV-Klasse) oder die K-329 »Belgorod« (auf der Oscar II-Klasse basierendes Special Mission U-Boot).

Der Unfall

Internationale Schlagzeilen verursachte »Loscharik« am 01. Juli 2019, als an Bord ein Feuer in der Batterieabteilung ausbrach und, bei dem 14 der 25 Mann Besatzung den Tod fanden. Das Boot selbst konnte jedoch gerettet werden und befindet sich seitdem in der Reparatur bei der Bauwerft Sewmasch. Mit einer Wiederindienststellung wird in Kürze gerechnet.

Die Boote der Projekte 1851, 18511 und 10831

Name	Projekt	Kiellegung	Stapellauf	Indienststellung	Bauwerft
AS-23	1851	September 1981	30. September 1983	30. Dezember 1986	Admiralitätswerft
AS-21	18511	26. Dezember 1984	29. April 1991	28. Dezember 1991	Admiralitätswerft
AS-35	18511	20. Dezember 1989	29. September 1994	12. Oktober 1995	Admiralitätswerft
AS-31 »Loscharik«	10831	16. Juli 1990	05. August 2003	2008	Sewmasch

Technische Daten Projekt 10831 Kalitka »Loscharik« / Norsub-5	
Bauwerft	Sewmasch, Sewerodwinsk, Russische Föderation
Verdrängung	1.600 Tonnen (aufgetaucht), 2.100 Tonnen (getaucht)
Abmessungen	60 Meter Länge, 7,0 Meter Breite, 5,10 Meter Tiefgang
Antrieb	1× Nuklearreaktor, 2× Dampfturbinen, 1× Elektromotor, 1× Pumpjet / Düsenringpropeller
Höchstgeschwindigkeit	10 Knoten (aufgetaucht), 30 Knoten (getaucht)
Reichweite	unbegrenzt
Maximale Tauchdauer	unbegrenzt, nur abhängig von der gelagerten Verpflegung für die Besatzung
Tauchtiefe	mehr als 3.000 Meter
Besatzung	25 Personen
Bewaffnung	keine bekannt

5.12 Versuchs-U-Boot »Sarow«

Die »Sarow« aufgenommen vor ihrer Bauwerft (Foto: Archiv Verfasser).

Hinter der großen am Bug erkennbaren Klappe befindet sich ein Hangar für die Poseidon-Unterwasserdrohne (Foto: Archiv-Verfasser).

Während andere Länder ihre Unterseeboote eher »von der Stange« kaufen und dabei auf standardisierte Schiffsentwürfe zurückgreifen, haben die sowjetischen bzw. russischen Marineverantwortlichen immer wieder Einzel-U-Boote in Auftrag gegeben, die sich schwer klassifizieren lassen und im Westen keine direkten Gegenstücke haben.
Ein solches Boot ist die am 07. August 2008 in Dienst gestellte B-90 »Sarow« des Projektes 20120 (Projektname Sargan). Sie wurde vom Rubin-Konstruktionsbüro als Mehrzwecktestplattform für neue Waffensysteme entwickelt. Grundlage war ein unvollendetes konventionell angetriebenes Diesel-U-Boot der Kilo-Klasse, das am 15. September 1988 auf der Werft Krasnoje Sormowo in Nischni Nowgorod auf Kiel gelegt und dessen Bau im Jahr 1996 aufgrund von Geldmangel mit einem Fertigstellungsgrad von 40 Prozent eingestellt worden war.

Zweiter Anlauf

Nach einer vollständigen Überarbeitung der Bootskonstruktion wurde der Weiterbau im Jahr 2001 erwogen und der unfertige Bootsrumpf über die russischen Binnenkanäle nach Sewerodwinsk im hohen russischen Norden transportiert. Hier wurde das Boot am 19. März 2006 auf der Sewmasch-Werft ein zweites Mal auf Kiel gelegt, am 14. Dezember 2007 vom Stapel gelassen und am 07. August 2008 in Dienst gestellt. Das Boot wurde auf den Namen der mittelgroßen Stadt Sarow getauft, der im Kalten Krieg eine Schlüsselrolle bei der Entwicklung der sowjetischen Kernwaffentechnik zugekommen war. Als westliche Beobachter das Boot erstmals auf russischen Fotos und auf Satellitenfotos ausmachten, wurde ihnen bald klar, dass es sich um ein »eigentümliches« Boot handelte, das im Westen kein Pendant hat. Spekulative Medienberichte in Kombination mit unscharfen Fotoaufnahmen trugen zur besonderen »Aura« bei, die dieses Boot seit der ersten Sichtung umgibt.

Das Boot

In verschiedenen Internetquellen wird die Länge der »Sarow« mit 72 Metern angegeben, was einem Serienboot der dieselelektrischen Kilo-Klasse entsprechen würde. Messungen auf Grundlage westlicher Satellitenaufnahmen lassen jedoch auf eine Länge der »Sarow« von rund 98 Metern schließen. Diese vergrößerte Länge ist wahrscheinlich teilweise auf die Installation eines experimentellen Atomreaktors hinter dem Turm zurückzuführen. Das Antriebsarrangement der »Saratow« – eine Kombination aus Dieselelektrik- und Nukleartechnik ist so speziell – dass es bisher keine technische Bezeichnung dafür gibt. Laut verschiedener Medienberichte handelt es sich

Die »Sarow« basiert auf einem unfertigen Diesel-U-Boot der Kilo-Klasse, wurde aber massiv vergrößert (Foto: Archiv Verfasser).

beim Reaktor der »Sarow« nicht um ein Exemplar herkömmlicher Bauart (bei dem Hitze aufgrund des radioaktiven Prozesses Dampf erzeugt, der zum Antreiben von Turbinen verwendet wird), sondern um eine sogenannte Radionuklidbatterie (Radioisotope Thermal Generator, RTG). Die u.a. aus der unbemannten Raumfahrt (interplanetare Raumsonden) bekannte Antriebstechnik ist besonders platzsparend. Bei ihr kommt es zu einer direkten Wirkung des radioaktiven Zerfalls auf verschiedene Metalle, zwischen denen elektrische Spannung aufgebaut wird. Der RTG produziert dabei die Energie direkt (ähnlich einer Batterie). Hierzu wird nur die Wärme genutzt, die durch den radioaktiven Zerfall von Elementen wie Plutonium entsteht, nicht die Kernspaltung konventioneller Reaktoren. Laut verschiedener Berichte soll ein 600 Kilowattstunden liefernder RTG des Typs WAU-6 in der »Sarow« verbaut worden sein. Laut russischen Quellen ist möglicherweise zusätzlich ein Kristall-27 AIP-(Außenluftunabhängiges) Antriebssystem in der »Sarow« eingebaut. Der Turm des Bootes ist deutlich größer als bei einem Kilo-Standardboot und beinhaltet eine Rettungskapsel, wie sie auf den jüngeren Atom-U-Booten zu finden ist.

Poseidon

Auf dem »überhängenden« Bug ist eine große rechteckige Klappe erkennbar. Es wird angenommen, dass es sich dabei um eine Art Hangartür handelt und dahinter Torpedorohre mit großem Durchmesser liegen könnten bzw. eine einzelne nuklear angetriebene, nuklear bewaffnete Unterwasserdrohne des Typs Poseidon (technische Bezeichnung 2M39, NATO-Bezeichnung: Kanyon) mit rund 24 Metern Länge und 1,5 Metern Durchmesser gelagert wird. Die Hecksektion der »Sarow« – in der die hintere Rumpfverkleidung bis zum Ruder reicht und der Schiffspropeller vor diesem angebracht ist – entspricht derjenigen der dieselelektrisch angetriebenen Boote des Projektes 641B (NATO-Bezeichnung: Tango-Klasse) aus den 1970er Jahren und geht zurück bis zu den deutschen Weltkriegs-U-Booten des Typs XXI, von denen die Sowjetmarine nach dem Ende des Zweiten Weltkrieges zahlreiche Exemplare übernahm. Die »Sarow« ist unweit ihrer Bauwerft bei Sewerodwinsk stationiert und sticht laut Medienberichten nur selten in See.

Die »Sarow« wird hauptsächlich als Versuchs-U-Boot für neuartige Antriebstechnik und für neue Unterwasserdrohnen wie die Poseidon genutzt (Foto: Archiv Verfasser).

Diese Aufnahme der »Sarow« in winterlichen Bedingungen war eines der ersten im Westen veröffentlichten Fotos des Bootes (Foto: Archiv Verfasser).

Profilzeichnung der »Sarow« / Projekt 20120 (Grafik: Mike1979 Russia, CC BY-SA 4.0).

Technische Daten B-90 »Sarow« / Projekt 20120	
Bauwerft	Krasnoje Sormowo, Nischni Nowgorod und Sewmasch, Sewerodwinsk, Russische Föderation
Verdrängung	2.300 Tonnen (aufgetaucht), 3.950 Tonnen (getaucht)
Abmessungen	98 Meter Länge, 10,6 Meter Breite, 7,0 Meter Tiefgang
Antrieb	1× Dieselgenerator, 1× Kristall-27 AIP-(Außenluftunabhängiges) Antriebssystem und/oder 1× WAU-6 Radioisotope Thermal Generator (RTG), 1× Elektromotor, 1× Schiffswelle, 1× Schiffspropeller
Höchstgeschwindigkeit	10 Knoten (aufgetaucht), 17 Knoten (getaucht)
Reichweite	unbekannt
Maximale Tauchdauer	unbekannt
Tauchtiefe	300 Meter
Besatzung	52 Personen
Bewaffnung	1× Abschussvorrichtung für nuklear angetriebene Unterwasserdrohne Poseidon 2M39

6. Indien

6.1 Die Raketen-U-Boote der Arihant-Klasse

Die Aufnahme des ersten Bootes der Arihant-Klasse – der INS »Arihant« – wurde in einer offiziellen Broschüre der indischen Marine veröffentlicht (Foto: Indian Navy).

Militärische Entwicklungs- und Bauprogramme im bevölkerungsreichsten Land der Erde – der Republic of India, im deutschen Sprachraum als Indien bekannt – sind in den meisten Fällen sehr zeitintensiv.

Kaum ein Kampfflugzeug oder eine Fregatte, bei der nicht »ins Unendliche« geforscht, entwickelt und ausgeschrieben wird. Im Bereich des Atom-U-Boot-Baus sieht es diesbezüglich nicht anders aus. Jahrzehntelange Bemühungen fruchteten jedoch schließlich, als im August 2016 mit der INS »Arihant« (SSBN80), das erste nuklear angetriebene U-Boot in den Dienst der indischen Marine gestellt wurde. Mit einer Länge von 111 Metern und einer Verdrängung von 6.000 Tonnen (aufgetaucht) ist die »Arihant« ein stattlicher »Brocken«. Untypischerweise (im Vergleich zu den anderen Betreibern von Atom-U-Booten mit Ausnahme von Frankreich) ist das erste nuklear angetriebene Boot Indiens ein strategisches Raketen-U-Boot und kein Jagd-U-Boot. Eine Besonderheit ist die Tatsache, dass die »Arihant« das erste strategische Raketen-U-Boot ist, das nicht von einem der ständigen Mitglieder des UN-Sicherheitsrates (USA, Großbritannien, Frankreich, Russland – vormals Sowjetunion – und China) konstruiert wurde.

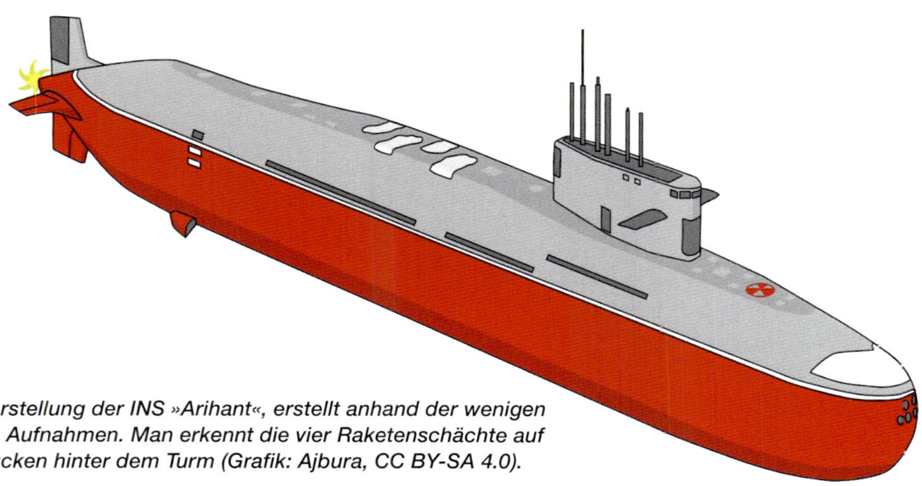

Grafische Darstellung der INS »Arihant«, erstellt anhand der wenigen vorliegenden Aufnahmen. Man erkennt die vier Raketenschächte auf dem Bootsrücken hinter dem Turm (Grafik: Ajbura, CC BY-SA 4.0).

Die Hintergründe

Im Dezember 1971 fuhr eine amerikanische Flugzeugträgerkampfgruppe unter der Führung des nuklear angetriebenen Trägers USS »Enterprise« (CVN-65) während des indisch-pakistanischen Krieges zur Machtprojektion in die Bucht von Bengalen. Damals gehörte Pakistan eher zur amerikanischen Einflusszone, während Indien ein enger Verbündeter der Sowjetunion war. Diese schickte zur Verfolgung der amerikanischen Trägergruppe ein Atom-U-Boot in die Gewässer vor der indischen Ostküste. Die indische Premierministerin Indira Gandhi zeigte sich von den Ereignissen auf See, bei denen die militärische Nukleartechnik eine zentrale Rolle spielte, so beeindruckt, dass sie nach dem ersten eigenständigen, landgestützten indischen Nukleartest im Jahr 1974 ein Forschungsprogramm zum Bau eines indischen nuklearen Antriebssystems initiierte. Ursprünglich sollte die Technik bei einem indigenen indischen Jagd-U-Boot zum Einsatz kommen. Im Jahr 1999 änderte sich jedoch die indische Politik zum Einsatz von Atom-Waffen und Indien erklärte offiziell den Verzicht auf den Einsatz von Nuklearwaffen als Erstschlags- bzw. Angriffswaffen. Anhand dieser selbst gewählten Doktrin wird Indien Atomwaffen nur als Zweitschlagswaffen zur Verteidigung gegen den Angriff einer anderen Atommacht nutzen. Entsprechend wurde das indische Atom-U-Boot-Programm vom Jagd-U-Boot-Bau zur Konstruktion von strategischen Booten mit Ballistischen Raketen umgewandelt.

Testrumpf

Der erste Schritt des indischen Atom-U-Boot-Programmes umfasste den Bau eines Testreaktors in einem 42 Meter langen U-Boot-Rumpfsegment. Dieser Prototyp eines mit hoch-

Am Indira Gandhi Centre for Atomic Research (IGCAR) in Kalpakkam wurde ein 42 Meter langer Testrumpf mit 83-Megawatt-Reaktor errichtet und 2006 in Betrieb genommen (Foto: ET India).

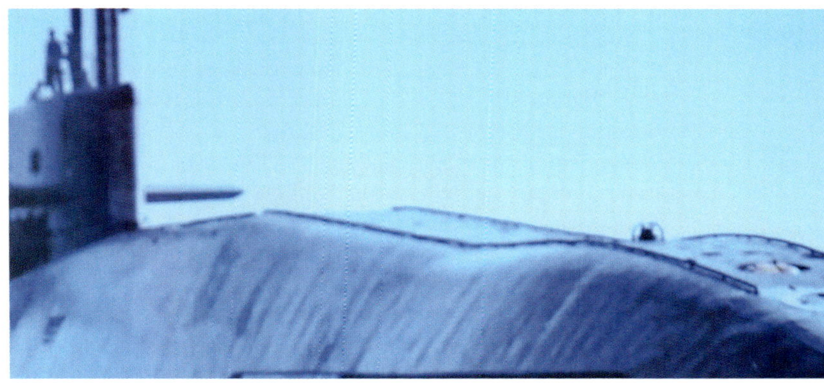

Diese unscharfe Aufnahme des Bootsrückens wurde bei der Rede zur Indienststellung der »Arihant« durch den indischen Premierminister Narendra Modi veröffentlicht (Foto: Prime Minister's Office).

Unterwasserstart einer Ballistischen Rakete des Typs K15 Sagarika in der Bucht von Bengalen. Die ersten Starts erfolgten noch von Unterwasserplattformen aus (Foto: Indian Ministry of Defence).

Diese 2021 veröffentlichte, aber wahrscheinlich schon einige Jahre zuvor gemachte Aufnahme zeigt die Vorderseite der »Arihant« (Foto: Sammlung Verfasser).

angereichertem Uran betriebenen Druckwasserreaktors wurde vom Bhabha Atomic Research Centre (BARC) am Indira Gandhi Centre for Atomic Research (IGCAR) in Kalpakkam gefertigt. Dieser Testrumpf erhielt die indische Kennung S1 (Submarine 1) und umfasst das Wasserbecken und den 83-Megawatt-Reaktor sowie zwei Kontrollräume. Der Testrumpf samt Reaktor wurde am 22. September 2006 für die operationelle Nutzung freigegeben und nach dessen dreijähriger Nutzung wurde er als technische Grundlage zum Bau des ersten operationellen Reaktors verwendet. Der S1-Testrumpf wird auch heute noch zur Ausbildung indischer U-Bootfahrer genutzt.

Boote Nr. 1 & 2

Der indische Atom-U-Boot-Bau läuft seit den 1990er Jahren – damals noch als Jagd-U-Boot geplant – unter der Projektbezeichnung Advanced Technology Vessel (ATV). Das letztendlich ausgewählte Design ist ein Raketen-U-Boot mit 111 Metern Länge, 11 Metern Breite und einem Tiefgang von 15 Metern, bei einer Verdrängung von 6.000 Tonnen im aufgetauchten Zustand. Als Antrieb kommt ein auf dem im S1-Testrumpf basierender 83-Megawatt-Reaktor zum Einsatz, der auf einen 7-Blatt-Propeller wirkt und dem Boot eine Maximalgeschwindigkeit von 15 Knoten aufgetaucht und 24 Knoten getaucht verleiht. Die erste Einheit des Programmes ist die INS »Arihant« (indische Kennung S2, internationale Kennung SSBN80), die im Jahr 2004 im Navy Shipbuilding Centre in Visakhapatnam auf Kiel gelegt wurde, am 26. Juli 2009 vom Stapel lief und nach erfolgreichen Seeversuchen im August 2016 in Dienst gestellt wurde. Als Generalunternehmer für den Schiffsentwurf fungiert Larsen & Toubro, die die Entwicklungsarbeiten in einem eigens konzipierten U-Boot-Entwicklungszentrum in Hazira durchführen. Ein zweites Boot namens INS »Arighat« (indische Kennung S3, internationale Kennung SSBN81) wurde 2009 auf Kiel gelegt, am 19. November 2017 zu Wasser gelassen und befindet sich derzeit in der Erprobungsphase. Unbestätigten Gerüchten soll das zweite Boot einige Meter länger als das erste sein – was sich nur schwer überprüfen lässt, da die indischen Atom-U-Boote zu den bestabgeschirmtesten der Welt zählen und nur wenige offizielle Fotos veröffentlicht wurden. Der jeweils 95-köpfigen Besatzung der beiden Boote stehen als Bewaffnung entweder bis zu zwölf K-15 Sagarika-Raketen (zweistufig, mit Feststoffantrieb und zehn Metern Länge) mit einer Reichweite von 750 Kilometern und einem Atomsprengkopf auf der Spitze oder vier K-4 Raketen (zehn Meter lang, ebenfalls zweistufig und mit Feststoffantrieb) mit einer Reichweite von 3.500 Kilometern und ebenfalls einem Sprengkopf auf der Spitze zur Verfügung. Die Boote verfügen über je vier Abschussschächte, in denen jeweils maximal drei K-15 oder eine K-4 Platz finden. Die Bootsklasse befindet sich mittlerweile auf regelmäßig durchgeführten Abschreckungsfahrten, den sogenannten Deterrence Patrols. Am 05. November 2018 gab die indische Regierung bekannt, dass die »Arihant« ihre erste solche Fahrt erfolgreich beendet hatte.

Weitere Boote

Im Jahr 2007 kam das ATV-Programm wegen seiner immensen Kosten in den Fokus einiger Haushaltspolitiker. Diese kri-

Im August 2023 wurden private an einem Strand entstandene Videoaufnahmen eines Bootes der Arihant-Klasse veröffentlicht (Foto: Sammlung Verfasser).

tisierten den begrenzten Nutzen eines Raketen-U-Bootes mit lediglich vier Raketenschächten. Aus diesem Grund wurde der ATV-Schiffsentwurf durch das Einfügen einer zusätzlichen Rumpfsektion mit zehn oder mehr Metern Länge vergrößert, die vier weitere Startschächte enthält. Dieser neue Entwurf, der in der Fachpresse auch als Arihant-Stretch bezeichnet wird, kam beim dritten indischen Atom-U-Boot zur Anwendung. Dieses auf den Namen INS »Aridhaman« (indische Kennung S4) getaufte Boot lief ohne große Zeremonie (und so gut wie keinem internationalen Medienecho) am 23. November 2021 in Visakhapatnam vom Stapel. Die nun über insgesamt acht Startschächte verfügende »Aridhaman« soll eine Länge von circa 125 Metern und eine Verdrängung von 7.000 Tonnen (aufgetaucht) aufweisen. In Zukunft könnten von der »Aridhaman« neben den K4- und K-15-Raketen auch neue Ballistische Raketen des Typs K5 gestartet werden, einer Feststoffrakete mit 6.000 Kilometer Reichweite, die derzeit entwickelt wird. Ob weitere Boote des Arihant-Stretch-Entwurfes gebaut werden, ist aufgrund der hohen Stufe der Geheimhaltung rund um das indische Atom-U-Boot-Programm nicht völlig klar. Verschiedene indische Quellen hatten von einem weiteren Boot berichtet, das auf Grundlage des S4-Entwurfes gefertigt werden soll.

Diese Aufnahme aus dem Jahr 2014 zeigt den Turmbereich und den Rumpfrücken der »Arihant« (Foto: Sammlung Verfasser).

Im Februar 2023 wurden auf indischen Social Media-Kanälen Fotos gezeigt, die ein Modell eines Bootes der vergrößerten S5-Klasse zeigen, die ab 2027 gebaut werden soll.

S5-Klasse

Nach dem derzeitigen Stand wird das nächste offizielle indische Boot mit der indischen Kennung S5 einem nochmals deutlich vergrößertem Schiffsentwurf angehören, der in den indischen Medien als S5-Klasse bezeichnet wird. Anhand der derzeit verfügbaren Informationen soll mit dem Bau von mindestens drei solcher Boote im Jahr 2027 begonnen werden. Sie sollen eine Verdrängung von 13.500 Tonnen aufweisen und über zwölf oder (laut unterschiedlichen Quellen) sogar 16 Startschächte für Ballistische Raketen verfügen. Die Boote sollen in der Lage sein, zwölf Meter lange dreistufige Ballistische Raketen des in der Entwicklung befindlichen Typs K6 mit einer Reichweite von bis zu 12.000 Kilometern und mehreren MIRV-Wiedereintrittskörpern mit je einem Sprengkopf auf der Spitze zu verschießen. Wenn Indien die Einsatzreife dieser neuen Bootsklasse samt neuer Raketen-Trägersysteme gelingt, dann wird es auf Augenhöhe mit den anderen Mitgliedern des exklusiven Clubs der Betreiber von strategischen Raketen-U-Booten sein.

Technische Daten Arihant-Klasse (Boot 1 INS »Arihant«)	
Bauwerft	Navy Shipbuilding Centre, Visakhapatnam
Verdrängung	6.000 Tonnen
Abmessungen	111 m Länge, 11 m Breite, 15 m Tiefgang
Antrieb	1× CLWR-B1 Druckwasserreaktor mit 83 MW Leistung, 1× Schiffswelle, 1× 7-Blatt-Schiffspropeller
Höchstgeschwindigkeit	15 Knoten (aufgetaucht), 24 Knoten (getaucht)
Reichweite	unbegrenzt
Maximale Tauchdauer	unbegrenzt, nur abhängig von der gelagerten Verpflegung für die Besatzung
Testtauchtiefe	300 m
Besatzung	95 Personen
Elektronik	1× USHUS integriertes Sonarsystem, entwickelt vom Naval Physical and Oceanographic Laboratory (NPOL) der indischen Defence Research and Development Organisation (DRDO)
Bewaffnung	6× 533-mm-Torpedorohre, 12× Ballistische Raketen K15 Sagarika mit 1.500 km Reichweite oder 4× Ballistische Raketen K-4 mit 3.500 km Reichweite

6.2 Zukünftige Jagd-U-Boote des Projektes 75A

Die INS »Sindhuvijay« (S62) ist eines von zehn Booten der russischen Kilo-Klasse – in Indien Sindhughosh-Klasse genannt –, die zwischen 1986 und 2000 an Indien geliefert wurden (Foto: Los Barcos de Eugenio/ CC BY 3.0).

Die ersten vier U-Boote der indischen Marine waren Einheiten der Foxtrott-Klasse, die in Indien als Kalvari-Klasse bezeichnet wurden (Foto: Indian Navy).

Nach bescheidenen Anfängen Anfang der 1950er Jahre ist die indische Marine heute mit über 600.000 Tonnen nach der Gesamtverdrängung gemessen auf dem sechsten Platz der größten Seestreitkräfte der Welt und verfügt über eine entsprechend schlagkräftige U-Boot-Waffe.

Neben den im vorigen Kapitel beschriebenen strategischen Raketen-U-Booten verfügt die indische Marine heute auch über 16 konventionell angetriebene Jagd-U-Boote. Weitere konventionelle Jagd-U-Boote befinden sich in der Planung. Im Laufe des nächsten Jahrzehnts sollen dann erstmals in Indien gebaute Jagd-U-Boote mit Atomantrieb zur Flotte stoßen.

Die Anfänge

In den Anfangsjahren fokussierte sich das indische Beschaffungswesen auf britische und sowjetische Lieferanten für Rüstungsgüter. So stellte die indische Marine zwischen 1967 und 1969 vier Hochseeboote der konventionell angetriebenen, 91 Meter langen russischen Foxtrott-Klasse in Dienst, die in Indien als Kalvari-Klasse bezeichnet wurde. In den Jahren 1973/74 folgte mit der Vela-Klasse – verbesserte Boote der Foxtrott-Klasse – ein weiteres konventionell angetriebenes U-Boot-Quartett. Alle acht Boote wurden bis zum Jahr 2010 aus der indischen Flotte ausgemustert. Zwischen 1986 und 2000 übernahm Indien insgesamt zehn Jagd-U-Boote der sowjetisch/russischen – im Westen gefürchteten und heute noch für die russische Marine gebauten – 72 Meter langen Kilo-Klasse, die in Indien als Sindhughosh-Klasse bezeichnet wird und von denen heute noch sieben Boote in indischen Diensten stehen. Bereits in den 1970er Jahren begann Indien damit, neue Bezugsquellen für militärische Ausrüstung zu erschließen. Im Bereich der konventionellen, auf Küstengewässer zugeschnittenen U-Boote unterzeichnete die indische Marine 1981 einen Vertrag mit der Howaldtswerke-Deutsche Werft (HDW, heute ThyssenKrupp Marine Systems) in Kiel. Dieser umfasste den Bau von zwei Booten der 64 Meter langen Shishumar-Klasse bei HDW in Deutschland und von zwei Booten bei Mazagon Dock in Mumbai. Bei den Booten handelte es sich um eine Variante des deutschen Exporttyps 209. Alle vier Einheiten gingen zwischen 1986 und 1994 in Dienst und sind heute noch aktiv.

Kooperationen

Wie im vorherigen Kapitel über die Arihant-Klasse beschrieben, plante die indische Marine ab dem Jahr 1974 mit der Be-

In den 1980/90er Jahren kamen vier Boote des deutschen Typs 209 – in Indien als Shishumar-Klasse bezeichnet – zur indischen Flotte (Foto: Indian Navy).

schaffung von eigenen, in Indien gefertigten Atom-U-Booten. Um die Matrosen und Offiziere der indischen Marine auf den Dienst an Bord von nuklear angetriebenen U-Booten vorzubereiten, leaste Indien von 1987 bis 1990 ein in den 1960er Jahren gebautes 95 Meter langes sowjetisches Jagd-U-Boot der Charlie-Klasse als INS »Chakra«. Entgegen den ursprünglichen Abmachungen erlaubte der sowjetische Teil der in Mischbesatzung fahrenden Crew des 4.000 Tonnen-Bootes ihren indischen Kollegen nicht, den Reaktor und den Waffenraum zu betreten, weshalb es bereits nach drei Jahren zur Beendigung des Leasingabkommens kam. Ganz wandte sich die indische Marine jedoch nicht vom U-Boot-Leasing ab, denn zwischen 2012 und 2021 leaste sie mit der INS »Chakra II« ein weiteres russisches Boot, diesmal der wesentlich moderneren 111 Meter langen, 8.140 Tonnen verdrängenden Akula II-Klasse. Auch die »Chakra II« diente in der indischen Marine hauptsächlich zu Ausbildungszwecken und auch sie wurde vorzeitig – ein Jahr früher als geplant – aufgrund von technischer Unzuverlässigkeit an die russischen Leasinggeber retourniert. Am 07. März 2019 unterzeichneten Russland und Indien einen weiteren U-Boot-Leasingvertrag, der erneut den Transfer eines Atom-U-Bootes der Akula-Klasse ab dem Jahr 2025 umfassen soll. Ob dieses Geschäft in Anbetracht der schlechten Erfahrungen mit den vorhergehenden Booten tatsächlich vonstattengeht, bleibt jedoch abzuwarten.

Das Projekt 75

Die indische Marine bezeichnet die erste konventionell betriebene Jagd-U-Bootklasse, die mit vollem Technologietransfer eines Partnerlandes in Indien gefertigt wird, als Projekt 75. Es handelt sich dabei um einen Lizenzbau der spanisch/französischen Scorpene-Klasse mit 67 Metern Länge und einer Verdrängung von 1.615 Tonnen. Sechs dieser Boote – erneut als Kalvari-Klasse bezeichnet – wurden bei Mazagon Dock in Mumbai gebaut und zwischen 2017 und 2024 in Dienst gestellt. Drei weitere Boote dieses Typs sollen in den nächsten Jahren folgen. Aus dem Projekt 75 wurden das konventionelle Nachfolgeprojekt 75I zum Bau von sechs größeren, bis zu 4.000 Tonnen verdrängenden Booten in Zusammenarbeit mit einem internationalen Partner und das Projekt 76 zum Bau von zwölf vollständig in Indien entwickelten konventionellen Booten mit Außenluftunabhängigem Antrieb (AIP) abgeleitet. Der nächstgrößere Entwicklungsschritt des indischen U-Bootprogrammes ist das Projekt 75A (auch als 75 Alpha bezeichnet), das den Bau von sechs nuklear angetriebenen Jagd-U-Booten vorsieht, die in zwei Losen mit je drei Booten gefertigt werden sollen. Ob der geplante Baubeginn der Einheiten in der Werft in Visakhapatnam tatsächlich im Jahr 2023 stattgefunden hat, lässt sich derzeit nicht mit vollständiger Sicherheit sagen. Gegensätzliche Medienberichte sprechen davon, dass das nukleare Projekt 75A höchste Priorität genießt und deswegen sogar ein dritter indischer Flugzeugträger auf Eis gelegt wurde. Wiederum andere Quellen besagen, dass der Bau der nächsten Einheiten der Arihant- und S5-Klassen strategischer Raketen-U-Boote eine höhere Priorität besitzen würden. Der ursprüngliche Plan, der von der indischen Regierung im Februar 2015 genehmigt wurde, sieht die Indienststellung des ersten 75A-Bootes im Jahr 2032 vor. Das Programm sieht weiterhin den Bau des Rumpfes in Hazira, die Reaktorfertigung in Kalpakkam und die Endmontage im Ship Building Centre in Visakhapatnam unter der Direktion der Submarine Design Group in Gurugram vor. Der Reaktor, der auf eine aufgetauchte Verdrängung von rund 6.000 Tonnen konzipierten Bootsklasse, soll technisch auf dem der Raketen-Boote der Arihant-Klasse basieren und unbestätigten Berichten zufolge über eine Leistung von 190 Megawatt verfügen. Die Gesamtkosten des 75A-Bauprogrammes werden mit umgerechnet 18 Milliarden US-Dollar angegeben. Offizielle Zeichnungen / Grafiken der zukünftigen Boote des Projektes 75A wurden bisher nicht veröffentlicht.

Von 2012 bis 2021 leaste die indische Marine ein nuklear angetriebenes Jagd-U-Boot der Akula II-Klasse, das in indischen Diensten auf den Namen INS »Chakra II« getauft wurde (Foto: Indian Navy).

Die INS »Khanderi« (S22) ist die zweite Einheit der Kalvari-Klasse und wurde im September 2019 in Dienst gestellt (Foto: Indian Navy).

7.1 Die Entwicklung der konventionellen chinesischen U-Boote

Im Mai 2021 wurde dieses neue konventionell angetriebene U-Boot der Yuan Klasse vom Typ 039C erstmals beobachtet (Foto: S.D.F.).

Von den 1960er Jahren bis Anfang des 21. Jahrhunderts wurden in China Varianten der sowjetischen Romeo-Klasse gefertigt. Hier ein Museumsboot in Quingdao (Foto: Tiger@西北, CC BY-SA 3.0).

Die Volksrepublik China hat in der vergangenen Dekade eine beispiellose militärische Modernisierung gestartet, deren Kernelement zweifellos ein schier gigantisches Bauprogramm für die drei Teilflotten der chinesischen Marine darstellt. Allein im Jahr 2020 haben chinesische Werften 22 Schiffe an die Streitkräfte des Landes geliefert. Seit dem Zweiten Weltkrieg hat kein anderes Land eine so große Anzahl Schiffe für seine Marine produziert.

Während die »im Dutzend« zu Wasser gelassenen Zerstörer, Fregatten und Korvetten sowie das ambitionierte Flugzeugträgerprogramm des Öfteren auch in den westlichen Medien behandelt werden, sind verlässliche Informationen über die unterschiedlichen chinesischen U-Boottypen deutlich schwerer zu erhalten. Bei der Recherche stieß der Verfasser vielerorts auf sich widersprechende Aussagen und auf angebliche futuristische U-Boottypen, die seit Jahren in Dienst stehen sollen, von denen aber lediglich Konzeptzeichnungen kursieren. In diesem Kapitel werfen wir einen Blick auf die real existierenden, konventionellen chinesischen U-Bootentwicklungen, die oftmals parallel zu den chinesischen Atom-U-Booten konzipiert wurden und werden. Die Volksrepublik China ist heute das einzige Land, das über eine zahlenmäßig wesentlich größere Teilflotte an konventionell angetriebenen U-Booten im Vergleich zu den in relativ kleiner Zahl vorhandenen Atom-U-Booten verfügt.

Russische Starthilfe

Da es keine frei verfügbaren offiziellen Quellen zu Bauaufträgen, Typenvarianten oder gar projektierten Flottengrößen gibt, erleben die aufmerksamen Beobachter des chinesischen U-Bootprogrammes immer wieder Überraschungen bezüglich neuer Bootsvarianten oder gar neuer U-Boottypen, die förmlich aus dem Nichts erscheinen. Waren frühere chinesische Entwicklungen häufig störanfällig und sehr laut, wird heute allgemein an-

Bei den Booten der Song-Klasse handelt es sich um die ersten chinesischen U-Boot-Eigenentwicklungen. Hier der Prototyp der Variante 039 mit abgestuftem Turm (Foto: Daisetsuzan).

Mindestens zehn weitere Boote der Song-Klasse der Variante 039G1 haben einen geraden Übergang zwischen Turm und Rumpf (Foto: SteKrueBe, CC BY-SA 3.0).

genommen, dass die modernen chinesischen Boote, nicht zuletzt durch ausländische Hilfe, diese Schwächen überwunden haben. Wie in vielen Bereichen der chinesischen Rüstung fand auch im U-Bootbau ein umfangreicher Technologietransfer seitens der Sowjetunion bzw. zu einem späteren Zeitpunkt seitens Russlands an chinesische Werften statt. Bei den ersten in China gefertigten Booten handelte es sich um Lizenzbauten der sowjetischen Romeo-Klasse, von denen zwischen 1962 und 1984 beachtliche 84 Exemplare als chinesischer Typ 033 auf den Staatswerften in Wuchang, Guangzhou, Bohai und Jiangnan gefertigt wurden. Auf den Typ 033 folgte der weiterentwickelte, auch als Ming-Klasse bezeichnete Typ 035, von dem zwischen 1974 und 2003 weitere 23 Boote auf den Werften in Wuchang, Wuhan und Jiangnan, Shanghai gebaut wurden. Bei diesen 76 Meter langen, getaucht ca. 1.800 Tonnen verdrängenden Booten handelt es sich um die letztgebauten Boote, die technisch noch größtenteils auf dem deutschen Typ XXI aus dem Zweiten Weltkrieg basieren. Heute stehen geschätzt noch zwischen zehn und 20 dieser antiquierten Dieselboote hauptsächlich als Schulboote im Dienst der chinesischen Marine. Zwischen 1994 und 2005 wurden von Russland insgesamt zwölf Boote der äußerst erfolgreichen und im Westen gefürchteten Kilo-Klasse an die Volksrepublik geliefert (davon zwei Boote des ursprünglichen sowjetischen Projekts 877 und zehn Boote des in den 1990ern modernisierten Projektes 636), bei denen es sich um die ersten modernen Unterseeboote handelte, die in die chinesische Flotte aufgenommen wurden.

Die nächsten drei Boote der Song-Klasse vom Typ 039G verfügen über einen runden hinteren Übergang vom Turm zum Rumpf (Foto: Chinese Government).

Ein Boot der weiterentwickelten Yuan-Klasse vom Typ 039A (Foto: CRS by Navy Office of Legislative Affairs, Public Domain).

Typ 039

Bei dem ab 1999 in Wuchang und Jiangnan hergestellten, von der NATO auch als Song-Klasse bezeichneten, Typ 039 handelt es sich um den ersten vollständig in China entwickelten U-Boottyp. Bei diesem rund 75 Meter langen und getaucht 2.250 Tonnen verdrängenden Entwurf kommt ein tropfenförmiger Rumpf zum Einsatz. Drei Dieselmotoren aus deutscher Produktion oder deren unlizenzierte Kopien (laut inoffiziellen Quellen handelt es sich um den Typ MTU 16V396SE84) dienen als Ladeaggregate für den Elektromotor, der eine Schiffswelle mit einem Propeller antreibt und dem Boot eine geschätzte Höchstgeschwindigkeit von 22 Knoten ermöglicht. Gesteuert werden

Ein Song-Klasse-Boot der Variante 039G1 in schwerer See (Foto: CMF).

Bei den Booten der Varianten 039AG und 039B fällt der abgerundete Turm auf (Foto: chinesisches Internet).

Bei der ab 2014 gesichteten Variante des Typs 039B wird ein Turm mit runden Übergängen zum Rumpf verwendet, die denen der Virginia-Klasse ähneln (Foto: chinesisches Internet).

die Boote der Song-Klasse über die zwei Tiefenruderblätter am Turm und vier Ruderblätter in Kreuzform am Heck. Das Boot mit der Bordnummer 320 wurde von der chinesischen Marine als Prototyp einem umfangreichen, dreijährigen Testprogramm unterzogen. Unbestätigten Meldungen zufolge soll das Boot einen dermaßen hohen Lärmausstoß verursacht haben, dass die Folgeboote vollkommen umkonstruiert wurden. Auffällig ist jedenfalls, dass ab dem zweiten Boot mit der Bordnummer 321 ein neuer Turm montiert wurde, der nicht mehr nach hinten abgestuft ist. Schätzungen gehen davon aus, dass insgesamt 15 solcher verbesserter Boote gebaut wurden, die als Typ 039G (mit gerundetem hinteren Übergang vom Turm zum Rumpf) bzw. 039G1 (mit geradem hinteren Übergang vom Turm zum Rumpf) bezeichnet werden. Weyers Flottentaschenbuch listet insgesamt 16 gebaute Boote der Song-Klasse in seiner neuesten Ausgabe auf, das französische *Flottes de Combat* kommt auf 14 zwischen 1999 und 2006 gebaute Exemplare.

Die nächste Ausführung des Typs 039 wurde bei ihrem Erscheinen im Jahr 2005 zuerst als Typ 041 bezeichnet, ehe dieser Bootsentwurf aufgrund der Übereinstimmung mit vielen Charakteristika des Vorgängertyps die offizielle chinesische Typenbezeichnung 039A – NATO-Codename Yuan – erhielt. Ursprünglich als Anti-Ship Cruise-Missile (ASCM)-Boot bewertet, wird die Yuan-Klasse innerhalb der NATO inzwischen eher als traditionelles Hochsee-Jagd-U-Boot eingeschätzt. Gemäß mehrerer Artikel in der chinesischen Presse und einem Beitrag des chinesischen Staatsfernsehens sind die Boote der Yuan-Klasse mit einem Außenluftunabhängigen Antrieb (Stirling-Motor) ausgestattet, der vom Forschungsinstitut 711 der staatlichen China Shipbuilding Heavy Industry Group Corp. entwickelt wurde. Erstmals sind die Yuan-Boote mit weitreichenden Maßnahmen zur Geräuschdämmung wie beispielsweise schallabsorbierenden Kacheln ausgestattet. Sowohl die Song- wie auch die Yuan-Klassen verfügen über sechs 533-mm-Torpedorohre zum Abschuss verschiedener Torpedos oder Flugkörper wie beispielsweise den von der französischen Exocet abgeleiteten YJ-8-Seezielflugkörper. In beiden Bootstypen wurden Sonarsysteme der französischen Typen Thales/TSM 2233 (Bugsonar, aktiv/passiv) und teilweise TSM 2255 (seitliches Flank Array, passiv) oder unlizenzierte chinesische Nachahmungen dieser Systeme verbaut, da China in den 1980er und 90er Jahren entsprechende Sonaranlagen in Frankreich erwerben konnte.

Varianten

Bisher sind sechs verschiedene Untervarianten der Yuan-Klasse gesichtet und identifiziert worden:

***Typ 039A:** Die erste Version der Yuan-Klasse, die noch sehr der Song-Klasse ähnelt. Am auffälligsten ist das Fehlen der flossenförmigen Extrusion am hinteren Turm.

***Typ 039AG:** Der Hauptunterschied zur Version 039A liegt in dem geänderten Turm mit abgerundeten Kanten vorne und hinten sowie einer Ausbuchtung für einen Sensor an der Vorderseite des Turms.

***Typ 039B:** Dieser ist oberhalb der Wasserlinie nicht von der Version 039AG zu unterscheiden. Der Typ 039B erhielt ein seit-

Ein Boot des Typs 039C aufgenommen (vermutlich) während einer Erprobungsfahrt (Foto: Sammlung Verfasser).

Stapellauf des ersten Bootes der pakistanischen Hangor-Klasse am 26. April 2024 in Wuchang. Die Hangor-Klasse basiert auf dem Typ 039B (Foto: Sammlung Verfasser).

Heckansicht des neuen Typs 039C. Auffällig ist ein neu gestalteter Turm mit einer kammartigen Form auf der Oberseite (Foto: S.D.F.).

In dieser seitlichen Profilaufnahme kann man sehr gut den extrem langen Turm des Typ 032-Bootes erkennen (Foto: Sammlung Verfasser).

Das einzelne Boot des Typs 032 (Qing-Klasse) ist mit 92,6 Metern Länge derzeit das größte konventionell angetriebene U-Boot der Welt (Foto: Sammlung Verfasser).

liches Sonararray, das bei den Vorgängern fehlte. Es wird davon ausgegangen, dass sämtliche Boote der Version 039AG auf die Version 039B umgerüstet wurden.

***Typ 039B (Upgrade):** Manchmal auch als Typ 039C bezeichnet, wurde diese Version erstmals 2014 beobachtet. Der Turm wurde noch stromlinienförmiger gestaltet und verfügt am vorderen und hinteren Ende über abgerundete Übergänge zum Rumpf, was dem Turm Ähnlichkeit mit den Türmen der Atom-U-Boote der amerikanischen Virginia- und der französischen Surcouf-Klasse verleiht.

***Typ 039C:** Diese neue Version (von einigen Analysten sogar als Typ 039D bezeichnet) wurde erstmals im Mai 2021 bei der Bauwerft in Wuchang gesichtet. Auffällig ist ein neu gestalteter Turm mit einer kammartigen Form auf der Oberseite, was ihm eine Ähnlichkeit mit dem Turm der gerade in Konstruktion befindlichen schwedischen Boote vom Typ A-26 (Blekinge-Klasse) verleiht. Diese Umgestaltung des Turms dient wahrscheinlich verbesserten Tarneigenschaften bei der Überwasserfahrt. Auffällig ist ebenfalls das neu zum Zuge kommende Schleppsonar, welches durch den oberen Bereich des Ruders läuft. Mittlerweile kann die Existenz von drei Booten der Typ 039C-Subvariante bestätigt werden. Fünf weitere Einheiten sollen sich derzeit im Bau befinden.

***Verbesserter Typ 039:** Im Juli 2024 veröffentlichte der amerikanische Marineanalyst Tom Shugart am Center for a New American Security auf der Plattform X (ehemals Twitter) die Beobachtung eines neuen Bootes. Ausschlaggebend war die

Das Boot des Typs 032 bei einer offiziellen Marineveranstaltung im August 2024. Man erkennt vor dem Turm vier Startschächte für Flugkörper (Foto: Sammlung Verfasser).

Analyse von Satellitenbildern der Wuchang-Werft in Wuhan aus dem April 2024, bei der er ein dem Typ 039C ähnelndes, aber fünf bis sieben Meter längeres U-Boot (Gesamtlänge geschätzt zwischen 82 und 84 Metern) mit X-förmigem Ruder (erstmals bei einem chinesischen U-Boot beobachtet) ausmachte. Dies könnte entweder auf eine Änderung des Antriebes oder auf die Inklusion von VLS-Abschusszellen zum Start von Marsch- und Seezielflugkörpern hindeuten. Unklar ist, ob das beobachtete Boot tatsächlich ein verbesserter Typ 039 ist oder die erste Einheit einer neuen Bootsklasse.

Derzeit geht das amerikanische Verteidigungsministerium davon aus, dass die Marine der Volksrepublik China im Jahr 2025 über insgesamt 42 Boote der Yuan-Klasse verfügen wird. Dieser enorme Ausstoß an konventionellen U-Booten wird durch ein riesiges neues Werftgelände der Wuchang-Werft ermöglicht, welches 2015 seinen Betrieb aufnahm und das die simultane Serienfertigung von bis zu acht Unterseebooten gleichzeitig gestatten soll.

Im Februar 2022 wurden Aufnahmen auf chinesischen Social Media-Kanälen veröffentlicht, die ein kleines U-Boot mit einer geschätzten Länge zwischen 40 und 50 Metern zeigen (Foto: Sammlung Verfasser).

Typ 032

Im Jahr 2012 stellte die chinesische Marine ein massiv vergrößertes Boot des Typs 039 in Dienst, das als Typ 032 (NATO-Bezeichnung Qing-Klasse) benannt wurde. Das 92,6 Meter lange, aufgetaucht 3.797 Tonnen verdrängende Boot dient als Erprobungsträger für neue chinesische Waffensysteme und insbesondere als Testplattform zum Abschuss von Marschflugkörpern und Ballistischen Raketen. Das einzige Boot dieser Klasse mit der Kennummer 201 hat die vorderen Tiefenruder als Einziehruder am Bug statt wie bei den Booten des Typs 039 als nicht einziehbare Ruder am Turm angebracht. Dieser ist relativ lang, verfügt über integrierte Abschussschächte und hat Ähnlichkeit mit dem Turm eines sowjetischen Bootes der Golf-Klasse, welches China gebraucht erworben und zuvor als Erprobungsträger für Flugkörper genutzt hatte. Das einzelne Boot des Typs 032 wurde von der chinesischen Volksmarine unter anderem für Unterwasserstartversuche von JL-2 und JL-3 U-Boot-gestützten Ballistischen Raketen verwendet.

Die chinesische Volksmarine kann die internationale Marinefachwelt in regelmäßigen Abständen aufs Neue überraschen. So tauchten beispielsweise Mitte Februar 2022 in chinesischen Internetforen erstmals Fotos eines sehr ungewöhnlichen chinesischen Marinefahrzeuges auf, die die westlichen Marineexperten vor einige Rätsel stellten. Die Fotos zeigen ein kleines, vermutlich dieselelektrisch angetriebenes U-Boot mit den vorderen Tiefenrudern am Bug und mit einer geschätzten Länge zwischen 40 und 50 Metern, bei dem es sich nicht um eine neue Version der wesentlich größeren Yuan-Klasse zu handeln scheint. Ob es ein einzelnes Versuchsboot oder die erste Einheit einer neuen Bootsklasse ist, konnte bisher nicht geklärt werden.

Exportboote

Neben der Abdeckung des großen Eigenbedarfes konnte die chinesische Werftindustrie nach einer längeren Durststrecke im U-Boot-Export in den letzten Jahren mit der Yuan-Klasse bereits erste Exporterfolge verbuchen (in den 1970er und 80er Jahren konnten chinesische Boote der Romeo-Klasse nach Nordkorea und Ägypten exportiert werden). So befindet sich momentan ein erstes Yuan-Klasse-Boot für die königliche Marine Thailands in Wuchang im Bau. Die thailändische Yuan-Variante trägt die Bezeichnung S26T. Das thailändische Programm zum Erwerb von chinesischen U-Booten war im Oktober 2023 in Schwierigkeiten geraten, da die chinesische Werft aufgrund einer fehlender Exportgenehmigung seitens der deutschen Bundesregierung nicht in der Lage war, einen deutschen Dieselmotor in die Boote einzubauen. Im Mai 2024 konnten sich Thailand und China auf den Einbau eines chinesischen Motors des Typs CHD620 einigen und das thailändische U-Boot-Programm kam wieder in Fahrt. Simultan läuft die Fertigung der ersten Boote eines acht Exemplare umfassenden Auftrages der pakistanischen Marine, der den Bau von vier Booten der Hangor-Klasse (bei dem es sich um an pakistanische Wünsche angepasste Boote des Typs 039B handelt) in China beinhaltet. Vier weitere Boote sollen als Lizenzfertigung auf pakistanischen Werften bis 2028 entstehen.

7.2 Jagd-U-Boote des Typs 091

Eine vermutlich im April 1993 von einem Flugzeug der US Navy gemachte Aufnahme des Bootes »Changzheng 5« (Foto: Assets/Still/1994/ Navy/DN-SN-94-00790).

Das erste Boot »Changzheng 1« vor dem Stapellauf auf der Bohai Werft in Huludao im Sommer 1974 (Foto: Sammlung Verfasser).

Die Boote des Typs 091 – hier die »Changzheng 4« aus dem Jahr 1988 – waren die ersten atomar angetriebenen Jagd-U-Boote der chinesischen Marine (Foto: PLAN).

Die PLAN (People´s Liberation Army Navy) – die Marine der Volksrepublik China – betreibt in ihrer U-Boot-Flotte hauptsächlich konventionell angetriebene Boote. Die chinesische Marineindustrie war in diesem Bereich bisher sehr erfolgreich. Im Segment der nuklear angetriebenen Boote kann China hingegen bisher gemessen an westlichen oder russischen Booten nur moderate Ergebnisse vorweisen.

Typ 091

Das chinesische Atom-U-Bootprogramm wurde bereits Ende der 1950er Jahre »im Kielwasser« der Entwicklungen und Erfolge der nuklear angetriebenen Unterseeboote der USA und der Sowjetunion gestartet. Bei den zwischen 1974 und 1990 in Dienst gestellten fünf Einheiten des Typs 091 (chinesische Bezeichnung 09-I, NATO-Bezeichnung Han) handelt es sich um die ersten nuklear angetriebenen Jagd-U-Boote der chinesischen Marine. Die Entwicklung dieser Bootsklasse fand – im Gegensatz zu den konventionellen chinesischen U-Booten – vollkommen ohne sowjetische Unterstützung statt. Bei der Rumpfgestaltung orientierten sich die chinesischen Ingenieure an der »Tropfenform«, wie sie auf zeitgenössischen amerikanischen Atom-U-Booten Verwendung fand. Die 98 Meter langen Boote des Typs 091 mit einem Rumpfdurchmesser von rund 10 Metern und einer Verdrängung von 5.100 Tonnen (getaucht) werden von einem von Peng Shilu konstruierten Druckwasserreaktor angetrieben. Shilu (1925 bis 2021) war der chinesische »Vater« des Nuklearantriebs, der auch für den Entwurf der ersten zivilen Kernreaktoren in China verantwortlich zeichnete. Mao Zedong selbst hatte im Juli 1958 den Startschuss für das chinesische Atom-U-Bootprojekt gegeben, »selbst wenn es zehntausend Jahre dauern sollte« (angeblich ist genau dieser Wortlaut zu diesem Thema von ihm überliefert).

Alleingang

Anfänglich hatte China eine erneute Kooperation mit der Sowjetunion ersucht, die ähnlich wie die beim Bau der konventionell angetriebenen Boote Lizenzbauten sowjetischer Typen beinhalten sollte. Nachdem die Sowjetunion jedoch nicht bereit war, ihre noch junge Nukleartechnik mit der Volksrepublik China zu teilen, gab Mao im Oktober 1959 die Order für chinesische Atom-U-Boote als Eigenentwicklung. Die politischen und gesellschaftlichen Umschwünge des als »Großer Sprung nach vorn« genannten Transformationsprozesses der Volksrepublik in den Jahren von 1958 bis 1961 verzögerten das U-Boot-Programm. Hinzu kam, dass das zeitgleich laufende Entwicklungsprogramm für Atomwaffen Vorrang vor dem U-Boot-Programm hatte und teilweise die gleichen Ressourcen wie dieses nutzte. Im März 1963 erfolgte eine Unterbrechung des U-Boot-Entwicklungsprogrammes, ehe es im März 1965 nach dem ersten chinesischen Atomtest wieder aufgenommen wurde. Forschungen und Spionageprogramme zum Erwerb ausländischer Reaktortechnik liefen während der Pause weiter. Im Juli 1965 wählten die chinesische Marine und ihr Nuklear-Konstrukteur Peng Shilu einen Druckwasserreaktor aus, der Ähnlichkeit mit dem Ende der 1960er Jahre im japanischen Atomfrachter »Mutsu« verbauten Reaktor hatte (möglicherweise konnte China die notwendige Technik oder zumindest einzelne Komponenten durch Spionage in Japan erwerben).

Langwierige Entwicklung

Da das chinesische Atom-U-Boot-Programm von großen technischen Problemen und den zuvor beschriebenen Verzögerungen geplagt war, konnte das erste Boot erst im August 1974 – nach rund vierjährigen Erprobungen – in Dienst gestellt werden (der Stapellauf war im Dezember 1970 erfolgt), die weiteren Boote folgten 1980, 1984, 1988 und 1990. In der chinesischen Flotte werden alle Atom-U-Boote als »Changzheng« (»Langer Marsch«) bezeichnet, die fünf Boote des Typs 091 tragen daher die Namen »Changzheng 1« bis »Changzheng 5« (Kennungen 401 bis 405). Alle Typ 091-Boote wurden bei der Bohai Werft im nordostchinesischen Huludao gefertigt. Der simultane Bau des ersten Bootes und des ersten Reaktorprototyps für eine Testanlage an Land brachten Synergieeffekte und beschleunigten dadurch letztendlich die Indienststellung des ersten Bootes. Aufgrund der Tatsache, dass die Boote oft von technischen Problemen geplagt waren und als besonders laut galten, verließen sie in den ersten Jahren so

Übersetzen zu einem Boot des Typs 091. Diese Boote haben nur selten chinesische Gewässer verlassen (Foto: Chinamil.cn).

»Changzheng 2« aus dem Jahr 1980 aufgenommen bei schneller Überwasserfahrt (Foto: PLAN).

Profilzeichnung des Typs 091 (Quelle: Mike1979 Russia, CC BY-SA 3.0).

Blick auf das Heck und das ursprüngliche Ruder samt Fünfblatt-Blatt-Propeller am Museumsboot »Changzheng 1« in Quingdao (Foto: Sammlung Verfasser).

Das allererste Boot des Typs 091, »Changzheng 1«, kann heute im Marinemuseum in Quingdao als Museumsschiff besichtigt werden (Fotos: Stefan Tsingtauer, CC BY-SA 4.0).

Ein Boot des Typs 091 in einem unterirdischen U-Boot-Bunker der chinesischen Volksmarine (Foto: Sammlung Verfasser).

gut wie nie die chinesischen Heimatgewässer und in den späteren Dienstjahren verblieben sie in der relativen Sicherheit der ostasiatischen Gewässer. Laut verschiedener Medienberichte bot die erste Einheit »Changzheng 1« ihrer Besatzung einen nicht ausreichenden Strahlenschutz, was bei den nachfolgenden Einheiten zumindest teilweise korrigiert worden sein soll. Die drei letzten Boote der Klasse sollen mit 106 Metern Länge (8 Meter länger als die ersten beiden Boote) etwas größer und mit je einem 58 Megawatt produzierenden Reaktor (basierend auf dem der strategischen Raketen-U-Boote des Typs 092) ausgestattet sein, anstatt mit dem 48-Megawatt-Reaktor, der bei den ersten beiden Einheiten genutzt wurde. Die zusätzliche Bootslänge dient der Erhöhung der Wohnqualität der Besatzung und besseren Wartungsmöglichkeiten.

Zwischenfälle

Internationales Aufsehen erregten die Boote des Typs 091 im Oktober 1994, als ein Typ-091-Boot ausgemacht wurde, welches die Trägergruppe rund um den amerikanischen Flugzeugträger USS »Kitty Hawk« (CV-63) verfolgte. Ein anderes Boot trat im November 2004 (versehentlich?) in japanische Hoheitsgewässer nahe Ishigaki ein – ein Vorfall, für den sich die Volksrepublik später entschuldigte und technische Probleme als Grund für das Eindringen in japanische Gewässer angab. Die ersten beiden Boote wurden bereits 2000 und 2004 aus dem Dienst der PLAN ausgemustert, die verbliebenen drei Boote erhielten ein neues Sonar des Typs H/SQ2-262B, welches das vorangegangene Sonar des Typs 603 ersetzte, sowie schallabsorbierende Kacheln. Weiterhin erhielten sie verbesserte Sensoren und einen leiseren Sieben-Blatt-Schiffspropeller (bei den ersten beiden Booten kam ein Fünf-Blatt-Propeller zum Einsatz). Alle Boote sollen über sechs Torpedorohre mit Durchmesser 533 mm verfügen und eine Lagerkapazität von 20 Tor-

Da der Nuklearantrieb aus »Changzheng 1« vor der Verwendung als Museumsboot ausgebaut wurde, liegt das Boot sehr hoch im Wasser (Foto: Sammlung Verfasser).

pedos haben. Alternativ können bis zu 36 Seeminen in den Torpedorohren gelagert werden und die Unterwasser-Variante des Seezielflugkörpers des chinesischen Typs C-801 verschossen werden. Die drei letzten Boote haben inzwischen die Fähigkeit erhalten, Seezielflugkörper des Typs YJ-82 zu verschießen.

Museumsboot

Das erste Boot »Changzheng 1« kann seit Ende 2016 im Marinemuseum in Quingdao von der Öffentlichkeit besichtigt werden (die Ankündigung des Museumsbootes kam für westliche Analysten damals vollkommen überraschend). Die chinesische Regierung betrachtet die Ausstellung ihres ersten Atom-U-Bootes – aus dem zuvor der komplette Reaktorbereich und sämtliches radioaktives Material entfernt worden war – als gute Werbung für ihre Marine (weltweit sind nur drei weitere Atom-U-Boote als Museumsschiffe zu besichtigen: 1. die USS »Nautilus« in Groton, Connecticut, USA, 2. die HMS »Courageous« in Devonport, Großbritannien und 3. die »Le Redoutable« in Cherbourg, Frankreich).

Detailaufnahme des Turmes von »Changzheng 1« in Quingdao (Foto: Sammlung Verfasser).

Technische Daten Typ 091 / Han-Klasse	
Bauwerft	Bohai Werft, Huludao, Volksrepublik China
Einheiten	»Changzheng 1« (Kennung 401, in Dienst 01 August 1974, außer Dienst 2000, Museumsschiff in Quingdao), »Changzheng 2« (Kennung 402, in Dienst 30. Dezember 1980, außer Dienst 2004), »Changzheng 3« (Kennung 403, in Dienst 21. September 1984), »Changzheng 4« (Kennung 404, in Dienst November 1988), »Changzheng 5« (Kennung 405, in Dienst Dezember 1990)
Verdrängung	5.100 Tonnen (getaucht, Boote 401, 402), 5.600 Tonnen (getaucht, Boote 403, 404, 405)
Abmessungen	98 Meter (Boote 401, 402) / 106 Meter (Boote 403, 404, 405) Länge, 10,6 Meter Breite
Antrieb	1× Druckwasserreaktor mit 48 MW (Boote 401, 402) oder 58 MW (Boote 403, 404, 405), turboelektrisch wirkend auf 1× 5-Blatt-Schiffspropeller (Boote 401, 402) oder 1× 7-Blatt-Schiffspropeller (Boote 403, 404, 405 nach Umbau)
Höchstgeschwindigkeit	25 Knoten (getaucht)
Reichweite	unbegrenzt
Maximale Tauchdauer	unbegrenzt, nur abhängig von der gelagerten Verpflegung für die Besatzung
Besatzung	geschätzt 100 Personen
Sensoren	Sonar Typ 603 (Boote 401, 402), Sonar Typ H/SQ2-262B (Boote 403, 402, 405)
Bewaffnung	6× 533-mm-Torpedorohre, maximal 20 Torpedos der Typen Yu-1, Yu-3 oder Yu-4, maximal 36 Minen, Seezielflugkörper Typ C-801

7.3 Jagd-U-Boote des Typs 093

Die Anfang des 21. Jahrhunderts zum ersten Mal gesichtete ursprüngliche Variante des Typs 093 (Foto: PLAN).

Die zweite Version des Typs 093 verfügt bereits über einen abgerundeten vorderen Übergang zwischen Turm und Rumpf (Fotos: PLAN).

Auf die ersten chinesischen Jagd-U-Boote des Typs 091 folgte in den ersten Jahren des 21. Jahrhunderts der Typ 093 (chinesische Bezeichnung 09-III, NATO-Bezeichnung Shang), von dem nach unterschiedlichen Quellen bisher zwischen vier und neun Einheiten in Dienst gestellt worden sein sollen.

Unklare Zahlen

Das französische *Flottes de Combat* listet acht Boote auf, Weyers Flottentaschenbuch lediglich vier Boote, das englischsprachige Wikipedia bis vor kurzem sechs Boote (diese Zahl verwendet auch ein Bericht des Congressional Research Service an den US-Kongress vom 07. Oktober 2021). Laut dem chinesischsprachigen Wikipedia befinden sich bisher neun Boote des Typs 093 in den Diensten der chinesischen Marine. Diese Zahl hält der Verfasser aufgrund der Vielzahl an bisher gesichteten Untervarianten, auf die wir im Folgenden noch eingehen, für am realistischsten. Weiterhin sollen derzeit weitere ein bis sechs Boote eines verbesserten Typs 093B in Huludao in Produktion sein. Dessen erster Vertreter soll erstmals 2023 nach einer fünfjährigen Produktionsunterbrechung, in der kein neues U-Boot auf der Bohai Werft zu Wasser gelassen wurde, gesichtet worden sein. Auch in Bezug auf die verwendeten Namen (»Changzheng XY«) und Kennnummern der Boote herrscht weithin Uneinigkeit. Unumstritten sind die Abmessungen von rund 110 Metern Länge und 11 Metern Breite bei einem Tiefgang von 7,5 Metern. Unklar ist allerdings, ob die Boote über einen Einhüllen- oder einen Zweihüllenrumpf verfügen. Auch über den in diesem neuen Bootstyp verwendeten Reaktor herrscht Unklarheit; manche Quellen sprechen sogar von zwei Atomreaktoren, die in einem Boot des Typs 093 verbaut sein sollen.

Zwischenfall

Die Entwicklung der Shang-Klasse begann im Jahr 1994 vermutlich als direkte Reaktion auf den sogenannten »Yinhe-Zwischenfall« im August 1993, bei dem einem chinesischen Containerschiff aufgrund des Verdachtes des Chemiewaffentransportes in den Iran der Zugang zu sämtlichen Häfen der Golfstaaten auf US-Druck hin verweigert wurde. Eine Inspektion der »Yinhe« in einem saudischen Hafen durch ein amerikanisches Team kam schlussendlich zu der Erkenntnis, dass in keinem Container Stoffe vorhanden waren, die zur Herstellung von chemischen Waffen genutzt werden konnten. Der staatlichen chinesischen Reederei COSCO war damals ein beträchtlicher finanzieller Schaden entstanden (auch das Image hatte gelitten) und die chinesische Regierung war bei dem Vorfall

Bei der vierten Version des Typs 093 ist die Rumpferhöhung hinter dem Turm bereits abgerundet (Foto: S.D.F.).

Die dritte Version des Typs 093 mit einer kastenförmigen Rumpferhöhung hinter dem Turm (Foto: CCTV).

Ein Typ-093-Boot der ersten Generation (Foto: PLAN).

auf die Zuschauerränge gedrängt worden. Der damalige chinesische Staatspräsident Jiang Zemin soll über die Vorgänge – und die Machtlosigkeit der chinesischen Regierung – im von China weit entfernten Persischen Golf so erzürnt gewesen sein, dass er die Konstruktion eines Bauprogramms für fortschrittliche atomar angetriebene Jagd-U-Boote in Auftrag gab, deren Einsatzgebiet nicht nur auf die Heimatgewässer beschränkt sein sollte. Die neuen Boote sollten chinesische maritime Interessen weltweit schützen können.

Varianten

Das erste Boot des Typs 093 wurde 2002 auf der Bohai Werft in Huludao vom Stapel gelassen. Zumindest optisch erweckte es den Anschein einer relativ bescheidenen Weiterentwicklung des vorangegangenen Typs 091. Im Laufe der Jahre erschienen jedoch mehrere Untervarianten auf der Bildfläche, die über ein deutlich moderneres Aussehen verfügen. Es scheint so, als ob die chinesische Marine im Bereich der Jagd-U-Boote mit Atomantrieb einen ähnlichen Weg wie bei der Entwicklung ihrer Lenkwaffenzerstörer beschreitet, bei der zahlreiche Einzelschiffe oder Schiffspaare ausgiebig erprobt wurden, ehe der Zerstörertyp 052C/D um das Jahr 2012 in Massenproduktion ging. Im Bereich der U-Boote ist man wohl noch in dieser Erprobungsphase, denn wie sonst ist es zu erklären, dass ein so wirtschaftsstarkes Land wie China, welches vor einigen Jahren eine beispiellose Expansion der Marine angestoßen hat, nur alle paar Jahre ein Atom-U-Boot zu Wasser lässt. Jedes neue Boot (oder Bootspaar) verfügt vermutlich über verbesserte Sensoren und weist dabei optisch einige Veränderungen auf. Auf die erste Typ-093-Variante folgte eine Version mit einem verlängerten Turm mit abgerundetem vorderen Übergang zum Rumpf (ähnlich der amerikanischen Virginia-Klasse) und daraufhin eine weitere Variante mit einer erhöhten Rumpfverkleidung hinter dem Turm. In chinesischen Internetforen gab es Spekulationen, dass es sich hier um ein VLS – ein Startsystem – für Marschflugkörper handelt. Dies scheint allerdings nicht der Fall zu sein, denn in nachfolgenden Booten ist diese Erhöhung nur noch abgeschwächt und in den neuesten Booten fast gar nicht mehr zu erkennen. In der Marine-Fachpresse wurde spekuliert, dass sich an dieser Stelle die Winde/Trommel eines Schleppsonars befindet. Bei den neueren Booten ist am oberen Bereich des Ruders eine Vorrichtung zu erkennen, durch die das Schleppsonar laufen könnte (analog zur Vorrichtung beim konventionellen Typ 039C). Im Januar 2021 schließlich tauchte im chinesischen Internet ein leicht verschwommenes Foto auf, welches einen abermals veränderten Typ-093-Turm zeigt, der an der Vorderseite über einen deutlichen »Knick« verfügt (was ihm eine entfernte Ähnlichkeit mit dem Turm des konventionellen Typs 039C oder der schwedischen Blekinge-Klasse verleiht). Im Zeitraum zwischen dem 13. und 18. Januar 2023 wurde aus den Werkshallen der Bohai Werft erstmals eine neue Untervariante des Typs 093 gerollt und von westlichen Satelliten fotografiert. Dieses Boot soll über einen Pumpjet (Wasserstrahl)-Antrieb ähnlich dem der amerikanischen Virginia-Klasse verfügen, weshalb das Boot wenige Meter länger sein soll als die ursprüngliche Version. Laut verschiedener Quellen sollen – wie am Anfang dieses Kapitels bereits erwähnt – bis zu fünf weitere Boote dieser neuen Version derzeit in Produktion sein.

Neue Produktionsanlagen

Dieses im Januar 2023 in Huludao gesichtete neue Boot ist die erste Einheit, die in einem neuen Werftkomplex gefertigt

Bei der fünften Version des Typs 093 ist die Rumpferhöhung hinter dem Turm fast nicht mehr zu erkennen (Foto: PLAN).

Im Januar 2021 tauchte dieses verschwommene Foto auf, welches ein Boot zeigt, das an der Turmvorderseite über einen »Knick« verfügt (Foto: S.D.F.).

Ein Boot der ursprünglichen Version des Typs 093 (Foto: Sammlung Verfasser).

Aufnahme eines Typ 093-Bootes bei der Materialaufnahme in einem chinesischen Stützpunkt, gezeigt im chinesischen Staatsfernsehen (Foto: Sammlung Verfasser).

wurde, der neben der bisher vorhandenen Produktionsanlage entstanden ist. Durch die Errichtung und Inbetriebnahme einer hochmodernen U-Boot-Produktionsstätte bei der Bohai Shipbuilding Heavy Industrial Corporation (BSHIC) sollen in den kommenden Jahren die Produktionszahlen chinesischer nuklear angetriebener Jagd-U-Boote massiv erhöht werden. Im April 2017 wurde erstmals in westlichen Medien von der Einweihung der neuen Montagehalle mit einer Grundfläche von 430.000 Quadratfuß (das entspricht ca. 39.948 Quadratmetern) in Huludao, in der chinesischen Provinz Liaoning, berichtet. In dieser Halle, dem Herzstück einer massiven Expansion auf dem BSHIC-Werftgelände, auf dem alle bisherigen chinesischen Atom-U-Boote gefertigt wurden, ist Platz für zwei parallel verlaufende U-Boot-Montagelinien vorhanden. Jeweils die Hälfte von ihnen dient vermutlich dazu, die einzelnen Rumpfsegmente zu einem kompletten Boot zusammenzufügen, während die andere Hälfte wahrscheinlich als Ausrüstungsstätte genutzt wird (beispielsweise um die Boote mit schallabsorbierenden Kacheln zu versehen). Die riesige Montagehalle kann sowohl für die Produktion von Jagd-U-Booten (SSN) als auch von strategischen Booten (»Boomern«) mit Ballistischen Raketen verwendet werden. Sie ermöglicht die simultane Produktion von bis zu vier Booten gleichzeitig. Diese neue Produktionsstätte soll im Herbst 2017 mit der Montage von ersten Booten begonnen haben. Seitdem wurde das Werftgelände nochmals um weitere Gebäude erweitert. Auf Fotos, die die tatsächliche U-Boot-Produktion dokumentieren, musste die Fachwelt allerdings noch über drei Jahre warten. Erst am 02. November 2020 tauchten Satellitenfotos auf, die ein circa 20 bis 30 Meter langes zylindrisches Objekt mit einem geschätzten Durchmesser von rund 10 Metern auf dem neuen

Wirkten frühere chinesische U-Boote oftmals etwas »rustikal«, so brauchen sich die neuesten Vertreter des Typs 093 zumindest optisch nicht hinter vergleichbaren westlichen Booten verstecken (Foto: S.D.F.).

Teil des Werftgeländes zeigten. Unklar ist, zu welcher Bootsklasse dieses Rumpfsegment gehörte.

Bezeichnungs-Wirrwarr

Alle diese zuvor beschriebenen Untervarianten der Shang-/Typ-093-Klasse wurden mal als Typ 093A, 093G oder 093B bezeichnet. Eine offizielle Benennung sucht man allerdings vergeblich. Fakt ist, dass es sich bei den Booten des Typs 093 um einige der geheimnisumwittertesten Unterseeboote der Welt handelt, zu denen viele teils gegensätzliche Informationen im Umlauf sind.

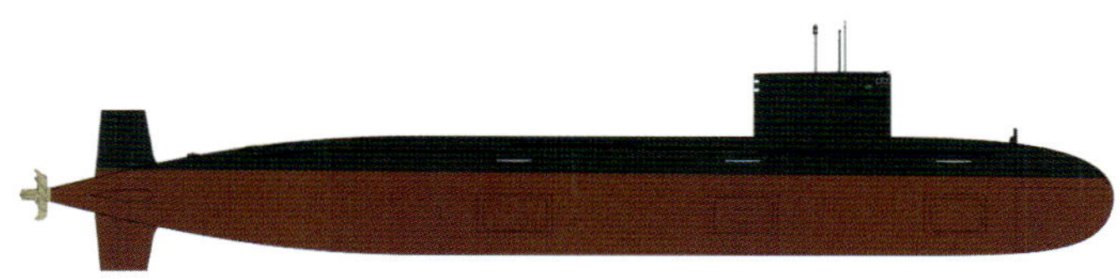

Profilzeichnung der ursprünglichen Version des Typs 093 (Quelle: Mike1979 Russia, CC BY-SA 3.0).

Technische Daten Typ 093 / Shang-Klasse	
Bauwerft	Bohai Shipbuilding Heavy Industrial Corporation (BSHIC), Huludao, Volksrepublik China
Indienststellung	2006 bis heute
Verdrängung	6.700 Tonnen (getaucht)
Abmessungen	110 Meter Länge, 11 Meter Breite, 7,5 Meter Tiefgang
Antrieb	1 oder 2× Druckwasserreaktoren mit je 70 bis 78 MW, 1× Schiffspropeller oder 1× Pumpjet-Antrieb
Höchstgeschwindigkeit	30 Knoten (getaucht)
Reichweite	unbegrenzt
Maximale Tauchdauer	unbegrenzt, nur abhängig von der gelagerten Verpflegung für die Besatzung
Besatzung	geschätzt 100 Personen
Sensoren	Radar Typ 359, Rumpfmontiertes Sonar, Seitenantennen-Sonar, Schleppsonar (spätere Einheiten)
Bewaffnung	6× 533-mm-Torpedorohre, Yu-3-, Yu-4- und Yu-6-Torpedos, YJ-18- und YJ-82-Seezielflugkörper

7.4 Zukünftige Jagd-U-Boote des Typs 095

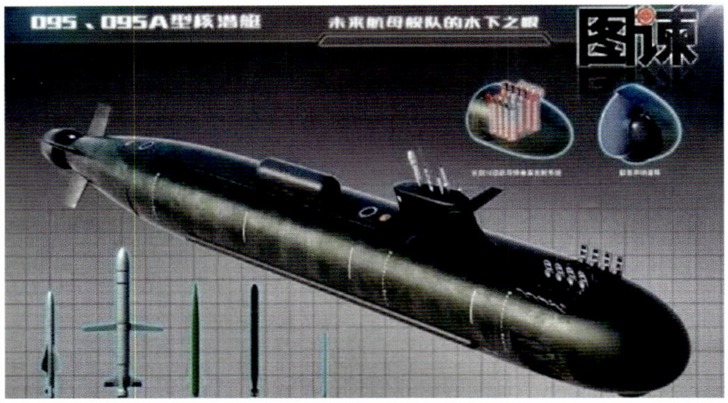

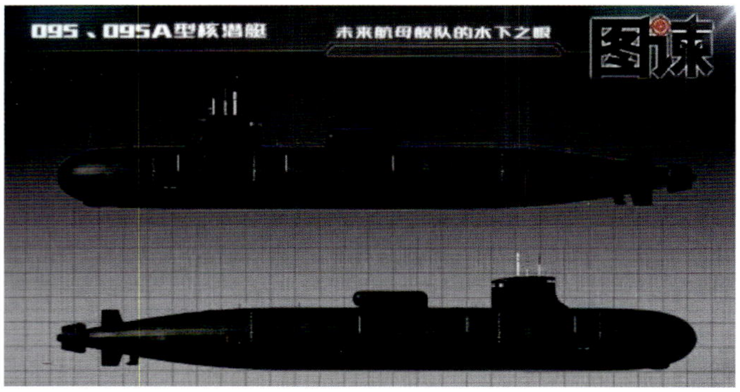

Im chinesischsprachigen Internet und auf chinesischen Social-Media-Kanälen findet man unzählige Zeichnungen und Grafiken, die das Aussehen der Jagd-U-Boote des neuen Typs 095 zeigen sollen (Grafiken: Sammlung Verfasser).

Derzeit wartet die Marinefachwelt auf die erste Sichtung eines neuen Typs nuklear angetriebener chinesischer Jagd-U-Boote. Diese werden in den meisten Quellen als Typ 095 (chinesische

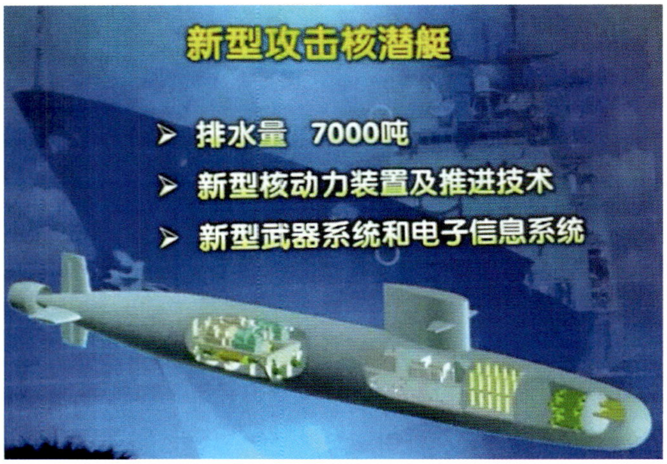

Auf einem Universitätsvortrag an der Northwestern Polytechnical University zeigte der ehemalige Admiral Zhao Dengping den dortigen Studenten im August 2017 eine Folie mit diesem Bootsentwurf (Grafik: Sammlung Verfasser).

Benennung 09-V, NATO-Code unbestätigten Meldungen zufolge Sui-Klasse) bezeichnet

Spezifikationen

Es wird angenommen, dass dieser neue Typ über ein weiterhin verbessertes Design, neue Reaktortechnik, eine hydrodynamisch optimierte Rumpfform und eine niedrigere akustische Signatur im Vergleich zur vorangegangenen Klasse 093 verfügen wird. Der neue Bootstyp soll über VLS-Abschusszellen zum Start von Seezielflugkörpern und Marschflugkörpern verfügen. Bereits seit ca. 2017 wird in westlichen Marinekreisen darüber spekuliert, dass bei der neuen Bootsklasse ein 190 Megawatt liefernder Atomreaktor zum Einsatz kommen soll, der den Fahrmotor eines integrierten elektrischen Antriebes mit Energie versorgt (dabei besteht keine direkte Verbindung zwischen Reaktor und der Schiffs-Antriebswelle). Weiterhin sollen neue Sensoren und verbesserte Sonartechnik in Form von moderneren aktiven und passiven Seitenantennen-Sonaren sowie nieder- und hochfrequenten Schleppsonaren zum Einsatz kommen. Der Typ 095 soll wahrscheinlich als Unterwassereskorte zum Schutz chinesischer Flugzeugträgerverbände dienen – ähnlich wie der Schutz amerikanischer Träger durch Jagd-U-Boote der Los Angeles- oder Virginia-Klassen erfolgt.

Mitte Juni 2024 wurde Aufnahmen eines angeblich offiziellen Modells eines neuen Jagd-U-Bootes mit 126 Metern Länge publik (Foto: Sammlung Verfasser).

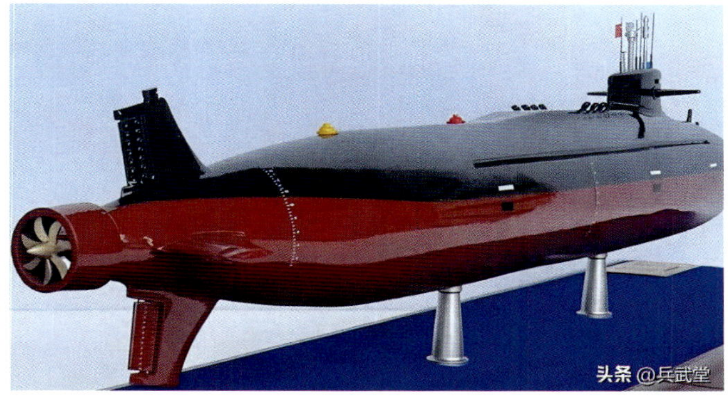

Das Modell des neuen U-Bootes verfügt über einen Pumpjetantrieb und VLS-Abschusszellen (auf dem Bild geöffnet) hinter dem Turm zum Start von Flugkörpern (Foto: Sammlung Verfasser).

Zeitpunkt

Noch vor wenigen Jahren wurde das Erscheinen des neuen Bootstyps für 2023/24 erwartet. Da aber im Januar 2023 ein weiteres, aktualisiertes Typ-093-Boot (Variante 93B) vor den Produktionshallen in Huludao gesichtet wurde (siehe vorangegangenes Kapitel), scheint sich der neue Typ 095 wohl noch mehrere Jahre zu verzögern. Diese Vermutung wird dadurch verstärkt, dass gemäß verschiedener Medienberichte bis zu fünf weitere Typ-093B-Boote in der Fertigung sein sollen. Interessanterweise tauchten Mitte Juni 2024 in den chinesischen Social-Media-Kanälen Fotos eines hochdetaillierten Werft-Standmodelles eines (angeblich) getaucht 6.200 Tonnen verdrängenden neuen chinesischen U-Bootes auf, bei dem es sich laut verschiedenen Quellen entweder um eine Variante des Typs 093B oder sogar um den Typ 095 handeln soll. Das angebliche Werftmodell trägt den Schriftzug der »CSSC China Shipbuilding Group« (des staatlichen chinesischen Werftenverbundes) und soll laut Beschriftung ein 126 Meter langes und elf Meter breites Boot mit einer Höchstgeschwindigkeit von 30 Knoten zeigen. Auffällig sind der Pumpjet-Antrieb sowie acht sichtbare Luken eines VLS-Abschusssystems in einem »Buckel« hinter dem Turm, aus dem angeblich Flugkörper mit einer Reichweite von bis zu 2.500 Kilometern gestartet werden können. Es könnte sich bei ihnen um chinesische Hyperschall-Schiffsabwehrraketen des Typs YJ-21 handeln. Die mit konventionellen Sprengköpfen bestückten, 8,3 Meter langen Flugkörper sollen Geschwindigkeiten zwischen 6- und 10-facher Schallgeschwindigkeit erreichen und werden derzeit hauptsächlich von den chinesischen Lenkwaffenzerstörern des Typs 055 eingesetzt.

Ungewissheit

Das (chinesische) Internet ist voll von spekulativen Grafiken und Zeichnungen, die neue chinesische U-Boot-Typen(varianten) zeigen. Viele der gezeigten Entwürfe und Designs weisen große Ähnlichkeit mit den aktuellen amerikanischen Booten der Seawolf- und Virginia-Klassen auf. Wieder andere sind ganz klar der Science Fiction zuzurechnen. Gewissheit, wie der zukünftige Typ 095 – wenn das tatsächlich seine Bezeichnung ist – letztlich aussieht, wird es erst geben, wenn Fotos der ersten Einheit einwandfrei identifiziert werden konnten.

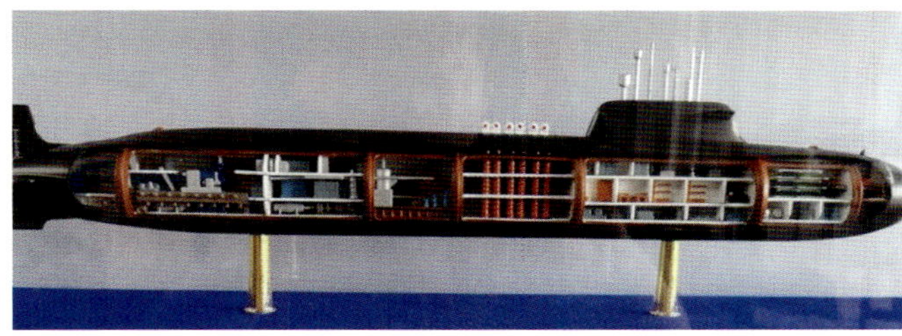

Eine Seite des Modells bietet Einblicke in das »Innenleben« des Bootes (Foto: Sammlung Verfasser).

Fotomontage eines futuristisch wirkenden Bootes mit X-förmigem Ruder und Stealth-Turm. Könnte so das Boot des Typs 095 aussehen? (Grafik: Sammlung Verfasser).

7.5 Raketen-U-Boote des Typs 092

Eine Aufnahme aus den 1980er Jahren zeigt das erste (und einzige?) Boot des Typs 092 mit der Bordnummer 406 namens »Changzheng 6« (Foto: Sammlung Verfasser).

Dieses Foto soll das gleiche Boot des Typs 092 in jüngeren Jahren zeigen. Auffällig ist die geänderte Farbgebung (Foto: PLAN).

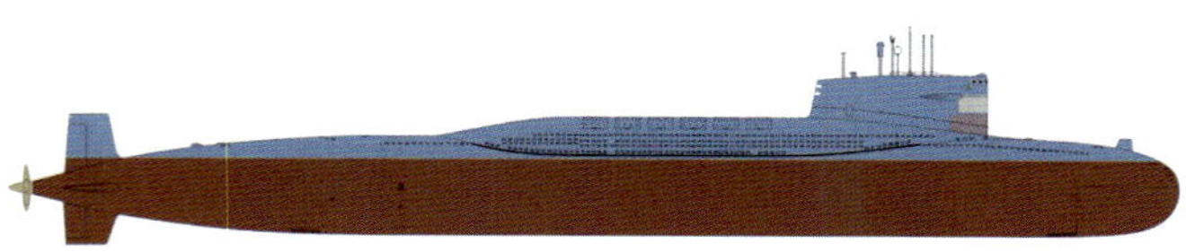

Profilzeichnung des Typs 092 (Grafik: Mike1979 Russia, CC BY-SA 3.0).

Detailaufnahme des Turms von »Changzheng 6« (Foto: PLAN).

Wie in den vorherigen Kapiteln beschrieben, treibt die Marine der Volksrepublik China (People´s Liberation Army Navy, abgekürzt PLAN) derzeit ein groß angelegtes Modernisierungsprogramm ihrer konventionell und ihrer atomar angetriebenen U-Boot-Flotten voran.
Während relativ viele Aufnahmen der Jagd-U-Boote der PLAN kursieren, sind Fotos der strategischen chinesischen U-Boote mit Ballistischen Raketen deutlich rarer. Die meisten frei zugänglichen Fotos scheinen bei nur wenigen offiziellen chinesischen (Propaganda-)Anlässen gemacht worden zu sein.

Geheimniskrämerei
Fakt ist: wenn es um die strategischen Boote geht, lässt sich die chinesische Regierung überhaupt nicht in ihre Karten schauen. So herrscht bis heute völlige Unklarheit, wie viele Boote der beiden Typen 092 und 094 auf der U-Boot-Werft der Bohai Shipbuilding Heavy Industrial Corporation (BSHIC) überhaupt gebaut wurden. Die eindeutige Zuordnung wird mitunter erschwert durch anscheinende Bildmanipulationen, doppelt vergebenen Bordnummern und viele kleine Detailunterschiede einzelner Boote zueinander (beispielsweise bei der Form des Turmes, der Anzahl und der Anordnung der Flutschlitze, unterschiedliche Turmfenster etc.).
Der überwiegende Teil der chinesischen strategischen U-Boot-Flotte ist heute auf der Marinebasis Longpo / Yulin East an der Südküste der tropischen Insel Hainan (die den größten Teil der gleichnamigen, südlichsten chinesischen Provinz abdeckt) beheimatet und somit weit vom chinesischen Festland entfernt. Die Insel – die von der chinesischen Regierung als eine Art »chinesisches Hawaii« vermarktet wird – wurde in den letzten Jahren von einer steigenden Zahl internationaler Touristen besucht. Einige von ihnen, die in Strandhotels in der Yalong-Bucht ihre Ferien verbrachten, berichteten, dass die Hotels in manchen Nächten von starken Scheinwerfern von See aus angestrahlt werden, sodass es nicht möglich ist, die Aktivitäten auf dem nahegelegenen Marinestützpunkt – wie beispielsweise ein- oder auslaufende U-Boote – zu beobachten. Auf dem Stützpunkt selbst gibt es heute fünf »konventionelle« Piers sowie elf rund 18 Meter in das Gebirge eingelassene Tunnel, die zu einer unterirdischen Hafenanlage führen und laut amerikanischen Geheimdienstschätzungen Platz für 20 U-Boote bieten sollen. Die Weltöffentlichkeit konn-

te im April 2021 in einem Bericht im chinesischen Staatsfernsehen einen kurzen Blick auf die Marinebasis aus der Nähe erhaschen, als der chinesische Staatspräsident Xi Jinping ein neues Boot namens »Changzheng 18« vom Typ 094 offiziell in Dienst stellte (der Typ 094 wird im nächsten Kapitel 7.6 ausführlich behandelt). Da alle chinesischen Atom-U-Boote den Namen »Changzheng« (»Langer Marsch« auf Chinesisch) tragen, anscheinend gefolgt von einer Nummer in der Reihenfolge der Indienststellung, könnte man meinen, es handle sich um das 18. Atom-U-Boot der PLAN (Jagd- und strategische Boote zusammenaddiert). So einfach ist diese Rechnung allerdings nicht, denn tatsächlich scheint es möglich, dass noch mehr Atom-U-Boote die Werkshallen der Bohai-Werft in Huludao verlassen haben. Die Recherche wird zusätzlich erschwert durch die Tatsache, dass sämtliche Trägerraketen des chinesischen Weltraumprogrammes ebenfalls als »Changzheng-XX« bezeichnet werden. Die »Changzheng«-Bezeichnung in Verbindung mit einer Nummer dient dabei als offizieller Bootsname, der nicht notwendigerweise mit der Bordnummer übereinstimmen muss. Das erste chinesische Atom-U-Boot des Typs 091 (beschrieben in Kapitel 7.2) trägt den Namen »Changzheng 1« und die Bordnummer 401, das erste – nachfolgend beschriebene – strategische Unterseeboot mit Ballistischen Raketen trägt den Namen »Changzheng 6« und die Bordnummer 406. Das im Frühjahr 2021 in Dienst gestellte Raketenboot trägt allerdings den Namen »Changzheng 18« und die Bordnummer 421. Wurden also bis dahin tatsächlich mehr als 18 Boote gefertigt und in Dienst gestellt?

Erstes Raketen-Boot

Die erste strategische U-Boot-Klasse, der von einem 58-Megawatt-Druckwasserreaktor (auf zwei Dampfturbinen/eine Welle wirkend) angetriebene Typ 092 (chinesische Bezeichnung 09-II; NATO-Bezeichnung Xia), basiert auf dem Jagd-U-Boot des Typs 091, das um ein Rumpfsegment mit zwölf Raketenrohren zum Abschuss von Ballistischen Raketen des Typs Julang-1 (JL-1, NATO-Bezeichnung CSS-N-3) mit einer geschätzten Maximalreichweite von 2.500 Kilometer erweitert wurde. Die 15 Tonnen schwere, zweistufige Feststoffrakete kann mit einem einzelnen Nuklearsprengkopf mit 250 kt oder 500 kt Sprengkraft auf der Spitze versehen werden. Das erste und einzige (bestätigte) Boot dieser Klasse – die bereits erwähnte »Changzheng 6« – wurde 1978 auf dem Gelände der Bohai Werft auf Kiel gelegt und 1981 fertiggestellt, gefolgt von einer überaus langen Ausrüstungs- und Erprobungsphase von sechs Jahren. Das Boot ist 120 Meter lang, zehn Meter breit und verfügt über einen Tiefgang von acht Metern. Neben den Ballistischen Mittelstreckenraketen ist es mit sechs 533-mm-Torpedorohren ausgerüstet. Die getauchte Verdrängung wird je nach Quelle mal als 7.000 und mal als 9.000 Tonnen angegeben. Die Besatzung soll aus 120 Personen bestehen. Im Gegensatz zur nachfolgenden Bootsklasse vom Typ 094 ist die »Changzheng 6« während ihres ganzen bisherigen Schiffslebens in Jianggezhuang unweit von Qingdao stationiert und hat – so ist sich die internationale Fachpresse einig

Die Xia-Klasse gilt als besonders laut und störanfällig, weshalb sie wohl noch nie die chinesischen Hoheitsgewässer im Rahmen eines Einsatzes verlassen hat (Foto: PLAN).

Auf den beiden Fotos sieht man viele Detailunterschiede – beispielsweise bei den Flutschlitzen –, es soll sich allerdings um das gleiche Boot »Changzheng 6« handeln (Fotos: PLAN).

Das Boot »Changzheng 6« mit dunkler Lackierung, wie sie während der späteren Dienstjahre zu sehen war (Foto: PLAN).

»Changzheng 6« soll getaucht sehr laut sein, weshalb die chinesische Marine das Boot nur zögerlich innerhalb chinesischer Gewässer eingesetzt hat (Foto: PLAN).

Unterwasserstart einer Ballistischen Rakete des Typs JL-1 (Foto: Sammlung Verfasser).

– bisher noch nie eine Patrouille außerhalb der chinesischen Hoheitsgewässer unternommen. Das Boot selbst dient wahrscheinlich als Prototyp bzw. Versuchsfahrzeug eher dazu, die unterschiedlichsten neuen technischen Komponenten, die in die chinesische U-Bootwaffe eingeführt werden sollen, zu erproben. Das erklärt auch die Tatsache, dass sich das Erscheinungsbild mehrfach änderte. Derzeit verfügt es über eine schwarze Lackierung, was ihm den Spitznamen »großer schwarzer Elefant« eingebracht haben soll. Zu Beginn seiner Dienstzeit soll das Boot dermaßen laut gewesen sein, dass sich die PLAN nur selten »traute«, »Changzheng 6« aus dem Hafen fahren zu lassen. Derzeit soll das Boot sogar mit einem in Frankreich entwickelten Sonar ausgestattet sein und die weiterentwickelten Ballistischen Raketen der Version JL-1A an Bord führen. Im April 2009 wurde »Changzheng 6« im Rahmen der Feierlichkeiten zum 60-jährigen Bestehen der PLAN der Öffentlichkeit präsentiert. Seitdem war es des Öfteren auf Aufnahmen der chinesischen Marine zu sehen und wurde von westlichen Journalisten gelegentlich fälschlicherweise als Typ 094 identifiziert. Gerüchteweise soll es ein weiteres Boot dieses Typs gegeben haben, dass ebenfalls die Bordnummer 406 trug und dieses soll entweder bei einem Unfall auf der Werft oder bei einem Raketentest verloren gegangen sein. Bestätigen kann dies allerdings niemand und manche Quellen sprechen sogar von vier gebauten Typ-092-Booten.

Schlussfolgerung

Wie die meisten anderen chinesischen U-Boottypen ist auch »Changzheng 6« – das offiziell einzige Boot des Typs 092 – zutiefst geheimnisumwittert. Und wie bei vielen chinesischen Militärprojekten kursieren auch hier viele gegensätzliche, sich widersprechende Informationen. Unbestätigte Berichte besagen, dass das Boot im Jahr 2023 außer Dienst gestellt wurde. Über den Erfolg bzw. Misserfolg dieses U-Boot-Entwurfes gibt es viele Spekulationen. Wahrscheinlich dient bzw. diente es ausschließlich zur Erprobung von neuen U-Boot- und Waffensystemen sowie Ballistischen Raketen, ehe diese bei den serienmäßig produzierten Nachfolgern des Typs 094 zum Einsatz kamen.

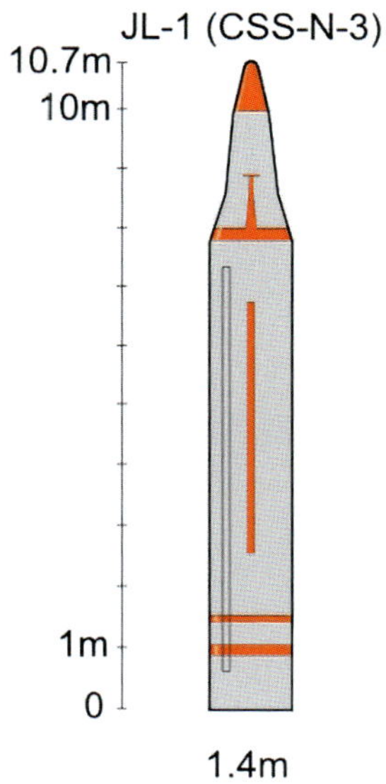

Die JL-1 war die erste U-Boot-gestützte Ballistische Rakete der PLAN. Die knapp 15 Tonnen schwere zweistufige Feststoffrakete hatte eine Reichweite von bis zu 2.500 Kilometer (Grafik: Tosaka, CC BY-SA 3.0).

In dieser Detailaufnahme des Turms von »Changzheng 6« kann man die in zwei Reihen angeordneten Startschächte für die Ballistischen Raketen erkennen (Foto: Sammlung Verfasser).

Technische Daten »Changzheng 6« /Typ 092 / Xia-Klasse	
Bauwerft	Bohai Shipbuilding Heavy Industrial Corporation, Huludao, Volksrepublik China
Kiellegung	1978
Stapellauf	30. April 1981
Indienststellung	Offiziell August 1983, Einsatzreife 1987
Verdrängung	7.000 Tonnen
Abmessungen	120 Meter Länge, 10 Meter Breite, 8 Meter Tiefgang
Antrieb	1×58-Megawatt-Druckwasserreaktor auf 2×Dampfturbinen/1× Schiffswelle wirkend
Höchstgeschwindigkeit	22 Knoten (getaucht)
Maximale Tauchdauer	unbegrenzt, nur abhängig von der gelagerten Verpflegung für die Besatzung
Tauchtiefe	300 Meter
Reichweite	unbegrenzt
Besatzung	120 Personen
Bewaffnung	6× 533-mm-Torpedorohre, 12× Ballistische Raketen Julang-1 (JL-1, NATO-Bezeichnung CSS-N-3) oder 12× JL-1A mit bis zu 2.500 Kilometer Reichweite

7.6 Raketen-U-Boote des Typs 094

Diese Aufnahme aus dem Dezember 2010 zeigt zwei der ersten Boote des Typs 094 (Foto: CRS by Navy Office of Legislative Affairs).

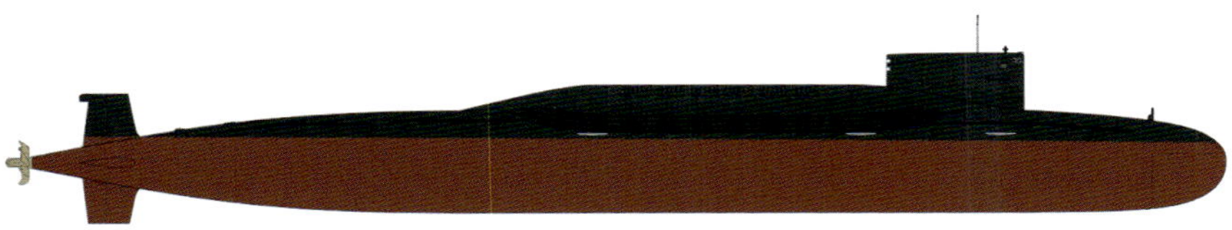

Profilzeichnung des Typs 094 (Grafik: Mike1979 Russia, CC BY-SA 3.0).

Dieses Foto soll das erste Boot des Typs 094 vor dem Stapellauf im Jahr 2004 zeigen (Foto: Sammlung Verfasser).

Wie im vorangegangenen Kapitel beschrieben, war der ersten Schiffsklasse eines strategischen chinesischen Raketen-U-Bootes nur relativ wenig Erfolg beschieden – zumindest nach westlichen Maßstäben.

In China herrscht jedoch oftmals ein anderer Denkansatz als im Westen. Hier werden militärische Systeme zumeist an einzelnen Prototypen und Vorserienmodellen ausgiebig und langfristig getestet, ehe schließlich (nach Jahren) die Serienfertigung beginnt. So ist das Einzelboot »Changzheng 6« des Typs 092 als Erprobungsfahrzeug zu werten, auf dem der hier beschriebene nachfolgende Typ 094 technisch basiert.

Erste Einheiten

Das erste Boot des Typs 094 (Chinesische Bezeichung 09-IV, NATO-Bezeichnung Jin) – von dem nur die Bordnummer 411 bekannt ist – wurde wahrscheinlich 2001 auf Kiel gelegt, im Juli 2004 zu Wasser gelassen und im März 2007 in Dienst gestellt, gefolgt von mindestens fünf weiteren Booten bis April 2021 (als das bisher letzte bekannte Boot, die »Changzheng 18«, Bordnummer 421, in Dienst gestellt wurde). Ein Typ-094-Boot wurde erstmals von westlichen Beobachtungssatelliten im Spätjahr 2006 am Pier der Xiaopingdao U-Boot-Basis in der Nähe der Millionenmetropole Dalian fotografiert. Heute sind alle der Boote des Typs 094 auf der Marinebasis Longpo / Yulin East – nahe der Metropole Sanya – auf der chinesischen Tropeninsel Hainan stationiert. Neben der technischen Verwandtschaft zum vorangegangenen Typ 092 soll der Typ 094 einige technische Komponenten (beispielsweise aus dem

Auf dieser Aufnahme sehen wir ein Typ 094-Boot mit nur fünf Brückenfenstern statt sechs wie bei den meisten anderen Booten (Foto: PLAN).

Auf diesem während der chinesischen Marineparade im April 2018 geschossenen Bild erkennt man einen Typ 094 mit abgeflachtem Turm an der oberen Vorderkante ohne Fenster (Foto: PLAN).

Antriebsbereich) verwenden, die beim parallel entstandenen Jagd-U-Boot des Typs 093 zum Einsatz kommen. Der Chefentwickler des Typs 094 war Zhang Jinlin (1936 – 2023), der sich nach eigenen Angaben bei seiner eigenen Entwicklungsarbeit sehr stark an den Entwürfen und Errungenschaften des ersten Leiters der chinesischen Atom-U-Boot-Entwicklung, Peng Shilo, orientierte.

Spezifikationen

Mit einer Länge von 135 Metern und einer Breite von 12,5 Metern sind die Boote des Typs 094 deutlich größer als die des vorangegangenen Typs 092. Die getauchte Verdrängung soll bei 10.000 Tonnen liegen, die Spezifikationen des Reaktors sind nicht bekannt. Die Boote des Typs 094 tragen zwölf Langstreckenraketen des im Verhältnis zur vorangegangenen JL-1 deutlich größeren Typs JL-2 (NATO-Bezeichnung CSS-N-14) mit einer geschätzten Reichweite von 7.200 Kilometern, was bedeutet, dass die Boote, um Ziele in den USA (dem potenziell wahrscheinlichsten Gegner) zu erreichen, die chinesischen Heimatgewässer verlassen müssen. Die JL-2 ist eine 13 Meter lange, dreistufige Feststoffrakete, die entweder mit einem Sprengkopf mit einer Sprengkraft von einer Megatonne oder drei bis acht Sprengköpfen mit Sprengkraft von 20, 90 oder 150 Kilotonnen, an der Spitze von MIRV-Wiedereintrittskörpern, bestückt werden kann. Im Jahr 2022 tauchten schließlich Presseberichte auf, wonach die Boote des Typs

Bei diesem an der Marineparade im April 2019 mitgefahrenen Boot fehlen sämtliche Flutschlitze am Bug (Foto: PLAN).

Dieses Bild ist wahrscheinlich eine Fälschung. Das hintere Boot hat scheinbar einen niedrigeren »Raketenbuckel« und runden Übergang zum Turm. Das vermeintlich zur Mittagszeit aufgenommene Foto zeigt keinerlei Schatten unter dem Tiefenruder am Turm (Foto: Chinesisches Internet).

094 seit kurzem mit neueren Ballistischen Raketen des Typs JL-3 (NATO-Bezeichnung CSS-NX-20), die über eine Reichweite von mehr als 10.000 Kilometern verfügen, bestückt worden seien. Bei der JL-3 handelt es sich wie bei den beiden Vorgängermodellen JL-1 und JL-2 ebenfalls um eine Feststoffrakete, die wahrscheinlich mit drei Atomsprengköpfen auf der Spitze von MIRV-Wiedereintrittskörpern bestückt werden kann. Mit der JL-3 ausgerüstete Boote des Typs 094 sind damit nun zu einer tatsächlichen Bedrohung der Sicherheit der USA und der NATO geworden. Die neue Ballistische Rakete war erstmals im November 2018 vom einzigen Exemplar des konventionell angetriebenen U-Bootes des Typs 032 (siehe Kapitel 7.1.) zu Testzwecken gestartet worden. Zwei weitere Unterwasserstarts wurden laut chinesischer Quellen vom Typ 032 durchgeführt, ehe der erste Unterwasserstart von einem Boot des Typs 094 im Dezember 2019 erfolgt sein soll.

Varianten

Gemäß einer Einschätzung des Office of Naval Intelligence der US Navy aus dem Jahr 2009 sind die chinesischen Boote des Typs 094 etwas lauter als die noch aus Sowjetzeiten stammenden russischen Boote der Delta III-Klasse (Projekt 667BDR, Bauzeitraum zwischen 1974 und 1982). Dieser hohe Lärmpegel sollte es den Booten fast unmöglich machen, bis auf Abschussreichweite der JL-2-Rakete an die USA heranzukommen. Indische Ziele – Indien ist der zweite potenzielle chinesische Gegner – werden hingegen problemlos von den chinesischen Gewässern aus von der JL-2 erreicht. Gemäß Informationen des auf verteidigungspolitische Fragen spezialisierten Verlagshauses/Informationsdienstes Jane´s begannen die Patrouillen mit der JL-2-Rakete im Dezember 2015.

Das chinesische Staatsfernsehen präsentierte im Mai 2023 Aufnahmen aus dem Inneren eines Typ-094-Bootes. Hier sieht man einen Besprechungsraum (Foto: Chinesisches Staatsfernsehen).

Dieses Foto zeigt die Messe eines Typ-94-Bootes (Foto: Chinesisches Staatsfernsehen).

2016 wurde erstmals eine Version des Typs 094 beobachtet, die über einen leicht vergrößerten »Raketenbuckel« zu verfügen scheint und die einen etwas stromlinienförmigeren Turm aufweist, mit abgerundeter vorderer Oberkante, ohne Fenster (zuvor beobachtete Boote hatten an der Turmoberkante sechs oder – bei einem Boot gesichtet – fünf Brückenfenster). Weiterhin verfügt diese neue Version, die inoffiziell in einigen Quellen als Typ 094A bezeichnet wird, über eine andere Anordnung der Flutschlitze auf dem »Raketenbuckel«. Die eindeutige Schiffsbestimmung wird dadurch erschwert, dass offensichtlich kein Typ 094 dem anderen gleicht und zusätzlich manipulierte Fotos im Umlauf sind, die Boote beispielsweise mit deutlich abgeflachtem »Raketenbuckel« zeigen (die aber, in einem Fall, aufgrund eines fehlenden Schattens unter dem am Turm angebrachten Tiefenruder als geschickte Bildmanipulation entlarvt werden konnte).

Spekulationen

Auch das Namens- und Kennungssystem weist, wie schon im Kapitel 7.5 erwähnt, einige Unregelmäßigkeiten auf. Laut einem Zeitungsbericht der (ehemals) renommierten Hong Konger Tageszeitung South China Morning Post (der mittlerweile Nähe zur chinesischen Regierung nachgesagt wird) sind die U-Boot-Besatzungen der chinesischen U-Boot-Flotte durchnummeriert und jedem Boot genau eine Besatzung zugeordnet (anders als beispielsweise in den USA, wo jedem strategischen Boot der Ohio-Klasse eine Gold- und eine Blue-Besatzung zugewiesen sind). Nun hat die Redakteurin der South China Morning Post anscheinend herausgefunden, dass das Typ-094-Boot mit der Bordnummer 409 vier Besatzungen hat (Besatzungen 41, 42, 43 und 44). Das könnte, so wird spekuliert, bedeuten, dass es vier Boote mit der Bordnummer 409 im chinesischen Flotteninventar gibt. Die tatsächliche Zahl an Typ-094-Booten bleibt also weiterhin mysteriös. Dem entgegen spricht die Tatsache, dass ein Boot mit der Bordnummer

Aufnahme eines Typ-094-Bootes aus dem Frühjahr 2023 (Foto: PLAN).
Eingeklinkt: Der im Januar 2023 verstorbene Zhang Jinlin war der Chefentwickler des Typs 094 (Foto: Fair use).

Frontalansicht eines Typ-094-Bootes bei schneller Überwasserfahrt (Foto: PLAN).

Im Januar 2024 tauchten Aufnahmen auf, die ein Typ-094-Boot bei einer Patrouillenfahrt – zur Abschreckung aufgetaucht – im Südchinesischen Meer zeigen sollen (Fotos: Sammlung Verfasser).

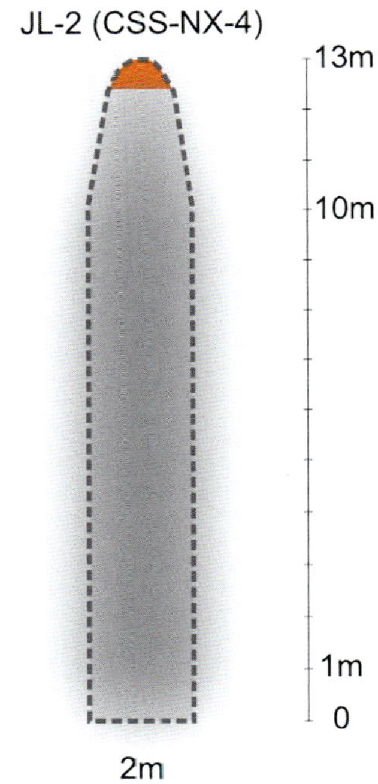

Die JL-2 ist eine 13 Meter lange, dreistufige Feststoffrakete mit einer Reichweite von bis zu 7.200 Kilometern (Grafik: Tosaka, CC BY-SA 3.0),

409 in einigen Marine-Nachschlagewerken/Flottenlisten nicht aufgeführt ist.

Die Zukunft

Derzeit wartet die Fachwelt gespannt darauf, ob aus den Werkshallen der in den letzten Jahren massiv erweiterten U-Bootwerft in Huludao in Bälde ein weiteres strategisches Raketen-U-Boot rollen wird. Und wird es sich dann um ein zusätzliches Typ-094-Boot handeln oder sogar um das erste Boot der Nachfolgeklasse 096, das im nächsten Kapitel 7.7 beschrieben wird? Es bleibt spannend!

Die Boote des Typs 094 / Jin-Klasse (Quelle: Jane´s / Chinesisches Internet)				
Name	**Kennung**	**Kiellegung**	**Stapellauf**	**Indienststellung**
»Changzheng 11«	411	2001	28. Juli 2004	März 2007
»Changzheng 12«	412	2003	2006	2010
»Changzheng 13«	413	2004	Dezember 2009	2012
»Changzheng 14«	414	2006	2011	2015
»Changzheng 20«	420	unbekannt	2017	April 2020
»Changzheng 18«	421	unbekannt	unbekannt	23. April 2021

Diese im April 2024 auf chinesischen Social Media-Kanälen veröffentlichte Aufnahme zeigt den Start einer JL-2-Rakete von einem Boot des Typs 094 aus (Foto: Sammlung Verfasser).

Eine undatierte Aufnahme eines während einer Flottenparade im Verband fahrenden Typ-094-Bootes (Foto: PLAN).

Profilansicht eines Typ-094-Bootes in chinesischen Gewässern (Foto: Sammlung Verfasser).

Der »Raketenbuckel« des Typs 04 ist ähnlich ausgeprägt wie bei früheren sowjetischen Booten. (Foto: Sammlung Verfasser).

Technische Daten Typ 094 / Jin-Klasse	
Bauwerft	Bohai Shipbuilding Heavy Industry Co., Ltd., Huludao, Volksrepublik China
Verdrängung	10.000 Tonnen (getaucht)
Abmessungen	135 Meter Länge, 12,5 Meter Breite, 8,5 Meter Tiefgang
Antrieb	2× Druckwasserreaktoren mit insgesamt 150 MW, 1× Schiffswelle, 1× Schiffspropeller
Höchstgeschwindigkeit	22 Knoten (getaucht)
Reichweite	unbegrenzt
Maximale Tauchdauer	unbegrenzt, nur abhängig von der gelagerten Verpflegung für die Besatzung
Besatzung	140 Personen
Bewaffnung	6× 533-mm-Torpedorohre, 12× Ballistische Raketen Typ JL-2 oder JL-3
Baukosten	ca. 750 Millionen US Dollar pro Boot

7.7 Zukünftige Raketen-U-Boote des Typs 096

Die Marinebasis Longpo auf der Tropeninsel Hainan ist die Heimat aller modernen strategischen Raketen-U-Boote der chinesischen Marine (Foto: Shizhao, CC BY-SA 3.0).

In dieser riesigen Montagehalle auf der Bohai Werft in Huludao sollen die strategischen U-Boote des Typs 096 entstehen (Foto: Sammlung Verfasser).

Zurzeit blicken zahlreiche Marineanalysten gespannt auf das in den letzten Jahren massiv erweiterte Werftgelände der Bohai Shipbuilding Heavy Industry Co., Ltd. in Huludao.
Eigentlich hätte laut Einschätzungen unterschiedlicher westlicher Dienste und sicherheitspolitischer Beraterfirmen die erste Einheit einer neuen Klasse chinesischer nuklear angetriebener strategischer Raketen-U-Boote bereits 2023/24 vom Stapel laufen sollen.

Verzögerungen
Nach der Sichtung eines ersten neuen Jagd-U-Bootes des Typs 093 im Januar 2023 (nach mehreren Jahren Produktionsunterbrechung, siehe Kapitel 7.3) wurden unmittelbar danach neue »Boomer« mit Ballistischen Raketen erwartet. Der Stapellauf des letzten Raketen-U-Bootes des Typs 094 (das im April 2021 in Dienst gestellt wurde, siehe Kapitel 7.6) liegt bereits mehrere Jahre zurück. Im November 2023 entdeckten westliche Nachrichtendienste schließlich auf Satellitenbildern des Werftgeländes in Huludao Rumpfsektionen eines großen U-Bootes, von denen inzwischen davon ausgegangen wird, dass sie Teile der ersten Einheit des Typ 096 sind. Es wird vermutet, dass das Boot einmal deutlich größer als der Typ 094 und mit der russischen Borei-Klasse vergleichbar sein wird.

Neue Direktiven
Im Juni 2024 bestätigte die Marine der Volksrepublik China erstmals einen Paradigmenwechsel von den konventionell angetriebenen U-Booten hin zu den nuklear angetriebenen Einheiten. Derzeit gibt es Bestrebungen seitens der chinesischen Regierung, bis zum Jahr 2027 über ein rundum modernisiertes Militär zu verfügen (einige »Think-Tank« und westliche Regierungsorganisationen rechnen danach mit einer Invasion des westlich orientierten Inselstaates Taiwan, welcher in der Volksrepublik China als abtrünnige Provinz betrachtet wird). In einem Interview im chinesischen Staatsfernsehen CCTV anlässlich des 70-jährigen Jubiläums der Gründung der chinesischen U-Boot-Waffe gab Wen Xuexing, ein hochrangiges Mitglied der chinesischen U-Boot-Streitkräfte, zu Protokoll, dass die chinesische U-Boot-Flotte über duale Fähigkeiten verfüge – sowohl konventionell wie auch nuklear angetrieben – , der Fokus liege aber mittlerweile auf den nuklearen Fähigkeiten. Gemäß einer im August 2023 vom US Naval War College veröffentlichten Studie, werden den derzeit in der Entwicklung befindlichen nuklear angetriebenen Booten der nächsten Generation große technische Verbesserungen zugesprochen. In Bezug auf den Antrieb, die Sensoren und die mitgeführten Waffensysteme werden in der Studie Vergleiche zu den aktuellen russischen strategischen Booten der Borei-Klasse gezogen. In

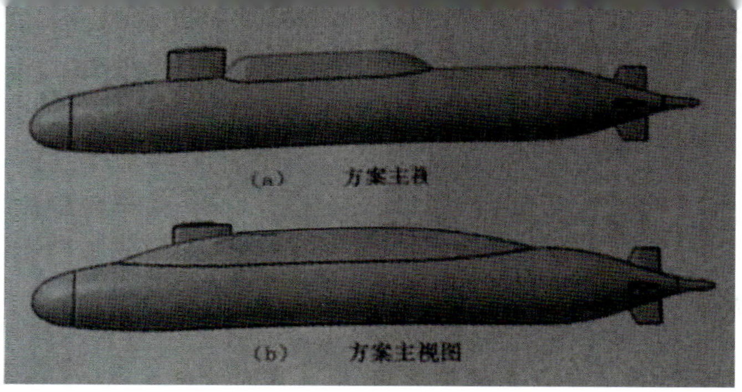

Diese Grafik aus chinesischen Social Media-Kanälen soll die Evolution vom Typ 094 (oben) zum Typ 096 zeigen (Grafik: Sammlung Verfasser).

Bezug auf die zu erwartende Unterwasserlautstärke wird der Typ 096 mit den russischen Akula I-Booten verglichen, was dem technischen Stand Anfang der 1980er Jahre entspricht (aber deutlich leiser ist als die vorangegangen chinesischen Typen 094 und 092). Wie die Typ-094-Boote seit dem Jahr 2022 werden voraussichtlich auch die zukünftigen Typ-096-Boote mit der Ballistischen Rakete des Typs JL-3 bewaffnet sein, die über eine Reichweite von rund 10.000 Kilometern verfügt. Mittlerweile wird davon ausgegangen, dass die neuen Boote nach intensiven Erprobungen Ende der 2020er Jahre in Dienst gestellt werden (und dadurch sogar möglicherweise früher als die strategischen amerikanischen Raketen-U-Boote der Columbia-Klasse). Es wird erwartet, dass nach einigen Jahren mit der JL-3 als Bewaffnung weiterentwickelte Ballistische Raketen mit noch größerer Reichweite in die chinesische U-Boot-Waffe eingeführt werden.

Auf Patrouille

In den letzten Jahren hat die chinesische Marine damit begonnen, mehrmonatige Patrouillenfahrten mit ihren Typ-094-Booten zu unternehmen, die im Einsatzprofil vergleichbaren Fahrten französischer, britischer, russischer oder amerikanischer Raketen-U-Boote entsprechen. Aufgrund des sehr lauten Antriebes des Typ 094 waren die chinesischen Boote für amerikanische und britische Jagd-U-Boote bisher relativ leicht zu orten. Wenn der neue chinesische Typ 096, wie vom US Naval War College vermutet, über die Lautstärke der sowjetischen U-Boote der frühen 1980er Jahre verfügt, wird er jedoch schon deutlich schwerer zu Orten sein. Wie bei den vorangegangenen Bootsklassen ist davon auszugehen, dass auch beim Typ 096 mit jedem einzelnen Boot Verbesserungen eingeführt werden und dadurch u.a. auch eine weitere Lärmreduzierung der Bootsklasse erfolgen wird. Analysten gehen von einer zukünftigen Flotte von mindestens zehn strategischen Raketen-U-Booten aus, um eine glaubwürdige U-Boot-gestützte nukleare Abschreckung zu erzielen, die mit der russischen und der amerikanischen vergleichbar ist. Langfristig werden wahrscheinlich alle Boote des Typs 094 durch den Typ 096 ersetzt werden. Aller Wahrscheinlichkeit nach werden auch die Typ-096-Boote wieder in der Marinebasis Longpo / Yulin-East auf der Insel Hainan stationiert sein.

Im chinesischsprachigen Internet kursieren zahlreiche Konzepte, Grafiken und Zeichnungen futuristisch anmutender U-Boote, die den Typ 096 repräsentieren sollen (Grafiken: Sammlung Verfasser).

Ein mögliches Typ-096-Boot mit X-förmigem Ruder in einer chinesischen Internetpräsentation (Grafik: Sammlung Verfasser).

Nukleare Expansion

Die Volksrepublik China hatte in der Übereinstimmung mit internationalen Abkommen jahrzehntelang nur über relativ kleine Nuklearstreitkräfte verfügt, die im Ernstfall einen nuklearen Zweitschlag ausführen sollten. Die Ausweitung der chinesischen Nuklearstreitmacht lässt erahnen, dass die chinesische Führung den bisherigen Umfang der chinesischen nuklearen Abschreckung als für nicht ausreichend erachtet. Die Fachwelt wartet nun gespannt auf das Erscheinen des ersten Typ-096-Bootes. Fantastisch anmutende Grafiken und Konzeptzeichnungen gibt es – wie oft bei chinesischen Waffensystemen – jedenfalls zuhauf.

7.8 Exkurs: die taiwanesische Hai Kun-Klasse

Die Streitkräfte der Republik China – des demokratischen chinesischen Inselstaates Taiwan – haben seit vielen Jahrzehnten Schwierigkeiten, moderne militärische Ausrüstung bei internationalen Partnern zu kaufen.
Der Grund hierfür liegt darin, dass die kommunistische Volksrepublik China das vor ihrer Küste liegende Taiwan als abtrünnige Provinz betrachtet. Massiver Druck seitens China auf Rüstungsfirmen und westliche Regierungen hat oftmals in den letzten Jahrzehnten dafür gesorgt, dass so manches taiwanesische Rüstungsbeschaffungsprojekt vor der Realisierung bereits wieder gestrichen wurde.

Alte Ausrüstung
Besonders deutlich wird das, wenn man einen Blick auf die Ausrüstung der taiwanesischen Marine – der Republic of China Navy (ROCN) – wirft. Neben einigen modernen französischen Fregatten der LaFayette-/Kang Ding-Klasse (Frankreich hat es verstanden, sowohl mit Taiwan als auch der Volksrepublik China Rüstungsgeschäfte zu tätigen) befinden sich in der taiwanesischen Flotte viele ältere aus den USA stammende Einheiten, von denen einige (Minensucher, Landungsschiffe und auch U-Boote) noch aus dem Zweiten Weltkrieg stammen. Erst in den letzten Jahren begannen in Taiwan die Entwicklung und der Bau von leistungsfähigen Marineeinheiten (Korvetten, amphibische Schiffe, Fregatten) im eigenen Land. Auch der U-Boot-Bau hat seit 2020 Fahrt aufgenommen. Bis es so weit war, lag aber ein jahrzehntelanger, steiniger Weg hinter der ROCN.

U-Boot-Bestand
Die ROCN kann sich damit rühmen, die beiden ältesten aktiven U-Boote der Welt in ihrer Flotte zu haben. Bei den beiden Booten der Hai Shih-Klasse handelt es sich um Vertreter der amerikanischen Tench-/Balao-Klasse aus den 1940er Jahren. Die 1973 in den Dienst der taiwanesischen Marine gestellte ROCS »Hai Shih« (SS-791) ist die ehemalige USS »Cutlass« (SS-478, Tench-Klasse, am 17. März 1945 in den Dienst der US Navy gestellt). Die ROCS »Hai Pao« (SS-792) wurde ebenfalls 1973 in den Dienst der taiwanesischen Marine gestellt. Bei ihr handelt es sich um die ehemalige USS »Tusk« (SS-426, Balao-Klasse, am 11. April 1946 in den Dienst der US Navy gestellt). Beide Boote wurden in den letzten Jahrzehnten mehrfach grundüberholt. Ihr militärischer Nutzen ist – abgesehen von grundlegenden Trainingsmöglichkeiten für angehende U-Bootfahrer – eher zweifelhaft. Seit 1987 verfügt die ROCN weiterhin über zwei

Die ROCS »Hai Kun« wird am 28. September 2023 der Öffentlichkeit präsentiert und läuft anschließend vom Stapel (Official Photo by Wang Yu Ching / Office of the President).

Bereits im Mai 2019 wurde ein erstes offizielles Modell der Hai Kun-Klasse vorgestellt (Foto: Official Photo by Makoto Lin / Office of the President).

Das riesige Werftgelände der CSBC Corporation in Kaohsiung City (Official Photo by Mori / Office of the President).

relativ moderne U-Boote der Hai Lung-Klasse. Sie geht zurück auf die letzte konventionell angetriebene U-Bootklasse der US Navy, die Barbel-Klasse. Bei ihr handelt es sich um eine verkleinerte, konventionell angetriebene Version der atomar angetriebenen Jagd-U-Boote der Skipjack-Klasse. Drei dieser Zweihüllenboote wurden 1959 in den Dienst der US Navy gestellt. Die Baupläne der Barbel-Klasse bildeten die Grundlage für die niederländische Zwaardvis-Klasse, von der 1970/71 zwei Einheiten bei der niederländischen Marine in Dienst gingen. Bei der taiwanesischen Hai Lung-Klasse handelt es sich um zwei weitere Vertreter der Zwaardvis-Klasse, die bei Wilton-Fijenoord in Schiedam zwischen 1982 und 1986 gefertigt wurden. Die Auslieferung der beiden Boote im Jahr 1987 an Taiwan sorgte für deutlich verschlechterte Beziehungen zwischen den Niederlanden und der Volksrepublik China. Als direktes Resultat daraus sowie aufgrund massiven Drucks aus China zogen sich die Niederlande vom geplanten Verkauf weiterer Boote des Zwaardvis-Entwurfes an Taiwan zurück.

Eigenbau

Die Zwaardvis-/Hai Lung-Klasse-ist der Ausgangspunkt für eine taiwanesische U-Boot-Eigenentwicklung, die mehrere Jahrzehnte der Vorbereitung inklusive mehrerer Fehlstarts bedurfte. Nachdem es klar war, dass Taiwan keine weiteren U-Boote aus den Niederlanden oder von anderen europäischen Anbietern erhalten würde, wurde es zunächst etwas ruhiger um das taiwanesische Projekt zur U-Boot-Akquise. Ab dem Jahr 2001 wurden diese Bemühungen wieder aufgenommen und das diplomatisch isolierte Taiwan suchte nach Partnern für sein U-Boot-Programm. Im Jahr 2003 boten die USA der Inselrepublik die Fertigung und Lieferung von dieselelektrisch angetriebenen U-Booten an. Dieses Bauprogramm stieß allerdings auf zahlreiche technische (und auch politische) Hindernisse, vor allem, da die USA seit Ende der 1950er Jahre nur Atom-U-Boote gefertigt hatten und keinerlei Erfahrung mehr im Bau von konventionell angetriebenen U-Booten hatten. Auch auf ein von den USA vermitteltes Angebot zum Transfer von gebrauchten Einheiten der Nazario Sauro-Klasse kam kein Erwerb von U-Booten zustande, da die italienischen Boote alt und technisch aufgebraucht waren. Danach wandte sich Taiwan dem Entwurf und der Fertigung von im eigenen Land konzipierten Booten zu. Das taiwanesische Verteidigungsministerium kündigte im Jahr 2014 offiziell den Start eines U-Boot-Bauprogrammes im Land an, mit Unterstützung durch die USA. Im Jahr 2016 wurde ein U-Boot-Entwicklungszentrum durch die CSBC Corporation eingerichtet, welches die Aufsicht über das Indigenous Defense Submarine Program (zu Deutsch »einheimisches Verteidigungs-Unterseebootprogramm«) innehat. Im April 2018 genehmigte US-Präsident Donald Trump den Transfer von sensibler U-Boot-Technologie an Taiwan. Auch U-Boot-Entwürfe aus Japan und Indien sollen berücksichtigt worden sein.

Bauprogramm

Im Mai 2019 stellte Taiwan ein Modell des zukünftigen als Hai Kun-Klasse bekannten U-Bootes vor. In den Medien wurde berichtet, dass ein Team von ehemaligen japanischen U-Boot-Ingenieuren von Mitsubishi und Kawasaki Heavy Industries an der Konstruktion der taiwanesischen U-Boote beteiligt sein

Gruppenbild mit Präsidentin, Marineangehörigen und Werftarbeitern. Man erkennt das x-förmige Ruder (Official Photo by Wang Yu Ching / Office of the President).

Die Hai Kun-Klasse basiert auf der niederländischen Zwaardvis-Klasse. Hier sieht man zwei dieser Boote im Dock (Foto: Sammlung Verfasser).

soll und bei der Montage japanische Konstruktionstechniken genutzt würden. Wie bereits erwähnt, basiert das technische Grundlayout auf der Zwaardvis-Klasse. Allerdings wurde das kreuzförmige Ruder durch ein X-förmiges Ruder ersetzt, wie es sowohl bei der niederländischen Walrus-Klasse (dem Nachfolger der Zwaardvis-Klasse) als auch der deutschen Klasse 212A anzutreffen ist. Ein Außenluftunabhängiger Antrieb wird soweit bekannt nicht genutzt. Die Länge der Hai Kun-Klasse wird mit 70 Metern angegeben, bei einer Verdrängung von rund 2.500 Tonnen. Internationale Marineanalysten schätzen die Überwassergeschwindigkeit auf acht Knoten und die getauchte Geschwindigkeit auf 17 Knoten. Die geschätzten Kosten des Programmes betragen zehn Milliarden US-Dollar für insgesamt zehn U-Boote. Die erste Einheit kostete allerdings bereits ca. 1,54 Milliarden US-Dollar. Der Anteil der taiwanesischen Industrie am Hai Kun-Programm wird auf insgesamt 40 Prozent geschätzt.

Fertigung

Im November 2020 wurde das Gesamtprogramm auf acht Einheiten zurückgefahren und ein neues U-Boot-Werftgelände in Kaohsiung eröffnet. Bereits im Mai 2020 hatten die USA den Export von 18 MK-48 Mod6 Schwergewichtstorpedos an Taiwan genehmigt. Zwischen Dezember 2020 und Februar 2021 kamen weitere kritische U-Boot-Komponenten dazu wie digitale Sonarsysteme, ein integriertes Führungs- und Waffen-Einsatz-System (FüWES) sowie Periskope. Ursprünglich sollte das erste Boot nach einer 78-monatigen Konstruktionsphase im Jahr 2025 an die taiwanesische Marine ausgeliefert werden. Der Zeitplan konnte jedoch beschleunigt werden und nach einer Kiellegung am 16. November 2021 konnte die erste Einheit bereits am 28. September 2023 vom Stapel laufen. Zwischenzeitlich berichtete die Nachrichtenagentur Reuters im November 2021, dass Taiwan Ingenieure und berentetes U-Boot-Personal aus Indien, Südkorea, Australien, Spanien, Großbritannien, Kanada und den USA rekrutiert hatte, um bei der Umsetzung des Hai Kun-Projektes zu assistieren. Am 23. September 2023 wurde der Name des ersten Bootes bekannt gegeben: ROCS »Hai Kun« (SS-711), angelehnt an einen mythologischen Fisch aus der chinesischen Sagenwelt. Nach dem Stapellauf fünf Tage später am 28. September begannen die Hafenversuche bereits am 01. Oktober. In den taiwanesi-

Die »Hai Kun« im Dock vor dem Zuwasserlassen (Foto: Sammlung Verfasser).

Detailaufnahme der Bugpartie der »Hai Kun« (Foto: Sammlung Verfasser).

schen Medien wurde berichtet, dass diese erste Testphase am 01. April 2024 abgeschlossen sein sollte.

Überlegungen

Im August 2024 geriet das taiwanesische U-Boot-Projekt in mehreren taiwanesischen Medienberichten in die Kritik. Darin wurde angezweifelt, ob es in Zeiten von knappen Budgets sinnvoll ist, den nach neuesten Rechnungen tatsächlichen Finanzbedarf von rund 8,88 Milliarden US-Dollar für die weiteren sieben Boote der Klasse zu genehmigen. In den Berichten wird auch kritisiert, dass die U-Boot-Flotte so schnell erweitert werden soll, obwohl die umfangreichen Tests des ersten Bootes noch nicht abgeschlossen sind. Sicherheitsexperten hielten dagegen, dass moderne Unterseeboote im Falle einer chinesischen Invasion ein essenzielles Mittel zur Verzögerung oder Verhinderung dieser darstellten. Insbesondere chinesische Landungsschiffe und Versorger könnten von den taiwanesischen U-Booten ausgeschaltet werden und somit eine chinesische Anlandung auf Taiwan deutlich erschweren. Die Marine der Volksrepublik China müsste weiterhin beträchtliche Teile ihrer Flotte mit der Jagd auf die taiwanesischen U-Boote beauftragen. All dies würde Taiwan Zeit verschaffen, bis (hoffentlich) verbündete Streitkräfte eintreffen (USA, Australien, möglicherweise Südkorea und Japan).

Die »Hai Kun« aufgenommen während der Hafenversuche in Kaohsiung (Fotos: Sammlung Verfasser).

Fazit

Internationale Marineanalysten beobachten gespannt die Einführung der taiwanesischen Hai Kun-Klasse. Der schnelle Bau des ersten Bootes lässt darauf schließen, dass es der taiwanesischen Regierung gelungen ist, internationale Experten bei ihrem U-Boot-Projekt »mit ins Boot« zu holen. Es bleibt abzuwarten, in welcher Geschwindigkeit die nachfolgenden Einheiten gefertigt werden und ob größere Änderungen/Verbesserungen in das Design einfließen. In der Volksrepublik China – aus der immer wieder Drohungen und Provokationen in Richtung Taiwan kommen – wird man die Entwicklungen sicher nicht mit Freude beobachten. Ob das zweite Boot der Hai Kun-Klasse bereits in der Fertigung ist, ist derzeit noch unklar.

Technische Daten Hai Kun-Klasse / Boot 1 ROCS »Hai Kun« (SS-711)	
Bauwerft	CSBC Corporation, Kaohsiung City, Taiwan
Kiellegung	16. November 2021
Stapellauf	28. September 2023
Indienststellung	2025
Länge	70 Meter
Verdrängung	2.500 Tonnen
Antrieb	Dieselelektrisch
Bewaffnung	MK-48 Mod6 AT Schwergewichtstorpedos, UGM-84L Harpoon Seezielflugkörper

8.1 AUKUS – Atom-U-Boote für Australien

Am 23. März 2023 kündigen US-Präsident Joe Biden, der australische Premier Anthony Albanese und der britische Premierminister Rishi Sunak die gemeinsame Entwicklung einer Jagd-U-Bootklasse an (Foto: The White House).

Am 16. September 2021 begann in der australischen Geschichte ein vollkommen neues Kapitel, als Premierminister Scott Morrison die Absicht verkündete, die Royal Australian Navy (RAN) mit mindestens acht atomar angetriebenen Unterseebooten auszustatten.
Eingebettet war diese ungewöhnliche Absichtsbekundung in eine größere Ankündigung eines trilateralen Verteidigungsabkommens namens AUKUS, das zwischen Australien, Großbritannien und den USA geschlossen wurde.

Der Pakt
Wichtigste Priorität von AUKUS (die Abkürzung steht für Australia, United Kingdom, United States) ist der Transfer von technischem Knowhow, um Australien den Bau eigener Atom-U-Boote zu ermöglichen. US-Präsident Joe Biden unterstrich bei seiner Erklärung von AUKUS vor den amerikanischen Fernsehkameras, dass die USA beabsichtigten, U-Boot-Nukleartechnologie mit Australien zu teilen, was zuvor nur einmal in den 1950er Jahren geschah, als Amerika dabei half, das britische Atom-U-Bootprogramm anzustoßen. Dabei entstand eine enge amerikanisch-britische Partnerschaft beim Bau von Atom-U-Booten, die heute noch besteht. Weiterhin wollen die drei AUKUS-Partnernationen in den Bereichen Cybertechnologie, Quantentechnologie sowie künstliche Intelligenz eng miteinander arbeiten. 18 Monate lang sollten alle britischen und amerikanischen Möglichkeiten evaluiert werden, wie die RAN mit Atom-U-Booten versehen werden kann, dann sollte eine dieser Möglichkeiten ausgewählt und in die Tat umgesetzt werden.

Diplomatisches Nachspiel
Der große Verlierer von AUKUS ist Frankreich, denn zeitgleich mit der Gründung von AUKUS wurde der Vertrag zum Bau von zwölf konventionellen U-Booten der Attack-Klasse gestrichen. Ein Vertrag, der bis zu 90 Milliarden AUS-Dollar schwer war und dessen Streichung den französischen Präsidenten Emmanuel Macron sowie die französische Regierung zutiefst erzürnte, da sie wohl vorab nicht über den Verlust des lukrativen Geschäftes informiert worden waren. So tief war Macron gekränkt, dass er auf dem G20-Gipfel Ende Oktober 2021 in Rom den australischen Premierminister Morrison direkt und vollkommen undiplomatisch als Lügner bezeichnete. Dabei hatte sich schon lange abgezeichnet, dass das französisch-australische U-Bootprojekt aufgrund von jahrelangen Verzögerungen und Budgetüberschreitungen auf recht wackligen Füßen stand – ohne dass auch nur ein einziges Boot auf Kiel gelegt worden war. Der Baustart war nach zahlreichen Verzögerungen für 2023 angesetzt worden, obwohl der Vertrag bereits 2016 geschlossen worden war (damals unterlag der deutsche Rüstungskonzern ThyssenKrupp Marine Systems mit den Exportentwürfen der Typen 214 und 216 gegen die Franzosen). Ironischerweise basierte die projektierte 97 Meter lange und aufgetaucht 4.500 Tonnen verdrängende Attack-Klasse eben auch auf einem Atom-U-Boot, nämlich der Barracuda-Klas-

Gemäß den AUKUS-Planungen erhält Australien atomar angetriebene Jagd-U-Boote der amerikanischen Virginia-Klasse, wie hier zu sehen die USS »New Hampshire« (SSN-778, Foto: US Navy/John Narewski).

se, deren erstes Boot – die »Suffren« – im November 2020 in den Dienst der französischen Marine gestellt wurde. Frankreich hatte Australien damals zwar optional auch den Erwerb von Atom-U-Booten angeboten, die starke australische öffentliche Meinung gegen Nukleartechnologie im Allgemeinen ließ ein solches Rüstungsgeschäft aber – zu der Zeit der Verhandlungen vor 2016 – als sehr unrealistisch erscheinen. Stattdessen entschied sich Australien für eine von der französischen Naval Group (damals DCNS) angebotene Version der französischen Barracuda-Klasse, bei der der Nuklearantrieb durch einen konventionellen Antrieb ersetzt werden sollte. Die Boote selbst sollten von der Australian Submarine Corporation in Osborne, Südaustralien, unweit von Adelaide, gebaut werden. Die meisten elektronischen Systeme der Attack-Klasse sollten vom amerikanischen Luft- und Raumfahrtkonzern Lockheed Martin stammen, Atlas Elektronik aus Bremen – eine Tochterfirma von ThyssenKrupp Marine Systems – hatte zumindest den Zuschlag zum Bau von Komponenten für das Bugsonar erhalten. Die AUKUS-Ankündigung machte alle diese Aufträge hinfällig.

Die französische Barracuda-Klasse – hier das Typschiff »Suffren« (Q284) – war der Startpunkt der nun gestrichenen konventionellen Boote der Attack-Klasse (Foto: Naval Group).

Die deutsche ThyssenKrupp Marine Systems unterlag im ursprünglichen australischen Auswahlverfahren mit dem Typ 214. Hier sieht man ein darauf basierendes Boot des Typs 218SG für Singapur (Foto: Thomas Nägele†).

Bisher nutzte Australien lediglich konventionell angetriebene U-Boote wie die Collins-Klasse, hier die HMAS »Farncomb« (SSG74, Foto: US Navy/MC1 Ronald Gutridge).

Die HMAS »Rankin« (SSG78) der Collins-Klasse auf Periskoptiefe während eines RIMPAC-Manövers vor der Küste von Hawaii (Foto: US Navy/Photographer's Mate 1st Class David A. Levy).

Australiens Lage

AUKUS vorangegangen waren sich konstant verschlechternde Beziehungen Australiens zur Volksrepublik China, dem nach wie vor wichtigsten Handelspartner von Australien (40 Prozent aller australischen Warenexporte gehen nach China). Diese Beziehungen erlebten ihren bisherigen Tiefpunkt, als Peking hohe Zolltarife auf australische Importe verhängte und auf eine große Anzahl australischer Produkte von Wein über Kohle bis hin zu Stahl ein Handelsembargo in Kraft setzte. Zuvor hatte die australische Regierung bei ihrem chinesischen Gegenstück nach Informationen zum Ursprung des COVID-19 Virus angefragt. Als Reaktion erhielt Canberra Schweigen und einen Handelskrieg, der auch vermehrt von militärischen Drohungen begleitet wurde. Als Reaktion auf diese Drohungen und auf die beispiellose Expansion der chinesischen Marine sah die australische Regierung sich gezwungen, den Schritt hin zu Nuklearbooten zu gehen. Die operationellen Vorteile von Atom-U-Booten gegenüber konventionell angetriebenen liegen bei den riesigen Entfernungen im Indopazifik klar auf der Hand – vor allem auch in Bezug auf die langen Anmarschwege australischer U-Boote von der australischen U-Boot-Basis HMAS »Stirling« in Westaustralien in das jeweilige Operationsgebiet, beispielsweise das Südchinesische Meer. Neben einer größeren Reichweite müssen Atom-U-Boote niemals zum Aufladen der Batterien auftauchen, sie verfügen über eine deutlich höhere Unterwassergeschwindigkeit und sind in der Regel allein wegen ihrer Größe wesentlich stärker bewaffnet. Wobei die australische Regierung von Beginn des AUKUS-Paktes an klargestellt hat, dass zukünftige australische Boote lediglich über einen nuklearen Antrieb verfügen werden – niemals aber über eine nukleare Bewaffnung. Eine Tatsache, die in einigen internationalen Medien nicht korrekt dargestellt wurde und China trotzdem nicht davon abhielt, Australien mit einem militärischen Angriff zu drohen! Hauptsächlich geht es der australischen Regierung durch ihre Teilnahme an AUKUS um die Möglichkeit, die sicherheitspolitische Umgebung im Indopazifik mitzugestalten und zusammen mit den USA und anderen Partnern einen Gegenpol zu den maritimen chinesischen Expansionsplänen zu bilden. Aus diesem Grund gibt Australien derzeit beinahe 2,5 Prozent des Bruttoinlandsproduktes für die Modernisierung der Streitkräfte aus.

Es wird konkret

Am 23. März 2023 kündigten schließlich US-Präsident Joe Biden, der neue auf Scott Morrison nachfolgende australische Premier Anthony Albanese und der britische Premierminister Rishi Sunak die gemeinsame Entwicklung einer Jagd-U-Boot-

Taufzeremonie der USS »New Jersey« (SSN-796) bei Newport News Shipbuilding am 13. November 2021. So ähnlich könnte eine U-Boot-Taufe in Australien aussehen (Foto: Courtesy Huntington Ingalls Industries).

klasse an, die von Großbritannien und Australien betrieben werden soll: SSN-AUKUS. Entsprechend den bisherigen Planungen sollen zwölf SSN-AUKUS-Einheiten gefertigt werden, davon sieben für die Royal Navy in Barrow-in-Furness und fünf in Südaustralien für die Royal Australian Navy (siehe auch Kapitel 3.4). Ein Joint-Venture zwischen ASC Pty Ltd (vormals Australien Submarine Corporation) und BAE Systems wird den Bau der australischen SSN-AUKUS-Boote in Osborne durchführen. Wenn alles planmäßig verläuft, wird das letzte Boot des SSN-AUKUS-Typs Mitte der 2050er Jahre in den Dienst der RAN gestellt werden. Es ist davon auszugehen, dass die SSN-AUKUS-Boote über eine große Kommunalität mit der Virginia-Klasse verfügen werden. Der Großteil der von den USA zu den SSN-AUKUS-Booten beigesteuerten Komponenten werden das Antriebssystem, gemeinsame Waffensysteme und VLS-Abschussrohre für Marschflugkörper oder zukünftige Hyperschallwaffen sein. Bis Australien über eigene im Land gefertigte Boote des SSN-AUKUS-Typs verfügt, sollen in den Jahren 2032 und 2035 je ein gebrauchtes Virginia-Klasse-Boot an Australien verkauft werden, bei denen es sich um Boote des Blocks IV handeln soll, und ab 2038 ein weiteres Virginia-Boot des geplanten Blocks VII, bei dem es sich um eine fabrikneue Einheit handeln soll. Damit die amerikanische Werftindustrie den gestiegenen Bedarf an Virginia-Klasse-Booten in den 2030er Jahren bedienen kann, hat Australien drei Milliarden US-Dollar in die amerikanische Schiffbauindustrie investiert. Falls der Bauzeitplan der australischen SSN-AUKUS-Boote nicht eingehalten werden kann, besteht die Möglichkeit des Erwerbs von zwei weiteren Booten der Virginia-Klasse. Die Anzahl australischer Virginia-Boote soll unter anderem davon abhängig sein, wie weit die australische Werftindustrie beim Aufbau eigener nuklearer U-Boot-Fertigungskapazitäten fortgeschritten sein wird.

Ausblick

Im Sommer 2024 bekam das AUKUS-Abkommen erste Risse, als in der US-Presse von Überlegungen des US-Kongresses berichtet wurde, statt Australien mit eigenen Atom-U-Booten auszustatten, alternativ amerikanische Virginia-Klasse-Boote dauerhaft in Australien zu stationieren. Somit hätte die stark belastete amerikanische Marineindustrie etwas Luft und dadurch müssten die USA – einige Kongressabgeordnete standen dem AUKUS-Pakt von Beginn an sowieso skeptisch gegenüber – doch nicht sämtliche Geheimnisse ihrer nuklearen U-Boot-Technologie mit Australien teilen. Und auch in Australien wird immer häufiger über einen möglichen Kurswechsel und eine Rückkehr zu konventionell angetriebenen U-Booten zumindest diskutiert. Auch in Hinblick auf den Wahlsieg und die erneute Präsidentschaft von Donald Trump in den USA bleibt es abzuwarten, ob AUKUS verschiedene politische Richtungsänderungen sowohl in den USA wie auch in Australien unbeschadet übersteht. Denn bis Australien tatsächlich Atom-U-Boote in Dienst stellen kann, benötigt das AUKUS-Programm die volle Unterstützung mehrerer aufeinanderfolgender amerikanischer und australischer Regierungen.

Künstlerische Darstellung des SSN-AUKUS-U-Bootentwurfes, der gemeinsam von Großbritannien und Australien gebaut werden soll (Grafik: BAE Systems).

Die SSN-AUKUS-Boote sollen über eine große Kommunalität mit den amerikanischen Booten der Virginia-Klasse verfügen (Grafik: BAE Systems).

Die ersten beiden U-Boote der Virginia-Klasse für Australien sollen gebrauchte Block IV-Einheiten sein, wie die hier am 05. Dezember 2024 aufgenommene USS »Iowa« (SSN-797, Foto: General Dynamics Electric Boat).

9. Brasilien

9.1 Zukünftige Jagd-U-Boote der Álvaro Alberto-Klasse

Die Riachuelo (S40) war das erste von Brasilien in Dienst gestellte konventionell angetriebene Boot der Riachuelo-Klasse. Das Boot wurde am 01. September 2022 in die Flotte eingeführt. (Foto: Marinha do Brasil).

Die brasilianische Marine – die Marinha do Brasil – legte bereits Anfang des 20. Jahrhunderts großen Wert auf den Erwerb und den Betrieb von Unterseebooten. Bis zum Zweiten Weltkrieg konnte sie sieben in Italien gefertigte Boote übernehmen. Aufgrund der Tatsache, dass das riesige südamerikanische Land den Zweiten Weltkrieg auf Seiten der Alliierten beendete, kam nach dem Ende des weltweiten Konfliktes Italien nicht mehr länger als U-Boot-Lieferant infrage.

Nachkriegsentwicklungen

Da man aber mittlerweile hervorragende Beziehungen zu den USA hatte, übernahm die Marinha ab Ende der 1950er Jahre

Die Humaitá (S41) aufgenommen im Dezember 2022 während der Erprobungsphase in der neuen brasilianischen U-Boot-Basis auf Madeira Island (Foto: Marinha do Brasil).

neun gebrauchte U-Boote der Balao-/Gato-/Tench-Klassen in verschiedenen Rüstständen. Ende der 1960er Jahre wurden drei U-Boote der britischen Oberon-Klasse geordert. Die bis dahin größten Schritte unternahm die brasilianische Marine mit der Einführung der Tupi-Klasse in Kooperation mit der deutschen HDW aus Kiel, bei der es sich um eine Version des deutschen Exporttyps 209 handelt. Die erste Einheit Tupi (S-30) wurde noch in Deutschland gefertigt und im Mai 1989 in Dienst gestellt. Die drei nachfolgenden Einheiten Tamoio (S-31), Timbira (S-32) und Tapajó (S-33) wurden nach erfolgtem Technologietransfer als erste U-Boote in Brasilien beim Arsenal de Marinha do Rio de Janeiro gefertigt und zwischen 1995 und 1999 in die Flotte eingeführt. Im Jahr 1995 schloss die Marinha einen weiteren Vertrag mit HDW, der die Konstruktion eines vergrößerten Bootes beinhaltete, welches erneut in Rio gefertigt wurde und im Dezember 2005 als Tikuna (S-35) in Dienst gestellt wurde. Damit hatte das Land bewiesen, dass es – nach Technologietransfer – in der Lage ist, moderne U-Boote zu bauen.

Nukleare Ambitionen

Parallel zum Bestreben einer eigenen Fertigung von konventionellen U-Booten hatte die brasilianische Marine den Erwerb von Atom-U-Booten auf lange Sicht im Blickfeld. In den 1970er Jahren wurden daher drei zu erreichende Ziele formuliert, ehe mit der Produktion eines nuklear angetriebenen U-Bootes begonnen werden konnte: 1. die Gewinnung von nuklearem Brennstoff, 2. die Entwicklung eines modernen U-Boot-Rumpfes und 3. die Konstruktion eines Atomreaktors für Marineanwendungen. Die Gewinnung von nuklearem Brennstoff begann 1979 unter dem brasilianischen Präsidenten Ernesto Geisel. Nach der Amtsübernahme im selben Jahr von Präsident João Figueiredo führte dieser das Projekt fort. Die Regierung beteiligte sich im Geheimen am Institute of Energy and Nuclear

Das dritte Boot Tonelero (S42) läuft am 27. März 2024 auf Madeira Island vom Stapel (Foto: Marinha do Brasil).

Research of São Paulo (IPEN). 1982 konnten die dortigen Wissenschaftler die isotopische Urananreicherung mit in Brasilien hergestellten Zentrifugen bewerkstelligen und in den kommenden 20 Jahren die vollständige Herstellung von nuklearem Brennstoff meistern. Anfang des 21. Jahrhunderts kam das Programm zum Reaktorbau mehrmals aufgrund von Budgetkürzungen fast zum Erliegen, ehe im Jahr 2018 der Reaktorprototyp Brazilian Multipurpose Reactor – auch als LABGENE

Am 12. Januar 2024 folgte mit der Humaitá (S41) die zweite Einheit der Riachuelo-Klasse (Foto: Marinha do Brasil).

Die Boote der Riachuelo-Klasse werden vollständig in Brasilien gefertigt (Fotos: Marinha do Brasil).

Diese vom brasilianischen Verteidigungsministerium im April 2024 veröffentlichte Grafik zeigt den Aufbau eines zukünftigen brasilianischen Atom-U-Bootes (Grafik: Ministério da Defesa).

Der damalige brasilianische Präsident Jair Bolsonaro mit hochrangigen Marinevertretern am 20. Oktober 2020 vor dem brasilianischen U-Boot-Reaktorprototyp Brazilian Multipurpose Reactor (Foto: Marcos Corrêa/PR/CC BY 2.0).

bezeichnet – von der staatlichen Betreibergesellschaft Nuclebrás in Betrieb genommen wurde. Im Jahr 2020 gab das General Directorate of Nuclear and Technological Development of the Navy (DGDNTM) das »Go!« für die Brennstoffproduktion für auf Atom-U-Booten eingesetzte Druckwasserreaktoren.

Französische Starthilfe

Die Herstellung des Treibstoffes für das erste Atom-U-Boot des Landes, die Álvaro Alberto, begann schließlich im Dezember 2021. Dieses Boot ist das erste von sechs geplanten nuklear angetriebenen Jagd-U-Booten der brasilianischen Marine. Es ist eine stark vergrößerte Weiterentwicklung der spanisch-französischen Scorpene-Klasse, ein europäisches Export-Boot, welches konventionell angetrieben auch von den Marinen Chiles, Malaysias und Indiens betrieben wird. In einem ersten Schritt hatte Brasilien am 23. Dezember 2008 einen Kaufvertrag über vier konventionelle Boote der Scorpene-Klasse im Gesamtwert von zehn Milliarden US-Dollar mit Frankreich geschlossen. Das Projekt startete im Jahr 2010 im Rahmen das Submarine Development Program (PROSUB). Die vier Boote werden von der 2009 gegründeten Itaguaí Construções Navais S.A. (ICN, wo mittlerweile rund 2.000 Personen beschäftigt sind) auf der Madeira Island Submarine Base auf einer vorgelagerten Insel unweit von Rio de Janeiro gefertigt, einer neuen weitläufigen Anlage, die eigens für die Konstruktion und den Betrieb von Brasiliens neuer U-Boot-Flotte konstruiert wurde. Das erste konventionell angetriebene Boot der brasilianischen Scorpene-Version namens Riachuelo (S40) lief am 14. Dezember 2018 auf Madeira Island vom Stapel und wurde am 01. September 2022 in Dienst gestellt. Es folgten die Humaitá (S41, Stapellauf 11. Dezember 2020, Indienststellung 12. Januar 2024) und Tonelero (S42, Stapellauf 27. März 2024, Indienststellung 2027/28). Noch gebaut wird die vierte Einheit Angostura (S43), die Ende 2025 zu Wasser gelassen werden und Ende der 2020er Jahre in Dienst gestellt werden soll. Die vier Boote sind 70,62 Meter lang, 6,2 Meter breit, haben einen Tiefgang von 5,8 Metern und eine Verdrängung von 1.900 Tonnen. Im internationalen Vergleich sind diese Boote der Riachuelo-Klasse verhältnismäßig klein und deshalb auf Operationen im Küstenvorfeld ausgelegt – unter anderem um die mehrere Dutzend Ölbohrplattformen und -Inseln im Atlantik vor der brasilianischen Küste zu schützen.

Die Álvaro Alberto

Die auf die Riachuelo-Klasse nachfolgende Álvaro Alberto (SN10) befindet sich derzeit am Anfang der Fertigungsperiode. Mit einem Stapellauf ist frühestens ab dem Jahr 2029 zu rechnen, die Indienststellung ist für 2032 bis 2034 geplant. Das Boot basiert technisch auf seinen konventionell angetriebenen Vorgängern – es wurde jedoch massiv vergrößert. Die Länge wird 100 Meter bei einer Breite von 9,8 Metern und einer Verdrängung von 6.000 Tonnen betragen. Dieser Größensprung wurde notwendig, um den 48-Megawatt-Druckwasserreaktor (rund 64.000 PS Leistung), der ein voll elektrisches Antriebssystem mit Energie versorgt, unterzubringen. Das Boot wird mit sechs 533-Milimeter-Torpedorohren ausgestattet, durch die entsprechend den derzeitigen Planungen neben Torpedos auch Minen gelegt und Seezielflugkörper sowie Marschflugkörper verschossen werden sollen. Brasilien strebt durch den Betrieb von nuklear angetriebenen Jagd-U-Booten den lückenlosen Schutz der mehrere tausend Kilometer langen Küste und der Ausschließlichen Wirtschaftszone Brasiliens an. Mit der Indienststellung der Álvaro Alberto und ihrer geplanten fünf Schwesterschiffe wird Brasilien seine Vormachtstellung als stärkste Seemacht Lateinamerikas verfestigen. Entsprechend der brasilianischen Marinedoktrin soll das Wissen um die bloße Existenz der Atom-U-Boote potenzielle Gegner vor einem Angriff von See aus abschrecken.

Die im November 2024 veröffentlichten Grafiken zeigen das zukünftige, erste brasilianische Atom-U-Boot Álvaro Alberto (SN10, Grafiken: Marinha do Brasil).

Technische Daten Álvaro Alberto (SN10)	
Bauwerft	ICN, Madeira Island, Itaguaí
Indienststellung	gepl. 2032 bis 2034
Verdrängung	6.000 Tonnen
Abmessungen	100 Meter Länge, 9,8 Meter Breite, 5,8 Meter Tiefgang
Antrieb	1× Druckwasserreaktor mit 48 MW (64.000 PS, LEU (niedrig angereichertes Uran) 20 Prozent, 1× nuklearer turbo-elektrischer Antrieb, 1× Schiffspropeller
Höchstgeschwindigkeit	25 Knoten (getaucht)
Reichweite	unbegrenzt
Maximale Tauchdauer	unbegrenzt, nur abhängig von der gelagerten Verpflegung für die Besatzung
Besatzung	100 Personen
Bewaffnung	6× 533-mm-Torpedorohre, Torpedos, Minen, Seezielflugkörper, Marschflugkörper
Baukosten	ca. 7 Milliarden US-Dollar

10.1 Konventionelle Südkoreanische U-Boote mit Ballistischen Raketen

Foto: DSME

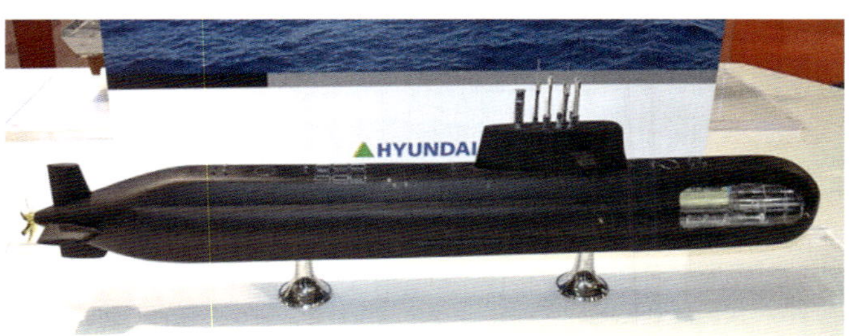

Die Dosan Ahn Changho-Klasse wird auch als KSS-III bezeichnet. Hier sieht man ein Modell auf einer Verteidigungsmesse im Jahr 2017 (Foto: Teukwonjae707/CC BY-SA 4.0).

Am 30. März 2023 wurde bei Daewoo Shipbuilding & Marine Engineering (DSME) im südkoreanischen Okpo ein konventionell angetriebenes U-Boot auf Kiel gelegt, dessen Maße – 89 Meter lang und mit einer Verdrängung von 3.600 Tonnen – allein schon als absoluter Superlativ außerhalb des Atom-U-Boot-Baus gelten.
Am eindrucksvollsten an diesem neuen Boot ist jedoch die Tatsache, dass die zukünftige ROKS »Lee Bong-chang« (SS-087) über zehn(!) Startschächte zum Abschuss von U-Boot-gestützten Ballistischen Raketen verfügen wird. Die »Lee Bong-chang« ist bereits die vierte Einheit des südkoreanischen Pro-

Grafische Darstellung des Loses I des KSS-III-Projektes der südkoreanischen Beschaffungsbehörde Defense Acquisition Program Administration (Grafik: DAPA).

Grafische Darstellung des Loses I des KSS-III-Projektes der südkoreanischen Beschaffungsbehörde Defense Acquisition Program Administration (Grafik: DAPA).

Das dritte KSS-III-Boot ROKS »Shin Chae-ho« lief im September 2021 statt bei Daewoo in Okpo bei Hyundai in Ulsan vom Stapel (Foto: ROKN).

Am 30. März 2023 fand bei DSME in Okpo die Kiellegung des ersten KSS-III Batch-II Bootes ROKS Lee Bong-chang statt (Foto: DAPA).

jektes KSS-III und die erste einer leicht vergrößerten Version.

KSS-III Batch-I

Mit dem ab 2007 als Gemeinschaftsprojekt von DSME und HHI entwickelten KSS-III stieß die Südkoreanische Marine größenmäßig in Bereiche vor, die abgesehen von ganz wenigen konventionellen Booten wie der australischen Collins-Klasse sowie den aktuellen japanischen Bootsklassen ansonsten den Atom-U-Booten vorbehalten sind. Mit einer Länge von 83,5 Meter, einer Breite von 9,6 Meter und einem Tiefgang von 7,62 Meter bei einer Verdrängung von 3.358 Tonnen (aufgetaucht) und 3.750 Tonnen (getaucht) weiß die Dosan Ahn Changho-Klasse wahrlich zu beeindrucken. Laut Aussage der Werft DSME machte Südkorea auch technisch mit KSS-III einen gewaltigen Sprung nach vorne, denn 76 Prozent aller Komponenten des U-Bootes stammen aus südkoreanischer Fertigung. Das benutzte Brennstoffzellen-basierte AIP-Antriebsverfahren soll laut mehrerer Presseberichte jedoch noch auf dem im (ursprünglich deutschen) KSS-II/Typ 214-Entwurf genutzten AIP-Antrieb basieren (die südkoreanische Marine verfügt über 18 Einheiten der deutschen Export-U-Boot-Typen 209 und 214). Die schiere Größe des KSS-II-Entwurfes wird ebenfalls durch die Nutzung von drei Decks auf den Booten ersichtlich. Das herausstechende Merkmal ist jedoch die VLS-Startanlage zwischen dem AIP-Antriebsbereich und der herkömmlichen Antriebsanlage am Heck (bestehend aus Batterien und Dieselgeneratoren). Diese VLS-Anlage besteht aus sechs Startzellen und ist in der Lage, sowohl von Turbofan-Strahltriebwerken angetriebene Marschflugkörper wie den Typ Hyunmoo-3 – der Ähnlichkeit mit dem amerikanischen Tomahawk-Marschflugkörper aufweist – sowie Ballistische Raketen des Typs Hyunmoo 4-4 zu verschießen. Die »Dosan Ahn Changho« sorgte im September 2021 für Schlagzeilen, als ihr als erstem U-Boot mit außenluftunabhängigem Antrieb überhaupt der Start einer solchen Ballistischen Rakete gelang. Der Flugkörper weist große Ähnlichkeit mit der russischen Iskander-Rakete auf und es ist unklar, ob Südkorea bei der Entwicklung mit Russland kooperiert hat. Am Bug von KSS-III befinden sich sechs Torpedorohre mit 533 mm Durchmesser, durch die u. a. der

Die ROKS »Dosan Ahn Changho« im August 2021 während der Seeerprobungen (Foto: ROKN).

Unterwasserstart einer Ballistischen Rakete des Typs Hyunmoo 4-4 von der ROKS »Dosan Ahn Changho« (Foto: Screenshot ROKN Video).

Grafische Darstellung eines vergrößerten Bootes des Loses II mit zehn VLS-Startzellen (Grafik: DAPA).

südkoreanische K731 (White Shark) Schwergewichtstorpedo verschossen werden kann. Auffällig ist die mit Schallabsorbierenden Kacheln versehene Außenhaut der Dosan Ahn Changho-Klasse. Die Überwasser-Höchstgeschwindigkeit wird von westlichen Marineanalysten auf zwölf Knoten und die Unterwassergeschwindigkeit auf 20 Knoten geschätzt. Die Boote weisen eine Besatzungsstärke von 50 Personen auf und können bis zu 20 Tage am Stück getaucht operieren. Die Reichweite beträgt rund 10.000 Seemeilen. Die an Bord verbauten elektronischen Systeme stammen von einer Vielzahl unterschiedlicher Anbieter aus Europa und Südkorea. Die Steuer- und Tauchkonsolen – ausgelegt auf manuellen Betrieb, Autopilot und kombinierte Betriebsmodi – wurden von der französischen ECA Group entwickelt. Die Boote sind weiterhin mit konstant aktivem Sonar (Continuous Active Sonar, CAS) und vom südkoreanischen Luft- und Raumfahrtunternehmen LIG Nex1 entwickelten Seitensonar (Flank Array Sonar, FAS) zum Aufspüren, Lokalisieren und Klassifizieren von Zielen ausgerüstet. Das Führungs- und Waffeneinsatzsystem stammt von dem südkoreanischen Großkonzern Hanwha. Das spanische Rüstungsunternehmen Indra steuert das Pegaso Electronic Defence System zur elektronischen Kriegsführung bei. Der genutzte optronische Mast der Serie 30 (Series 30 Optronic Surveillance Mast) stammt vom französischen Rüstungskonzern Safran. Das System zum Handling der Bordwaffen kommt von der britischen Babcock, während die sechs VLS-Startzellen eine südkoreanische Eigenentwicklung sind, die als Korean Vertical Launching System (K-VLS oder KVLS) bezeichnet und derzeit auch auf den neusten südkoreanischen Zerstörern eingerüstet werden. Die ROKS »Dosan Ahn Changho« (SS-083) lief am 14. September 2018 bei DSME vom Stapel und wurde am 13. August 2021 in den Dienst der ROKN gestellt. Der Stapellauf des zweiten Bootes ROKS »Ahn Mu« (SS-085) wurde am 10. November 2020 vollzogen, die Indienststellung erfolgte am 20. April 2023. Die dritte Einheit ROKS »Shin Chae-ho« (SS-086) wurde als erstes Boot der Klasse bei HHI gefertigt, lief am 28. September 2021 in Ulsan vom Stapel und ging am 04. April 2024 in Dienst.

KSS-III Batch-II

Mit dem eingangs beschriebenen vierten Boot des KSS-III-Projektes, dem ersten Batch-II-Boot, geht die ROKN größenmäßig noch einen Schritt weiter. Die Ende März 2023 auf Kiel gelegte ROKS »Lee Bong-chang« (SS-087) ist stolze 89 Meter lang und verfügt schon über zehn VLS-Startzellen. Nahezu alle Bereiche des Bootes wurden für dieses zweite Baulos überarbeitet. So wurden beispielsweise das FüWES-System und die Sonaranlagen auf den technisch neuesten Stand gebracht. Erstmals wird ab Boot Nr. 4 der NATO-Link 22 eingerüstet, der es ermöglicht, das U-Boot mit anderen verbündeten Über- und Unterwassereinheiten zu verbinden und Daten auszutauschen. Laut Angaben des Herstellers DSME – der nach Übernahme jetzt als Hanwha Ocean Co., Ltd. firmiert und wieder mit der Fertigung der ersten beiden Boote des neuen Bauloses betraut wurde – beträgt der südkoreanische Anteil aller Komponenten an Bord bereits 80 Prozent. Das dritte Boot wird erneut von Hyundai als Juniorpartner gefertigt. Die herausragends-

Anschauungsgrafik der geöffneten Startschächte bei einem Boot des Loses II (Grafik: DAPA).

Die dritte Einheit ROKS »Shin Chae-ho« aufgenommen einen Tag vor der Indienststellung am 03. April 2024 (Foto: DAPA).

Die zweite Einheit ROKS »Ahn Mu« in voller Überwasserfahrt am 19. April 2023 (Fotos: DAPA).

te Neuerung bei den Batch-II-Booten ist der Einsatz von Lithium-Ionen-Batterien (LiB), entwickelt von Samsung SDI und hergestellt von Hanwha. Südkorea ist erst das zweite Land der Welt überhaupt (nach Japan), welches Lithium-Ionen-Batterien auf U-Booten einsetzt. Laut Aussagen von Hanwha Defense werden die sowohl mit einem AIP-Antrieb und Lithium-Ionen-Batterien ausgerüsteten Batch-II-Boote über eine größere Energieeffizienz und eine größere Tauchausdauer von mehr als 20 Tagen verfügen. Über die Verbesserungen des dritten Bauloses KSS-III Batch-III ist derzeit noch nichts bekannt.

Technische Daten KSS-III	
Bauwerft	DSME/Hanwha Ocean und Hyundai Heavy Industries
Verdrängung	3.358 Tonnen (Los I, aufgetaucht), 3.750 Tonnen (Los I, getaucht), 3.600 Tonnen (Los II, aufgetaucht)
Abmessungen	83,5 Meter (Los I)/89 Meter (Los II) Länge, 9,6 Meter Breite, 7,62 Meter Tiefgang
Antrieb	3× MTU 16V396SE84L Marine-Diesel, 4 × Bumhan Industries PH1 PEM Brennstoffzellen mit je 150 kW Leistung, Lithium-Ionen-Batterien von Samsung SDI (Los II), 1× Propeller
Höchstgeschwindigkeit	12 Knoten (aufgetaucht), 20 Knoten (getaucht)
Reichweite	10.000 Seemeilen
Maximale Tauchdauer	20 Tage
Besatzung	50 Personen
Bewaffnung	6× 533-mm-Torpedorohre für K731 (White Shark) Schwergewichtstorpedo, 6× K-VLS (Los I) / 10× K-VLS (Los II) für Hyunmoo 4-4 Ballistische Raketen und Hyunmoo-3 Marschflugkörper
Elektronik	1× konstant aktives Sonar, 1× Seitensonar von LIG Nex1, 1× Führungs- und Waffeneinsatzsystem von Hanwha, 1× Pegaso Electronic Defence System zur elektronischen Kriegsführung von Indra, 1× optronischer Mast der Serie 30 von Safran
Baukosten	ca. 7 Milliarden US Dollar inklusive Entwicklungskosten

10.2 Konventionelle Nordkoreanische U-Boote mit Ballistischen Raketen

Im Jahr 2014 wurde erstmals das einzelne nordkoreanische U-Boot der Gorae-Klasse beobachtet. Es kann eine einzige Ballistische Rakete verschießen (Fotos: KCBC).

Unterwasserabschuss einer Ballistischen Rakete des Typs Pukkuksong-1 – im Westen auch als KN-11 bezeichnet (Foto: Sammlung Verfasser).

Das Boot der Gorae-Klasse beim Auftauchen im Oktober 2021 (Foto: Sammlung Verfasser).

Die Demokratische Volksrepublik Korea (Nordkorea) ist ein autoritärer Staat mit mehr als 25 Millionen Einwohnern, von denen bei einer Anzahl von rund 1,3 Millionen Soldanten rund jeder 20. Einwohner Mitglied der Streitkräfte ist. Seit dem Anfang des 21. Jahrhunderts erregte das Land durch sein Programm zum Bau und Betrieb von Atomwaffen und deren Trägersystemen internationale Aufmerksamkeit.
Die U-Bootwaffe der Marine der Koreanischen Volksarmee/ Korean People's Military Navy (KPMN) – ist heute mit rund 60.000 Marineangehörigen die kleinste Teilstreitkraft. Rein zahlenmäßig betreibt Nordkorea heute mit über 70 Einheiten eine der größten U-Bootflotten der Welt. Diese setzt sich jedoch aus rund 20 bis 30 größeren U-Booten aus russisch-chinesischer Produktion bzw. deren Lizenzbauten sowie mehreren Dutzend kleinerer Boote zusammen, die überwiegend im Küstenvorfeld sowie für verdeckte Operationen genutzt werden. Technologisch befand sich die nordkoreanische Marine bis vor kurzem auf dem Niveau der 1960er Jahre, machte aber im letzten Jahrzehnt große technische Sprünge bei der Zusammenführung indigener U-Boot-Technologie mit dem Nuklearwaffenprogramm des Landes. Derzeit ist Nordkorea in der Einführungsphase von U-Boot-gestützten Ballistischen Raketen und daher für den Westen ein nicht ganz zu unterschätzender Gegner. Bis diese Raketensysteme und die konventionell angetriebenen U-Boote, von denen aus sie gestartet werden, einsatzbereit sind, dürften noch mehrere Jahre vergehen. Die Analyse der maritimen Fähigkeiten der nordkoreanischen Ma-

Heckansicht des Bootes der Gorae-Klasse, das aus dieser Perspektive den russischen/chinesischen Booten der Romeo-Klasse nicht unähnlich sieht (Foto: Sammlung Verfasser).

rine im Allgemeinen und ihrer U-Bootwaffe im Besonderen wird erschwert durch eine Vielzahl sich teilweise widersprechender Berichte, Essays sowie Zeitungsartikel und die nordkoreanische Geheimniskrämerei, die im Vergleich zu der chinesischen Marine nochmals verschärft ist.

Größere Eigenbauten

Mehrfach entstanden in Nordkorea U-Boote als Unikate ohne Serienfertigung, so Ende der 1970er Jahre ein einzelnes 41 Meter langes Boot und Anfang der 1980er Jahre ein 32 Meter langes Boot. Warum von beiden Typen nicht mehr Einheiten beschafft wurden, ist unklar. Parallel zur Einführung neuer U-Boottypen lief Ende der 1970er Jahre an der nordkoreanischen Ostküste ein U-Boot-Rettungsschiff vom Stapel, welches vom US-Verteidigungsministerium als »Kowan« bezeichnet wurde. Dieses Schiff scheint technisch jedoch nicht ausgereift gewesen zu sein, denn Nordkorea musste im Februar 1984 bei der Bergung eines vor der nordkoreanischen Ostküste gesunkenen U-Bootes auf die Hilfe eines sowjetischen Bergungsschiffes und seiner Besatzung zurückgreifen. Mitte der 1980er Jahre nahm das bisher größte nordkoreanische U-Bootprogramm Fahrt auf, welches ein 35 Meter langes Boot als Grundlage hat, das für verschiedene Missionstypen ausgerüstet werden kann. In Südkorea wird dieser U-Boottyp als Sang O-Klasse (»Hai« auf Koreanisch) bezeichnet. Eines dieser Boote in der Infiltrations-Version mit Taucherschleuse am Bug lief 1996 unweit der südkoreanischen Hafenstadt Gangneung auf Grund, gefolgt von einer 49-tägigen Jagd nach der U-Boot-Besatzung, in deren Verlauf insgesamt 40 Personen – sowohl Südkoreaner wie auch nordkoreanische Marineangehörige – den Tod fanden. Es gelang Südkorea jedoch, ein Besatzungsmitglied lebend zu fangen. Die anschließenden Verhöre führten dazu, dass Südkorea sein Wissen über das nordkoreanische U-Bootprogramm massiv ausweiten konnte. Die Sang O-Klasse hat eine Besatzung von ca. 15 Personen und eine getauchte Verdrängung von ca. 370 Tonnen. Insgesamt wurden an beiden nordkoreanischen Küsten ca. 36 Sang O-Boote gebaut. Die Variante als Jagd-U-Boot mit 533-mm-Torpedorohren (zwei oder möglicherweise sogar vier) wurde erstmals um das Jahr 2010 beobachtet.

Im Juli 2019 wurden Aufnahmen des nordkoreanischen Staatspräsidenten Kim Jong Un bei der Inspektion eines modifizierten Bootes der Romeo-Klasse veröffentlicht (Fotos: KCBC).

Anfang des 21. Jahrhunderts entstanden mehrere Boote eines leicht vergrößerten Designs mit 39 Meter Länge, die als Sang O II-Klasse bezeichnet werden. Es scheinen hiervon jedoch weniger als fünf Boote gebaut worden zu sein, von denen eines im Stützpunkt Pipagot an der nordkoreanischen Westküste und die restlichen Boote in der Marinebasis Chaho an der Ostküste

Am 06. September 2023 lief in Sinpo ein 86 Meter langes modifiziertes Boot der Romeo-Klasse im Beisein von Kim Jong Un vom Stapel (Fotos: KCBC).

gesichtet wurden. Zwei weitere 35 Meter lange Boote mit tropfenförmigem Rumpf wurden 2004 in Nampo an der Westküste beobachtet. Diese beiden Einheiten konnten aber bisher nur in der Nähe der Baudocks ausgemacht werden und scheinen den Hafen bisher nicht verlassen zu haben – daher wird spekuliert, dass sie als Versuchs- und Testobjekte der nordkoreanischen Marine dienen.

Ballistische Hochseeboote

Bei den zuvor beschriebenen nordkoreanischen Eigenbauten handelt es sich um kleine U-Boote, die auf Einsätze in den Küstengewässern der koreanischen Halbinsel beschränkt sind. Ab den 1990er Jahren wurde in der Presse mehrfach berichtet, dass Nordkorea an im Land entwickelten Hochsee-Unterseebooten arbeite. Und es wurde sogar spekuliert, dass die nordkoreanische Marine möglicherweise ausgemusterte russische Boote der Golf- und Foxtrott-Klassen erwerben könnte. Es sollte aber noch bis zum Jahr 2014 dauern, ehe diese nordkoreanischen Anstrengungen tatsächlich Erfolg hatten, als in der Marinebasis Sinpo (nordkoreanische Ostküste) ein 67 Meter langes Unterseeboot gesichtet wurde, bei dem es sich um den ersten (bekannten) nordkoreanischen Eigenbau in dieser Größenordnung handelte. Das Boot erhielt in den Medien die Bezeichnung Sinpo-Klasse (bzw. Sinpo-B-Klasse vom US-Verteidigungsministerium) und wurde später unter der nordkoreanischen Bezeichnung Gorae-Klasse (koreanisch für »Wal«) bekannt. Das Boot ist dahingehend einzigartig, weil es über einen einzelnen Abschussschacht für eine ballistische Rakete in seinem Turm verfügt. Von westlichen Marineanalysten wird dieses Boot als Testobjekt zur Entwicklung einer größeren Flotte von konventionell angetriebenen Unterseebooten mit Startanlagen für ballistische Raketen angesehen. Das Boot trägt den Namen »8.24 Yongung« (koreanisch »Held des 24. August«) und verfügt über eine geschätzte Verdrängung von getaucht 1.650 Tonnen und eine Besatzung von 50 Personen. Über eine mögliche Torpedobewaffnung und die Sonaranlage kann nur spekuliert werden. In Fachkreisen wird das mit einer Ballistischen Rakete bewaffnete U-Boot als absolutes Minimum einer seegestützten nuklearen Abschreckung angesehen. Seine Schlagkraft ist wahrscheinlich auf die koreanische Halbinsel und Ostasien beschränkt, die einzelne Rakete an Bord stellt jedoch nichtsdestoweniger eine ernstzunehmende Bedrohung für die Länder im nordkoreanischen Umfeld dar, insbesondere für Südkorea und Japan. Ein erster Unterwasser-Abschuss der

Die Schiffstaufe erfolgte ähnlich medienwirksam wie vergleichbare Ereignisse im Westen (Foto: Sammlung Verfasser).

Klar erkennbar sind der vollkommen umgestaltete Turm und der abgerundete Bug des auf den Namen «Hero Kim Gun-ok« getauften Bootes (Fotos: KCBC).

ca. 7 Meter langen zweistufigen ballistischen Rakete Pukkuksong-1 – im Westen auch als KN-11 bezeichnet – von der »8.24 Yongung« erfolgte im August 2016. Die Reichweite der Rakete, die bis 2015 mit flüssigem Treibstoff und ab 2016 mit festem Treibstoff betrieben wird – ist nicht bekannt, wird aber auf zwischen 1.200 und 2.500 Kilometer geschätzt. Ein weiterer Raketentest erfolgte am 19. Oktober 2021, bei dem das Boot möglicherweise eine vergrößerte KN-23 Rakete mit 9,8 Meter Länge und einer Reichweite bis 600 Kilometer verschoss.

Ausblick

Unmittelbar nach dem Auftauchen der Gorae-Klasse wurde in zahlreichen Presseberichten darüber spekuliert, dass Nordkorea den Bau weiterer, verbesserter und möglicherweise vergrößerter Boote dieses Typs forcieren würde. Bisher sind zusätzliche Boote dieses Typs nicht gesichtet worden. Am 23. Juli 2019 tauchten jedoch offizielle nordkoreanische Aufnahmen auf, die Staatspräsident Kim Jong Un bei der Inspektion eines angeblich neugebauten ballistischen Raketen-U-Bootes in der Marinebasis Sinpo zeigten. Bei dem Boot handelt es sich aber aller Wahrscheinlichkeit nach um ein modifiziertes Boot der russich/chinesischen Romeo-Klasse aus dem bisherigen Bestand der nordkoreanischen Marine. Das besagte Boot verfügt über einen massiv vergrößerten Turm, in dem sich wahrscheinlich zwei oder drei Abschussschächte für Ballistische Raketen befinden. Dieses Boot wurde in westlichen Medien als Sinpo-C bezeichnet. Nach dem »Erscheinen« dieser Fotos im Sommer 2019 herrschte für einige Jahre erneut »Funkstille« von nordkoreanischer Seite aus. Diese wurde am 06. September 2023 gebrochen, als das nordkoreanische Staatsfernsehen Aufnahmen des Stapellaufs dieses oder eines vergleichbaren modifizierten Romeo-Klasse-Bootes in Sinpo im Beisein von Staatspräsident Kim Jong Un präsentierten. Klar erkennbar war der stark verlängerte Turm des Bootes, in dem insgesamt zehn(!) Raketenstartschächte erkennbar waren. Vier dieser Raketenschächte verfügen über einen geschätzten Durchmesser von 1,2 bis 1,5 Meter und dienen vermutlich zum Abschuss von ballistischen Raketen, die restlichen sechs Schächte scheinen für 533-mm- oder 650-mm-Marschflugkörper wie beispielsweise die Hwasal-2 ausgelegt zu sein.

Das U-Boot ist geschätzt 86 Meter lang und damit rund 10 Meter länger als ein normales Romeo-Klasse-Boot. Der neu eingefügte Rumpfteil unter den Raketenschächten ist vermutlich länger als diese 10 Meter, dafür scheint der Bug deutlich verkürzt und nun vollständig abgerundet zu sein. Unklar ist, ob durch diesen gravierenden Umbau auf die Bugtorpedorohre verzichtet werden musste. Westliche Marineanalysten gehen davon aus, dass die Geschwindigkeit im Vergleich zu einem regulären Romeo deutlich reduziert ist, da keine weiteren Rumpfteile, die über Antriebselemente verfügen könnten, ausgemacht werden konnten. Laut nordkoreanischem Staatsfernsehen trägt das neue Boot den Namen »Hero Kim Gun-ok«. Westliche Experten gehen mittlerweile davon aus, dass es sich dabei um ein anderes Boot als das im Sommer 2019 gezeigte handelt, da es Unterschiede in vielen kleineren Details gibt (wie beispielsweise der Form des Turmes). Dieses oder vergleichbare Boote wurden bisher jedoch noch nicht auf See beobachtet. Die nächsten Jahre dürften zeigen, wohin die nordkoreanische U-Boot-Entwicklung führen wird. Für westliche Beobachter mag die verwendete nordkoreanische Technik plump und primitiv wirken. Wenn man bedenkt, dass Nordkorea fast vollständig auf der Weltbühne isoliert ist, sind die nordkoreanischen U-Boot-Eigenkreationen allerdings umso eindrucksvoller.

In dem massiv vergrößerten Turm befinden sich zehn Startschächte, davon vermutlich vier für ballistische Raketen und sechs für Marschflugkörper (Foto: KCBC).

11. Anhang 1: Atom-U-Boote in Museen

Aus sicherheitspolitischen Gründen ist der Besuch eines aktiven Atom-U-Bootes als Marineenthusiast oder »Zivilist« so gut wie unmöglich. Selbst für Journalisten bestehen massive, langwierige bürokratische und genehmigungsintensive Hürden, ehe sie oder er im Rahmen einer Berichterstattung für ein Massenmedium ein nuklear angetriebenes Boot betreten kann. Besuche westlicher Journalisten sind realistischerweise lediglich auf Einheiten aus den USA und aus Großbritannien sowie Frankreich möglich. Wer als Privatperson jedoch einmal hinter die Kulissen eines Atom-U-Bootes schauen möchte, dem stehen mehrere Museums-U-Boote zur Verfügung, die in Bezug auf die technische Entwicklung durchaus als Grundlagen der im Einsatz stehenden Boote angesehen werden können.

(Foto: Vonsky87, CC BY-SA 3.0)

USS »Nautilus« (SSN-571) *in Groton/Connecticut. Das 97,5 Meter lange Jagd-U-Boot wurde am 30. September 1954 als erste nuklear angetriebene Marineeinheit der Welt in den Dienst der US Navy gestellt. Nach dem Dienstende im Jahr 1980 wurde die »Nautilus« zum Museumsboot umgerüstet und kann heute als Teil des Submarine Force Museum direkt neben der Naval Submarine Base New London (der Haupt-U-Bootbasis der US-Atlantikflotte) besichtigt werden. Mehr Infos: www.patriotspoint.org.*

(Foto: Stefan Ulsamer)

(Foto: Stefan Ulsamer)

USS »Blueback« (SS-581) *in Portland/Oregon. Streng genommen handelt es sich bei der 66,8 Meter langen USS »Blueback« um ein konventionell angetriebenes Jagd-U-Boot der Barbel-Klasse. Sie wurde am 15. Oktober 1959 als letztes Diesel-Boot der US Navy in Dienst gestellt. Der tropfenförmige Rumpf und fast alle Bordsysteme (bis auf den Antrieb) entsprechen jedoch denen auf den zeitgenössischen nuklear angetriebenen Booten der Skipjack-Klasse (von denen heute keine Einheit erhalten geblieben ist). Heute ist die »Blueback« als Ausstellungsstück Teil des Oregon Museum of Science and Industry in Portland. Mehr Infos: https://omsi.edu/exhibits/uss-blueback-submarine.*

(Foto: Бобров Игорь, CC BY-SA 4.0)

»Leninski Komsomol« (K3) *in Kronstadt/Russland. Die »Leninski Komsomol« wurde am 04. Juni 1958 als erstes sowjetisches Atom-U-Boot in Dienst gestellt. Das 107 Meter lange Jagd-U-Boot des Projektes 627 war der Prototyp der zahlreich gebauten November-Klasse. Das Boot wurde zum Ende des Kalten Krieges im Sommer 1991 außer Dienst gestellt. Seit Juli 2023 kann es als Hauptexponat des Museums der Marineehre unweit von Sankt Petersburg, in Kronstadt besichtigt werden. Mehr Infos: http://rusnavy.com/history/events/lenkom.htm.*

(Foto: Chris Allen, CC BY-SA 2.0)

HMS »Courageous« (S50) *in Plymouth/Großbritannien. Die 86,9 Meter lange HMS »Courageous« ist die dritte Einheit der Churchill-Klasse und wurde am 07. März 1970 in den Dienst der Royal Navy gestellt. Nach der Außerdienststellung im April 1992 sollte das nuklear angetriebene Jagd-U-Boot eigentlich verschrottet werden. Um breitere Bevölkerungsschichten für den Dienst auf britischen Atom-U-Booten zu begeistern, wurde jedoch entschieden, die »Courageous« als Museumsschiff für die Öffentlichkeit zu präsentieren. Besuche auf dem Boot müssen im Voraus schriftlich beantragt werden, da es sich auf einer aktiven Marinebasis befindet und jeder Besucher eine eigene Sicherheitsfreigabe benötigt. Mehr Infos: www.hmscourageous.co.uk.*

(Foto: Hugh Llewelyn, CC BY-SA 2.0)

»Le Redoutable« (S611) *in Cherbourg/Frankreich. Die 128 Meter lange »Le Redoutable« wurde am 01. Dezember 1971 als erstes französisches Atom-U-Boot in den Dienst der Marine Nationale gestellt. Nach der Außerdienststellung im Dezember 1991 wurde das Boot ab dem Jahr 2000 während einer zweijährigen Umbauzeit zum Museumsboot hergerichtet. Dabei wurde der Reaktorbereich entfernt und durch eine leere Rumpfsektion ersetzt. Die »Le Redoutable« ist heute Teil des Meeresmuseums Cité de la Mer in Cherbourg und weltweit das einzige strategische Raketen-U-Boot, welches als Museumsexponat für die Öffentlichkeit zugänglich ist. Mehr Infos: www.citedelamer.com.*

(Foto: Stefan Tsingtauer, CC BY-SA 4.0)

»Changzheng 1« *in Qingdao/Volksrepublik China. Die 98 Meter lange »Changzheng 1« (»Langer Marsch 1«) wurde am 01. August 1974 als erstes Atom-U-Boot der chinesischen Volksmarine in Dienst gestellt. Es handelt sich bei dem Jagd-U-Boot um den Prototyp der chinesischen Bootsklasse Typ 091, der nach westlichen Maßstäben als sehr laut und störanfällig gilt. Die »Changzheng 1« wurde im Jahr 2000 außer Dienst gestellt und kann seit April 2017 im nationalen chinesischen Marinemuseum von Qingdao besichtigt werden. Mehr Infos: http://www.qingdaochinaguide.com/attractions/museums-history/naval.html.*

12. Anhang 2: Atom-U-Boote im Kino

Eine kleine Geschichte des U-Boot-Filmes

Filme und TV-Serien, in denen Atom-U-Boote eine tragende Rolle in der Handlung spielen, sind eher selten.
Es fallen einem zwar moderne Klassiker wie beispielsweise Jagd auf Roter Oktober mit Sean Connery und Alec Baldwin oder Crimson Tide mit Gene Hackman und Denzel Washington ein. Solche kommerziell erfolgreichen Kassenschlager wie die beiden genannten Filmbeispiele sind eher selten. Einige der filmischen Umsetzungen des Atom-U-Boot-Themas, waren nicht die kommerziellen Erfolge, die sich ihre Macher wünschten.

Zweiter Weltkrieg
Wesentlich häufiger findet man in der Geschichte des Kinos filmische Auseinandersetzungen mit U-Booten und U-Bootfahrern im Zweiten Weltkrieg. Solche Filme wurden schon zu Zeiten des Krieges gedreht, beispielsweise Bestimmung Tokio (Destination Tokyo) mit Gary Grant oder We Dive at Dawn mit John Mills, beide aus dem Jahr 1943. Insbesondere die 1950er Jahre brachten einige der bekanntesten Vertreter des U-Boot-Filmes (im Zweiten Weltkrieg) hervor: Die Höllenhunde des Pazifik (Hellcats of the Navy) mit Ronald Reagan, Duell im Atlantik (The Enemy Below) mit Robert Mitchum und Curd Jürgens, oder der deutsche Film Haie und kleine Fische mit Hansjörg Felmy und Horst Frank, alle aus dem Jahr 1957. Im Jahr 1959 entstand mit dem komödiantischen Unternehmen Petticoat (Operation Petticoat) unter der Regie von Blake Edwards mit Gary Grant und Tony Curtis in den Hauptrollen einer der beliebtesten U-Boot-Filme aller Zeiten, der vor dem Hintergrund des Pazifikkrieges von den Rivalitäten zweier U-Boot-Offiziere, einem pinkfarbenen U-Boot sowie einer Gruppe Krankenschwestern an Bord und diversen amourösen Verwicklungen erzählt. Aus ganz anderem Holz ist Wolfgang Petersens Das Boot aus dem Jahr 1981 geschnitzt, mit Jürgen Prochnow und Herbert Grönemeyer in den Hauptrollen. Ein gnadenlos hartes, realistisches Porträt des U-Boot-Krieges aus deutscher Sicht, der heute als der »definitive U-Boot-Film« gilt und zu einem weltweiten Erfolg wurde. Ebenfalls aus Deutschland kam der TV-Film Das letzte U-Boot aus dem Jahr 1993 mit Ulrich Mühe und Ulrich Tukur, der auf wahren Tatsachen beruht, und von einer letzten deutschen geheimen U-Boot-Fahrt mit Ziel Japan berichtet. Im Jahr 2000 verfilmte Hollywood mit U-571 (Hauptrolle Matthew McConaughey) mit viel »künstlerischer Freiheit« die Umstände der Eroberung einer deutschen Enigma-U-Boot-Chiffriermaschine. Hierzu wurde für die Dreharbeiten auf Malta extra eine fahrbare Eins-zu-eins-Replik eines deutschen U-Bootes des Typs VIIC gebaut, die heute noch für verschiedenste Filmdreharbeiten (teilweise umdekoriert, um andere U-Boot-Typen darzustellen) genutzt wird. Im 21. Jahrhundert zeigten zahlreiche internationale Filmproduktionen U-Boote im Rahmen von Zweiter Weltkriegs-Actionfilmen. Besonders sticht hier unter den Produktionen der letzten Jahre die 2024 veröffentlichte, leicht satirische Actionkomödie The Ministry of Ungentlemanly Warfare mit Henry Cavill hervor, in dem eine Gruppe äußerst unkonventioneller britischer Geheimagenten den Nachschub einer deutschen U-Boot-Basis in Westafrika sabotieren muss.

Moderne Zeiten
Häufig spielen Atom-U-Boote in Agenten- und Action-Filmen der letzten Jahrzehnte eine kleine, untergeordnete Rolle, in der sie zum Beispiel Spezialkräfte verdeckt zu ihrem Einsatzgebiet transportieren. Beispiele hierfür sind der inoffizielle James Bond-Film Sag Niemals Nie (Never Say Never Again), in der Sean Connery im Jahr 1983 nochmal in seiner Paraderolle glänzen konnte, oder der Militärthriller Die Akte Jane (G.I. Jane) mit Demi Moore aus dem Jahr 1997, an dem am Ende ein Atom-U-Boot der Ohio-Klasse eine Gruppe Navy Seals vor der libyschen Küste absetzt. Oftmals sind in solchen Produktionen Modelle oder Computer-Animationen der U-Boote zu sehen, die nicht immer überzeugen können. Für den Zuschauer umso erfreulicher ist es, wenn die Produktion für die Dreharbeiten ein echtes Atom-U-Boot nutzen kann. Hier stechen insbesondere die vorletzte Episode der fünften Staffel der Echtzeit-Thriller Serie 24, ein Science-Fiction-TV-Film sowie ein semi-authentischer Navy Seals-Actionfilm hervor. Bei den Dreharbeiten zu 24 (Episode Tag 5: 5:00 – 6:00 Uhr) konnten die Serienmacher auf die USS »Topeka« (SSN-754) in der Marinebasis San Diego zurückgreifen, die hier interessanterweise ein fiktionales russisches U-Boot verkörperte. Für die Dreharbeiten des Abschlussfilmes der langlebigen Science-Fiction-TV-Serie Stargate SG-1 mit dem Titel Stargate: Continuum reisten die Hauptdarsteller Ben Browder, Amanda Tapping und Richard Dean Anderson Anfang 2007 in die Arktis, wo gerade die Militärübung ICEX 07 stattfand, an der die USS »Alexandria« (SSN-757), ebenfalls der Los Angeles-Klasse zugehörig, teilnahm. Hier konnten sie für einige kurze Szenen an Bord des U-Bootes filmen

007 James Bond – Der Spion, der mich liebte (Getty Images)

und sogar spektakuläre Unterwasseraufnahmen des Bootes unter dem Packeis anfertigen – gefilmt durch ein Eisloch per Unterwasserkamera. Das Resultat zählt mit zu den spektakulärsten jemals angefertigten »echten« U-Boot-Aufnahmen. Die U-Boot-Besatzung an Bord der »Alexandria« spielte sich in den Szenen des Filmes an Bord ihres Bootes einfach selbst. Die dritte Produktion mit Zugang zu einem echten U-Boot der US Navy ist der Actionfilm Act of Valor aus dem Jahr 2012, der mit echten Navy Seals in den Hauptrollen auf eindrucksvolle Weise einen Anti-Terror-Einsatz zeigt. In der Mitte des Films springen die Protagonisten aus einem Flugzeug ab und boarden ein gerade eben aufgetauchtes Marschflugkörper-U-Boot der Ohio-Klasse. Kurz darauf taucht das namenlose Boot wieder ab. Die ganze Sequenz dauert lediglich eineinhalb Minuten, ist aber sehr temporeich und wird mit fantastischen Aufnahmen vom Äußeren und Inneren des Bootes präsentiert.

Mission Impossible

Seit 1996 wurden sieben Spionage-Action-Thriller der Mission Impossible-Reihe um den amerikanischen Geheimagenten Ethan Hunt mit Tom Cruise in der Hauptrolle veröffentlicht. Es handelt sich dabei um eine Kinoadaption der 60er-Jahre TV-Serie Kobra, übernehmen Sie. Bereits im vierten Teil Mission: Impossible – Phantom Protokoll (Mission: Impossible – Ghost Protocol) aus dem Jahr 2011 spielt ein russisches strategisches Raketen-U-Boot der Delta IV-Klasse eine bedeutende Rolle, als es eine Atomrakete auf San Francisco abfeuert. Im siebten Teil aus dem Jahr 2023, Mission: Impossible – Dead Reckoning Teil Eins (Mission: Impossible – Dead Reckoning Part One) beginnt die Handlung mit der Versenkung des (fiktionalen) russischen Atom-U-Bootes »Sewastopol«, das von einer Künstlichen Intelligenz gesteuert wird, die ein Bewusstsein entwickelt hat und sich zu einer globalen Bedrohung mausert. Die rund zehnminütige Eröffnungssequenz an Bord des russischen U-Bootes kann durch eine realistische Ausstattung überzeugen (die Setdesigner der Filmproduktion haben sich offensichtlich an real verfügbaren Innenaufnahmen russischer U-Boote orientiert). Für den achten Teil der Mission Impossible-Reihe mit dem Titel Mission: Impossible – The Final Reckoning, der im Mai 2025 sowohl in den USA und Deutschland erscheinen soll, konnte die Filmproduktion neben Aufnahmen auf dem Flugzeugträger USS »George H.W. Bush« (CVN-77) auch im Sommer 2024 für zwei Tage auf der USS »Hyman G. Rickover« (SSN-795) drehen, dem zum Zeitpunkt der Dreharbeiten neuesten amerikanischen Jagd-U-Boot der Virginia-Klasse. Ein Höhepunkt der Filmaufnahmen war der simulierte Notaufstieg des Bootes im steilen Winkel durch die Wasseroberfläche, gefilmt von einem Helikopter neben dem auftauchenden Boot. Das Ergebnis gibt es im Mai 2025 im Kino zu bewundern! In den auf diesen Einleitungstext folgenden zehn Seiten werfen wir einen Blick auf die neun einflussreichsten Kinofilme und eine TV-Serie mit Atom-U-Booten als zentralem Handlungselement.

12. Anhang 2: Atom-U-Boote im Kino

1957: Das letzte Ufer

Das letzte Ufer ist eine hochkarätig besetzte Verfilmung des gleichnamigen Romans des britischen Autors Nevil Shute von 1957.
Die zwei Jahre nach der Buchveröffentlichung herausgebrachte amerikanisch-australische Koproduktion ist einer der ersten filmischen Vertreter der postapokalyptischen Science-Fiction, die sich mit den Auswirkungen eines Atom-Krieges auf die ganze Menschheit befasst.

Getty Images

Die Handlung
Das (fiktionale) amerikanische U-Boot USS »Sawfish« unter dem Kommando von Commander Dwight Lionel Towers (Gregory Peck) kommt nach einem mit Atomwaffen ausgetragenen Dritten Weltkrieg auf der Nordhalbkugel im südaustralischen Melbourne an. Melbourne ist die südlichste Millionenstadt der Welt und bisher – wie der Rest von Australien – nicht von den radioaktiven Auswirkungen betroffen (während der Großteil der Menschheit im nuklearen Feuer und an der folgenden Verstrahlung gestorben ist). Die »Sawfish« wird unter den Oberbefehl der Royal Australian Navy gestellt. Als Verbindungsoffizier dient Lt. Commander Holmes (Anthony Perkins), über den Commander Towers die alleinstehende Moira Davidson (Ava Gardner) kennenlernt und sich in sie verliebt. Als einige Wissenschaftler die Theorie aufstellen, dass die Radioaktivität möglicherweise durch Regen und Schnee aus der Atmosphäre entfernt werden könnte, wird die »Sawfish« nach Norden entsandt, um diese These auf ihre Richtigkeit zu untersuchen. Der auf dem U-Boot mitreisende Nuklearwissenschaftler Julian Osborne (Fred Astaire) findet jedoch Hinweise, dass die radioaktiven Werte weiter steigen und die sich langsam auf Australien zubewegende radioaktive Strahlenwolke auch zwangsweise das Ende der australischen Bevölkerung bedeuten wird. Das U-Boot macht sich daraufhin auf die Rückfahrt nach Australien, wo jede der Hauptfiguren auf andere Weise mit dem nahenden Ende umgeht. Zum Schluss – als es die ersten Strahlenkranken gibt – verteilt die australische Regierung Selbstmordpillen an die Bevölkerung, damit diese sich ein humanes Ende setzen kann. Towers ist hin- und hergerissen, ob er seine letzten Tage mit seiner neuen Liebe Moira verbringen, oder seiner Pflicht nachkommen soll, mit seiner Besatzung in See zu stechen, um noch einmal nach Amerika zu fahren und dort zu sterben.

Das letzte Ufer (On the Beach)	
Spielzeit	134 min
Verleih	United Artists
Produktion	USA / Australien
Veröffentlichung	17. Dezember 1959 (USA), 17. Dezember 1959 (Deutschland)
Regisseur	Stanley Kramer
Darsteller	Gregory Peck, Ava Gardner, Fred Astaire, Anthony Perkins, Donna Anderson

Hintergründe
Das letzte Ufer, ist psychologisch harter Tobak, der nichts Anderes als das Ende der Welt erzählt, vermischt mit einer Hollywood-typischen tragischen Liebesromanze. Der Film erzählt seine Geschichte ruhig und eben gerade nicht reißerisch. So wird der atomare Konflikt zwischen den Großmächten zu Beginn nicht gezeigt, sondern der Fantasie des Zuschauers überlassen. Die US Navy war von der Handlung wenig angetan und verweigerte die Kooperation mit der Filmproduktion. Dafür stellte die Royal Australian Navy das in Australien (dort wurde der Film auch gedreht) stationierte britische, konventionell angetriebene U-Boot HMS »Andrew« als Double für das Atom-U-Boot »Sawfish« sowie den Flugzeugträger HMAS »Melbourne« für die Dreharbeiten zur Verfügung. Der Film mit einem Budget von 2,9 Millionen US-Dollar blieb hinter den kommerziellen Erwartungen zurück. Er hat jedoch bis heute den Status eines Kultfilmes inne, der auf beklemmende Weise vor den Folgen eines Atomkrieges warnt.

1968: Eisstation Zebra

Getty Images (3)

In den 1960er Jahren entstanden im Zuge der durch die James Bond-Reihe losgetretenen Agentenfilm-Welle mehrere Verfilmungen der Romane des britischen Thriller-Autors Alistair MacLean.
Sein 1963 veröffentlichter U-Boot-Thriller *Eisstation Zebra* lieferte die Vorlage für eine fünf Jahre später entstandene Verfilmung, die das Genre des U-Bootfilmes mit einer Ost-West-Spionagegeschichte verband.

Die Handlung
Ein sowjetischer Spionagesatellit stößt in der Erdumlaufbahn eine Rückkehrkapsel aus, die einen Film mit Aufnahmen der wichtigsten amerikanischen und sowjetischen Raketenbasen enthält. Die Kapsel geht in der Schnee- und Eiswüste der Arktis nieder und wird von einer Person geborgen. Kurz darauf erhält Commander James Ferraday (Rock Hudson) – Kommandant des fiktionalen Atom-U-Bootes USS »Tigerfish« – den Befehl, die Mannschaft einer britischen Forschungsstation namens Eisstation Zebra aus dem ewigen Packeis am Nordpol zu evakuieren. In Wahrheit ist diese Mission jedoch nur ein Täuschungsmanöver, um die Bergung der Satellitenkapsel zu verschleiern. Noch im schottischen Marinestützpunkt Holy Loch geht eine Abteilung US Marines an Bord der »Tigerfish« sowie ein britischer Geheimagent mit dem Decknamen »Mr. Jones« (Patrick McGoohan). Nach dem Auslaufen werden noch der strenge Captain Leslie Anders (Jim Brown) und der russiche Überläufer Boris Vaslov (Ernest Borgnine) per Helikopter auf das U-Boot transferiert, der das volle Vertrauen von »Mr. Jones« genießt. Danach taucht die »Tigerfish« und begibt sich auf eine gefährliche Reise unter das Packeis der Arktis. Auf dem Weg zur Eisstation Zebra kommt es beinahe zum Untergang des Bootes, denn ein Saboteur ist an Bord. Nur, wer ist es? Und auch Mutter Natur stellt sich gegen die U-Bootmannschaft, die vor den sich ebenfalls nähernden sowjetischen Truppen den Satellitenfilm bergen muss!

Eisstation Zebra (Ice Station Zebra)	
Spielzeit	129 min
Verleih	Metro-Goldwyn-Mayer (MGM)
Produktion	USA
Veröffentlichung	23. Oktober 1968 (USA), 05. September 1969 (Deutschland)
Regisseur	John Sturges
Darsteller	Rock Hudson, Patrick McGoohan, Ernest Borgnine, Jim Brown, Alf Kjellin

Hintergründe
Eisstation Zebra, hatte eine mehrjährige Produktionsgeschichte mit wechselnden Darstellern hinter sich, ehe der Film im Jahr 1967 in Produktion ging. Ursprünglich sollten Gregory Peck und David Niven die Hauptrollen als Captain Ferraday und »Mr. Jones« übernehmen. Die US Navy war jedoch mit dem ersten Drehbuch nicht zufrieden, da sie die Auffassung vertrat, dass das Leben an Bord eines U-Bootes darin unvorteilhaft dargestellt werde. Deshalb musste ein neues Drehbuch verfasst werden, dass der US Navy zusagte. Man stellt der Produktion – nun mit Rock Hudson und Patrick McGoohan in den Hauptrollen, da Peck und Niven aus Termingründen abgesprungen waren – ein konventionell angetriebenes U-Boot der Balao-Klasse zur Verfügung, welches in den Außenaufnahmen das Atom-U-Boot USS »Tigerfish« doubelte. Als Miniatur für die Unterwasserszenen nutzte man hingegen ein realistisches Modell eines nuklear angetriebenen Jagd-U-Bootes der Skate-Klasse. *Eisstation Zebra* bleibt wegen der routinierten Inszenierung durch die Regielegende John Surges, eine gute Kameraarbeit und eine weitgehend spannende Handlung im Gedächtnis. Die U-Bootszenen sowohl des Originalbootes wie auch des Modells können sich heute noch sehen lassen. Kommerziell war der Film jedoch ein Misserfolg und spielte bei einem Budget von 8 Millionen US-Dollar nur 4,6 Millionen (in den USA) ein.

1976: James Bond 007 – Der Spion, der mich liebte

Getty Images (3)

In der äußerst langlebigen Agentenfilmreihe um den britischen Superspion James Bond kamen gelegentlich im Rahmen der Handlung Unterseeboote in kurzen Szenen vor.

Im zehnten James Bond-Streifen *Der Spion, der mich liebte* aus dem Jahr 1977 wurden sie jedoch integraler Teil der weltumspannenden Handlung des Action-Abenteuerfilmes.

Die Handlung

Innerhalb kurzer Zeit verschwinden zwei strategische Raketen-U-Boote auf mysteriöse Weise – die britische HMS »Ranger« der Resolution-Klasse und die sowjetische »Potemkin« der Yankee-Klasse (beide Boote rein fiktional). Der britische Geheimdienst MI5 schickt daraufhin seinen Top-Spion James Bond 007 (Roger Moore) auf Geheimmission zur Lokalisierung des britischen Bootes, während der sowjetische KGB die Agentin Major Anya Amasova, Code Name TripleX (Barbara Bach) mit Nachforschungen zum Verbleib des sowjetischen Bootes beauftragt. Als die Spur beider Boote auf ein U-Boot-Ortungsgerät und den schwedischen Großindustriellen Karl Stromberg (Curd Jürgens) zurückführt, müssen Bond und Amasova auf Anordnung ihrer Chefs in London und Moskau zusammenarbeiten. Stromberg verfügt über einen riesigen Supertanker, namens »Liparus«, der in der Lage ist, entführte U-Boote in seinem Bauch aufzunehmen. Mithilfe der Atomraketen der »Potemkin« und der »Ranger« will er Moskau sowie New York zerstören. Den darauffolgenden Dritten Weltkrieg will er in seiner Unterwasserfestung aussitzen und daraufhin eine neue Zivilisation in den Tiefen der Meere aufbauen. James Bond und Anya Amasova haben in der Zwischenzeit das (fiktionale) amerikanische Jagd-U-Boot USS »Wayne« der Permit-Klasse bestiegen, das ebenfalls von Stromberg entführt wird, und versuchen, Strombergs Pläne buchstäblich von innen heraus zu durchkreuzen.

Hintergründe

Der Spion, der mich liebte zählte bei einem Budget von 13,5 Millionen US-Dollar und einem Einspiel von 185,4 Millionen zu den erfolgreichsten James Bond-Filmen der 1970er Jahre. Der Film gehört zu den fantastischeren Bond-Filmen, die so gut wie jeden Bezug zur Realität verloren haben. Dabei werden ständig neue technische Spielereien mit der für die Roger Moore-Ära typischen Lässigkeit und mit viel Humor präsentiert. Insbesondere die futuristische Ausstattung kann heute – fast fünfzig Jahre später – noch vollends begeistern. Für das innere der riesigen »Liparus« baute man extra eine neue Studiohalle und fertigte drei fast Originalgroße U-Boot-Attrappen der britischen, sowjetischen und amerikanischen Atom-U-Boote an, die beinahe als echte U-Boote durchgehen könnten.

James Bond 007: Der Spion, der mich liebte (James Bond 007: The Spy who loved me)	
Spielzeit	125 min
Verleih	United Artists
Produktion	GB/USA
Veröffentlichung	08. Juli 1977 (Großbritannien), 26. August 1977 (Deutschland)
Regisseur	Lewis Gilbert
Darsteller	Roger Moore, Barbara Bach, Curd Jürgens, Richard Kiel

1990: Jagd auf Roter Oktober

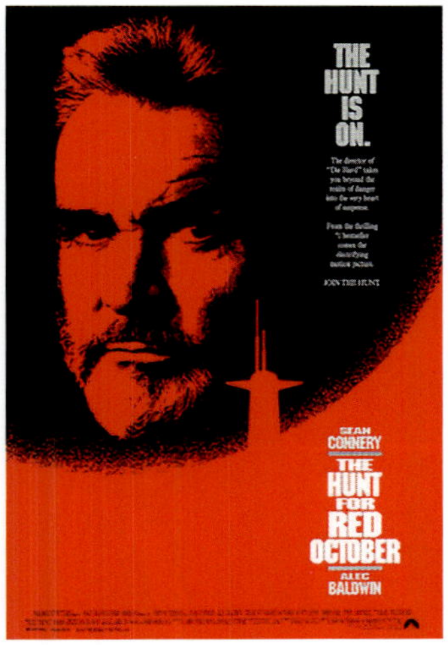

Kaum ein Film steht für das Genre des modernen U-Boot-Filmes wie der (mittlerweile) moderne Klassiker *Jagd auf Roter Oktober* aus dem Jahr 1990.
Hochkarätig besetzt mit Sean Connery, Alec Baldwin, Sam Neill und Scott Glenn setzte der unter der Regie von *Predator-* und *Stirb Langsam*-Regisseur John McTiernan entstandene Film neue Maßstäbe im Bereich des intelligenten Actionthrillers.

Die Handlung
Im Jahr 1984 läuft das sowjetische strategische Raketen-U-Boot »Roter Oktober« der Typhoon-Klasse von einer Marinebasis auf der Kola-Halbinsel aus. Der Kommandant Marko Ramius (Sean Connery) hat kurz vor dem Ablegen einen Brief an die politische Führung in Moskau geschickt, in dem er seine Absicht ankündigt, mit dem Boot in die USA überzulaufen. Kurz darauf setzt sich ein Großteil der sowjetischen Flotte in Marsch, um die »Roter Oktober« zu versenken. Nach einer Warnung seitens der Sowjets geht der amerikanische Geheimdienst davon aus, dass Ramius die USA angreifen will, woraufhin ein großer Verband der US Navy in Marsch gesetzt wird. Nur ein einzelner »Bürohengst« – ein Analytiker namens Jack Ryan (Alec Baldwin) – glaubt fest daran, dass Ramius sein Boot den USA übergeben möchte. Er bekommt drei Tage Zeit, um seine Theorie zu beweisen und wird auf den Flugzeugträger USS »Enterprise« (CVN-65) transportiert, um zu versuchen, irgendwie mit Ramius Kontakt aufzunehmen.

Jagd auf Roter Oktober (The Hunt for Red October)	
Spielzeit	129 min
Verleih	Paramount Pictures
Produktion	USA
Veröffentlichung	02. März 1990 (USA), 09. August 1990 (Deutschland)
Regisseur	John McTiernan
Darsteller	Sean Connery, Alec Baldwin, Sam Neill, James Earl Jones, Scott Glenn

Getty Images (2)

Hintergründe
Jagd auf Roter Oktober, entstanden mit einem Budget von 30 Millionen US-Dollar, spielte an den weltweiten Kinokassen mehr als 200 Millionen US-Dollar ein und zählte zu den größten Kinohits des Jahres 1990. Die Verfilmung des Militärthrillers ist hochspannend und markiert den Beginn einer bis heute fünf Filme umfassenden Kinoreihe mit dem CIA-Analytiker Jack Ryan als Hauptperson. Neben einem imposanten Spiel von Sean Connery als U-Boot-Kommandant Ramius können vor allem die U-Boot-Szenen überzeugen. Die Innenaufnahmen wurden in realistischen Studio-Sets gedreht, während die Außenaufnahmen mit voller Unterstützung der US Navy entstanden, die der Produktion mehrere U-Boote der Los Angeles-Klasse, den Flugzeugträger »Enterprise« und zwei Fregatten zur Verfügung stellte.

1995: Crimson Tide – In tiefster Gefahr

Crimson Tide unter der Regie von Top Gun-Regisseur Tony Scott entstand in der Actionfilm-Schmiede des Produzentenduos Don Simpson und Jerry Bruckheimer.
Die beiden zeichneten u.a. verantwortlich für *Beverly Hills Cop, Days of Thunder* und *Top Gun*. Mit *Crimson Tide* nahmen sie sich dem Genre des U-Boot-Thrillers an, vermarkteten diesen als Actionfilm und lieferten ein Charakterdrama in den Tiefen des Meeres.

Die Handlung
Aufgrund des innerrussischen Tschetschenien-Konfliktes bricht in der Russischen Föderation ein Bürgerkrieg aus. Der ultranationalistische Rebellenführer Vladimir Radchenko kann die Kontrolle über eine Abschussanlage für nuklear bewaffnete Ballistische Raketen im Fernen Russischen Osten erlangen und droht dem Westen, diese Atomraketen im Falle dessen Eingreifens einzusetzen. Das strategische Raketen-U-Boot USS »Alabama« (SSBN-730, real existierend) der Ohio-Klasse erhält den Auftrag, von der US-Westküste auszulaufen und vor der russischen Ostküste auf Patrouillenfahrt zu gehen. Das Kommando über das Boot hat der Navy-Captain Frank Ramsey (Gene Hackman) – ein US Navy-Hardliner der alten Schule. Aufgrund eines Personalausfalles muss die Position des ersten Offiziers an Bord kurzfristig mit dem militärisch unerfahrenen, aber hochgebildeten Lieutenant Commander Ron Hunter besetzt werden. Gleich zu Beginn der Patrouillenfahrt kommt es zu kleineren Spannungen zwischen den beiden Offizieren, die über gegensätzliche politische Ansichten verfügen. Als die »Alabama« einen unvollständigen Befehl zum Abschuss der an Bord befindlichen Trident-Raketen auf Radchenkos Raketenbasis erhält, kommt es zum offenen Konflikt zwischen den beiden Männern und zu einer Meuterei an Bord. Gleichzeitig lauert der »Alabama« ein russisches Jagd-U-Boot der Akula-Klasse auf. Der Weltfrieden steht auf dem Spiel!

Crimson Tide – In tiefster Gefahr (Crimson Tide)	
Spielzeit	116 min
Verleih:	Hollywood Pictures / Disney
Produktion	USA
Veröffentlichung	12. Mai 1995 (USA), 13. Juli 1995 (Deutschland)
Regisseur	Tony Scott
Darsteller	Denzel Washington, Gene Hackman, George Dzundza, Viggo Mortensen, James Gandolfini

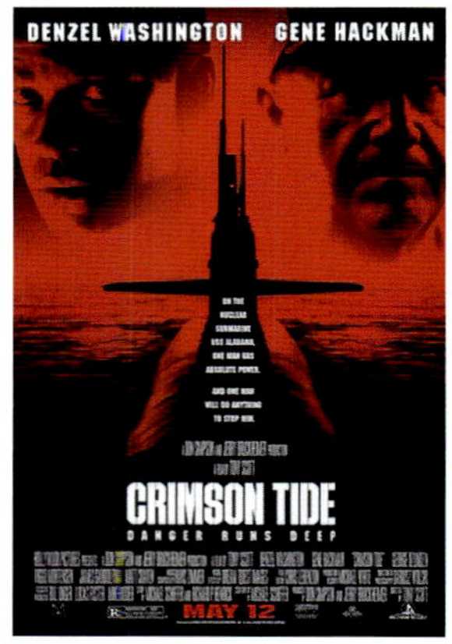

Getty Images (2)

Hintergründe
Crimson Tide, produziert mit einem Budget von 53 Millionen US-Dollar, spielte an den weltweiten Kinokassen 157,4 Millionen US-Dollar ein und erwies sich dadurch als solider Hit für die zum Disney-Konzern gehörende Produktionsgesellschaft Hollywood Pictures. Die Produzenten hofften anfangs auf eine Beteiligung der US Navy bei der Produktion, ähnlich wie ein Jahrzehnt zuvor bei Fliegerklassiker *Top Gun*. Als die Navy aber von der Meuterei an Bord eines amerikanischen U-Bootes im Drehbuch erfuhr, verweigerte sie die Zusammenarbeit. Dem Filmteam gelang es jedoch, heimliche Aufnahmen eines Atom-U-Bootes beim Überwassertransit vor Pearl Harbor per Helikopter zu machen und diese in den Film einzubauen. Für die Anfangssequenz auf einem Flugzeugträger durfte man einige Szenen auf der französische »Foch« drehen. Die Studiokulissen des Inneren des U-Bootes sind hingegen nicht unbedingt realistisch. Der Film bleibt jedoch als wahrlich eindrucksvolles Psychoduell zwischen Ramsey und Hunter in Erinnerung, beide meisterhaft von Gene Hackman und Denzel Washington porträtiert.

2002: K-19 – Showdown in der Tiefe

Die Regisseurin Kathryn Bigelow wagt sich mit K-19 an die Aufbereitung eines im Westen für lange Zeit unbekannten Dramas um eine sowjetische U-Boot-Havarie.
Der schnörkellos erzählte U-Boot-Thriller mit Harrison Ford und Liam Neeson in den Hauptrollen beruht auf wahren Tatsachen und ist kein patriotisches Heldenepos, sondern eine bedrückende Dokumentation der ersten Havarie eines Atom-U-Bootes.

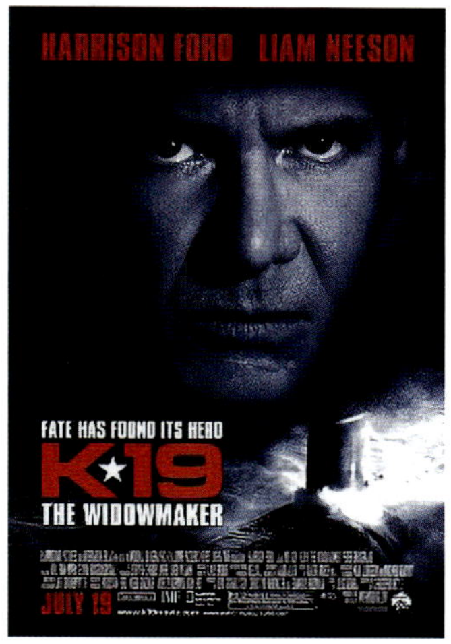

Die Handlung
Im Jahr 1964 stellt die sowjetische Marine ihr erstes strategisches Raketen-U-Boot überhaupt in Dienst – die »K-19« der Hotel-Klasse. Die erste Patrouille soll in die Arktis führen, wo eine unbewaffnete Ballistische Rakete zu Testzwecken abgefeuert werden und anschließend das Boot in Erstschlagsreichweite von New York City und Washington operieren soll. Aufgrund unterschiedlicher Weltbilder und Prioritäten geraten der Kommandant, Kapitän 2. Ranges Alexei Vostrikov (Harrison Ford) und sein erster Offizier, Kapitän 3. Ranges Mikhail Polenin (Liam Neeson) in Bezug auf die operationelle Sicherheit des Bootes aufs Heftigste aneinander. Kurze Zeit später kommt es zu einem Reaktorunfall und es beginnt ein Wettlauf gegen die Zeit, um eine nukleare Kernschmelze abzuwenden und das U-Boot sowie möglichst viele Besatzungsmitglieder zu retten. Dabei müssen schwierige Entscheidungen getroffen werden und Männer müssen für die Reparatur des Reaktors in den sicheren Tod gehen.

K-19 – Showdown in der Tiefe (K-19: The Widowmaker)	
Spielzeit	138 min
Verleih	Paramount Pictures (USA) / Constantin (Deutschland)
Produktion	USA / Kanada / Deutschland
Veröffentlichung	19. Juli 2002 (USA), 05. September 2002 (Deutschland)
Regisseur	Kathryn Bigelow
Darsteller	Harrison Ford, Liam Neeson, Peter Saarsgard, Joss Ackland, Donald Sumpter

Hintergründe
K-19 – Showdown in der Tiefe, entstand als Independent-Produktion abseits der großen Hollywood-Filmstudios (Paramount übernahm allerdings den Verleih) und war zum Zeitpunkt der Veröffentlichung im Jahr 2002 mit einem Budget von 90 Millionen US-Dollar eines der teuersten unabhängigen Filmprojekte aller Zeiten. Für das Massenpublikum war die Thematik wohl zu speziell und so wurde der Streifen mit einem Einspielergebnis von 65 Millionen US-Dollar ein kommerzieller Misserfolg. Trotzdem kam der Film bei der Filmkritik und bei den Zuschauern aufgrund seiner technisch perfekten Machart, der klaustrophobischen Spannung und den darstellerischen Leistungen von Liam Neeson und Harrison Ford gut an. K-19 – Showdown in der Tiefe ist nichts für schwache Nerven, denn der Film zeigt auf eindrucksvolle und schonungslose Weise die Auswirkungen von nuklearer Verstrahlung und den folgenden qualvollen Tod von Besatzungsmitgliedern eines sowjetischen Atom-U-Bootes. Für die vor der kanadischen Ostküste durchgeführten Außenaufnahmen des U-Bootes konnte das ausgemusterte konventionell angetriebene russische Marschflugkörper-U-Boot »K77« der Juliett-Klasse genutzt werden, was der Produktion einen authentischen »russischen Touch« verleiht.

2012: Last Resort (TV-Serie)

Getty Images

Kinoreife Unterhaltung bietet die mit großem Aufwand hergestellte Actionserie *Last Resort*, produziert von James Bond-Regisseur Martin Campbell.
Die 13 Episoden der Serie bieten eine durchlaufende, abgeschlossene Handlung, die Elemente des Verschwörungsthrillers mit Militäraction paart und erstmals in der amerikanischen Fernsehgeschichte realistische U-Boot-Kulissen zeigt.

Die Handlung
Das (fiktionale) amerikanische Raketen-U-Boot USS »Colorado« der Ohio-Klasse unter dem Kommando von Captain Marcus Chaplin (Andre Braugher) nimmt vor der Küste von Pakistan Spezialkräfte der Navy Seals an Bord. Kurz darauf erhält das Boot den Befehl, Trident-Atomraketen auf Pakistan abzufeuern. Chaplin ist misstrauisch, da der Befehl über einen Kanal aus der Zeit des Kalten Krieges kommt, der nur im Fall der Zerstörung von Washington D.C. genutzt werden sollte. Als er sich persönlich nach der Legitimation des Befehls erkundigt, wird er vom amerikanischen Verteidigungsminister seines Amtes enthoben. Jedoch auch der daraufhin zum Boots-Kommandanten beförderte erste Offizier Commander Sam Kendal (Scott Speedman) weigert sich, den Abschussbefehl auszuführen. Daraufhin wird die »Colorado« von einem anderen amerikanischen U-Boot, der USS »Illinois« der Virginia-Klasse, angegriffen. In der Zwischenzeit feuern weitere amerikanische Boote zwei Atomwaffen auf Pakistan ab. Die beschädigte »Colorado«, nun wieder unter dem Kommando von Captain Chaplin, kann sich bei einer kleinen französischen Überseeinsel im Indischen Ozean in Sicherheit bringen. Um einen Luftangriff amerikanischer Langstreckenbomber auf das Boot abzuwehren, feuert Chaplin zum Schein eine Trident-Rakete auf Washington ab, woraufhin die Bomber ihren Angriffsflug abbrechen. Der Atomsprengkopf explodiert über dem Meer vor der US-Ostküste, als Warnung, die »Colorado« nicht anzugreifen. Daraufhin erklärt Captain Chaplin eine 200-Meilen-Sicherheitszone um das U-Boot, die nicht ohne Konsequenzen durchbrochen werden darf. Eine Suche nach den Drahtziehern der Angriffspläne beginnt – und nicht alle an Bord der »Colorado« sind mit den Entscheidungen ihres Kommandanten einverstanden.

Hintergründe
Last Resort entstand zwischen Januar und November 2012 auf Hawaii, das als Kulisse für ein fiktives französisches Tropenparadies diente und die realistischen U-Boot-Kulissen der USS »Colorado« beherbergte. Die Handlung der Serie sollte ursprünglich über mehrere jährlich auszustrahlenden Staffeln erzählt worden. Aufgrund eines nicht ausreichenden Zuschauerinteresses der ersten Episoden – während die Dreharbeiten der letzten Folgen noch im Gange waren – wurde sie im November 2012 bereits abgesetzt. Die Produzenten hatten jedoch noch die Gelegenheit, die Handlung so umzuschreiben, dass ein abgeschlossenes Serienende erzielt werden konnte. Im Gedächtnis bleibt die in Deutschland rund ein Jahr später im Privatfernsehen gezeigte Serie durch ihre interessante Optik, einige eindrucksvolle Wendungen, gute Actionszenen und das Charisma der Hauptdarsteller.

Last Resort	
Spielzeit	13 Episoden mit je 42 min
Verleih	Sony Pictures Television
Produktion	USA
Veröffentlichung	27. September 2012 (USA), 02. Oktober 2013 (Deutschland, Pro7 Maxx)
Regisseur	Martin Campbell (u.a.)
Darsteller	Andre Braugher, Scott Speedman, Daisy Betts, Robert Patrick, Dichen Lachman

2018: Hunter Killer

Anfang des 21. Jahrunderts machte sich das Genre des U-Boot-Thrillers bei den großen Hollywood-Produktionen eher rar.
Hunter Killer mit Gerard Butler aus dem Jahr 2018 ist eine der wenigen nennenswerten Ausnahmen der Jahre zwischen 2010 und 2019. Mit einem (für amerikanische Verhältnisse) bescheidenen Budget von 40 Millionen US Dollar genoss die Produktion die volle Unterstützung der US Navy.

Die Handlung
Unter dem Packeis der Arktis verschwindet auf mysteriöse Weise das (fiktionale) Jagd-U-Boot USS »Tampa Bay« der Los Angeles Klasse. Mit der Suche nach dem Boot wird der frisch zum Commander beförderte U-Boot-Offizier Joe Glass (Gerard Butler) betraut, der hierfür das Kommando über die USS »Arkansas« (SSN-800) der Virginia-Klasse erhält. Vor ihrem Verschwinden hatte die »Tampa Bay« das russische Jagd-U-Boot »Konek« der Akula-Klasse verfolgt. Die »Arkansas« unter dem Kommando des für seine unkonventionellen Methoden bekannten Glass stößt auf die vollkommen zerstörte »Tampa Bay«, auf der es keine Überlebenden gibt, sowie auf die ebenfalls gesunkene »Konek«. Kurz darauf werden sie von einem weiteren russischen U-Boot, der »Volkov« angegriffen. Es kommt zum Unterwasserduell. Unterdessen kann in einem parallellaufenden Handlungsstrang eine Gruppe Navy Seals im verdeckten Einsatz vor der russischen U-Boot-Basis bei Murmansk Anzeichen für einen Staatsstreich entdecken, in dessen Verlauf der russische Verteidigungsminister Dimitriy Durov den russischen Staatspräsidenten Nikolai Zakarin entmachtet. Es entbrennt ein Wettlauf gegen die Zeit, um den rechtmäßigen russischen Präsidenten durch die Navy Seals befreien zu lassen, auf die »Arkansas« zu bringen und dadurch den Dritten Weltkrieg zwischen Russland und den USA zu verhindern.

Hunter Killer	
Spielzeit	122 min
Verleih	Millenium Media (USA), Concorde (Deutschland)
Produktion	USA
Veröffentlichung	26. Oktober 2018 (USA), 25. Oktober 2018 (Deutschland)
Regisseur	Donovan Marsh
Darsteller	Gerard Butler, Gary Oldman, Toby Stephens, Linda Cardellini, Common

Getty Images (1)

Hintergründe
Hunter Killer ging im Kinoherbst des Jahres 2018 vollkommen unter, konnte weltweit nur 29,3 Millionen US-Dollar einspielen und dadurch nicht seine Produktionskosten decken. Der Film konnte jedoch bei seiner Auswertung auf mehreren Streamingdiensten von einer guten Mundpropaganda profitieren. Der Film ist eine Mischung aus einem U-Boot-Thriller im Stil von *Jagd auf Roter Oktober* (allerdings, ohne dessen Klasse zu erreichen) und einem standardmäßigen Actionfilm über Spezialkräfte auf Geheimmission, wie er dutzendfach pro Jahr erscheint. Allen voran Gerard Butler als charismatischer, aber unnachgiebiger Kommandant bleibt schauspielerisch im Gedächtnis. Zugute kam der Produktion, dass sie für die U-Boot-Außenaufnahmen die USS »Hawaii« (SSN-776) der Virginia-Klasse nutzen durften (die echte USS »Arkansas« wurde erst im Jahr 2022 auf Kiel gelegt) und die Kulissen für die Innenaufnahmen anhand von freigegebenen US Navy-Plänen erstellen konnten – dadurch wirken die meisten U-Boot-Aufnahmen authentisch und aus einem Guss.

2018: Kursk

Das tragischste U-Boot-Unglück der letzten Jahrzehnte ist sicherlich der Untergang der russischen »Kursk« bei der alle 118 Besatzungsmitglieder an Bord ums Leben kamen.
Um das Unglück des Marschflugkörper-U-Bootes der Oscar-Klasse ranken sich Geheimnisse und Verschwörungen. Nach zahlreichen veröffentlichten TV-Dokumentationen und Sachbüchern entstand im Jahr 2017 eine filmische Aufarbeitung als französisch-belgisch-luxemburgische-Koproduktion.

Die Handlung
Im Sommer 2000 hält die russische Marine ein großes Marinemanöver in der Barentssee ab, an dem die »Kursk« als Stolz der russischen Nordflotte teilnimmt. Der Waffensystemoffizier Pavel Sonin (der deutsche Schauspieler Matthias Schweighöfer in einer kleinen Rolle) entdeckt in der Waffenkammer der »Kursk« einen sich erhitzenden Torpedo. Die an den Kommandanten Mikhail Averin (Matthias Schoenaerts) gerichtete Warnung und die Bitte, den Torpedo ins umgebende Wasser abfeuern zu dürfen, ignoriert dieser. Kurz darauf explodiert der Torpedo und tötet die Mannschaft in der Waffenkammer. Das dadurch entstandene Feuer bringt auch die restlichen Torpedos zur Explosion, wodurch die gesamte Vordersektion des Bootes zerstört wird. Die »Kursk« ist mittlerweile auf den Meeresboden gesunken. Ein Teil der Besatzung hat die Explosionen überlebt und sammelt sich im hinteren Rumpfabschnitt des Bootes. Hier warten sie auf eine Rettung, die niemals kommen wird. Unterdessen bieten westliche NATO-Seestreitkräfte Russland Hilfe bei der Bergung der »Kursk« an, die jedoch abgelehnt wird, da Russland eine eigene Rettungsmission ins Leben ruft, die mit vollkommen veralteter Technik auskommen muss. An Land verbreiten sich unter den Ehefrauen der U-Bootfahrer Gerüchte über das Schicksal der »Kursk«. Eine Tragödie, wie sie in der jüngeren Marinegeschichte einmalig ist, nimmt ihren Lauf.

Hintergründe
Kursk, entstanden mit einem Budget von 40 Millionen US-Dollar, ging nach der Kinoauswertung in Frankreich im Rest der Welt weitestgehend unter und startete im Juli 2019 in Deutschland in nur wenigen Kinos. Bei einem weltweiten Gesamteinspielergebnis von 6,8 Millionen US-Dollar ist der Film als kompletter finanzieller Misserfolg zu werten. Das Drehbuch zu *Kursk* basiert auf einem Sachbuch des Journalisten Robert Moore, in dem die tragischen Ereignisse um die reale »Kursk« zusammengefasst wurden. Das russische Militär war ursprünglich zur Zusammenarbeit mit der europäischen Produktion bereit. Die Dreharbeiten in Russland an Originalschauplätzen um die U-Boot-Basis in Murmansk sollten einen Monat dauern. Kurz vor Drehbeginn zog man jedoch die Kooperation zurück. Entsprechend mussten Hafenszenen in den französischen Marinestädten Toulon und Brest gedreht werden. Die Handlung wird nüchtern ohne Hollywood-typische Übertreibungen oder Pathos erzählt. Am Ende des Filmes macht sich beim Zuschauer die Erkenntnis breit, dass ein Teil der Besatzung der »Kursk« hätte gerettet werden können, wenn Nationalstolz seitens der russischen Führung westlichen Bergungskräften nicht die Teilnahme an der Rettungsaktion verwehrt hätte.

Kursk	
Spielzeit	117 min
Verleih	EuropaCorp
Produktion	Frankreich, Belgien, Luxemburg
Veröffentlichung	07. November 2018 (Frankreich), 11. Juli 2019 (Deutschland)
Regisseur	Thomas Vinterberg
Darsteller	Matthias Schoenaerts, Léa Seydoux, Colin Firth, Max von Sydow, Matthias Schweighöfer

2019: The Wolf´s Call – Entscheidung in der Tiefe

Im Jahr 2019 erschien in Frankreich ein mit im internationalen Vergleich eher bescheidenen Mitteln produzierter U-Boot-Thriller, der sich durchaus mit zeitgenössischen Hollywood-Produktionen messen kann.
The Wolf´s Call – Entscheidung in der Tiefe ist ein moderner Militär-Actionfilm, der erfrischender Weise auch mal eine europäische – in diesem Fall eine französische – Perspektive aufzeigt.

Die Handlung
Die »Titane«, ein französisches (fiktionales) nuklear angetriebenes Jagd-U-Boot der Rubis-Klasse – nimmt vor der syrischen Marinebasis Tartus eine französische Spezialeinheit an Bord, die in Kampfhandlungen in Syrien verwickelt war. Das Boot steht unter dem Kommando von Captain Grandchamp (Reda Kateb), als erster Offizier ist Commander D'Orsi (Omar Sy) an Bord. Der hochbegabte Sonartechniker Chanteraide (François Civil) – die Hauptfigur des Filmes – identifiziert einen unbekannten Unterwasserkontakt als Wal, obwohl es sich tatsächlich um ein gegnerisches U-Boot handelt, das mit einer iranischen Fregatte in Kontakt steht. Danach wird die »Titane« von einem Marinehelikopter mit Wasserbomben angegriffen. Der Helikopter kann nach Auftauchen jedoch mittels einer Fliegerfaust abgeschossen werden. Wieder an Land überschlagen sich die Ereignisse. Chanteraide wird aufgrund der fehlerhaften Sonaridentifizierung degradiert, kann jedoch herausfinden, dass es sich bei dem Sonarkontakt um ein ausgemustertes russisches Raketen-U-Boot namens »Timour III« gehandelt hat. Nachdem Russland auf einigen finnischen Inseln einmarschiert, feuert die »Timour III« eine Atomrakete (wie sich später herausstellt, ohne Sprengkopf) auf Frankreich ab. Die französische Marine macht sich bereit zum Gegenschlag mittels des (fiktiven) strategischen Raketen-U-Bootes »Effroyable« auf Russland. Als sich aber herausstellt, dass die »Timour III« in Wahrheit von Jihadisten bemannt wird, die einen Dritten Weltkrieg auslösen wollen, müssen Chanteraide und die Besatzung der »Titane« versuchen, genau diesen zu verhindern. Da die »Effroyable« befehlsgemäß nicht mehr auf Kommunikation reagiert, bleibt wahrscheinlich nur noch die Versenkung des Raketen-U-Bootes als letzte Option übrig. Es kommt zum Showdown zwischen zwei französischen Atom-U-Booten. Das Resultat des Unterwasserduells wird über das Schicksal der Erde entscheiden.

Hintergründe
The Wolf´s Call bietet hochwertig produzierte Action-Unterhaltung, die den Vergleich mit der großen Hollywood-Konkurrenz nicht zu scheuen braucht. Durch die Inklusion von Handlungselementen um Syrien, eine russische Invasion in Finnland und islamistische Terroristen erhält der Streifen aus dem Jahr 2019 gerade heute eine beängstigende Relevanz. Optisch zugutekommt *The Wolf´s Call* die umfassende Zusammenarbeit der französischen Marine mit der Filmproduktion, die in den originalen Marinebasen von Brest und Toulon die französischen Atom-U-Boote wirksam in Szene setzen konnte. *The Wolf´s Call* hatte in Deutschland keine Kinoauswertung und wurde nur auf DVD/Blu-ray veröffentlicht.

The Wolf´s Call – Entscheidung in der Tiefe (Le chant du loup)	
Spielzeit	116 min
Verleih	Pathé (Frankreich) / Concorde Video (Deutschland)
Produktion	USA
Veröffentlichung	20. Februar 2019 (Frankreich), 07. November 2019 (Deutschland)
Regisseur	Antonin Baudry
Darsteller	François Civil, Omar Sy, Mathieu Kassovitz, Reda Kateb, Paula Beer